CHENGSHI DIANWANG GUIHUA

城市电网规划

主　　编　王　勇

副 主 编　王春凤　高　靖

参编人员　王荣茂　郭尚民　康广有　王　征

　　　　　佟永吉　窦文雷　刘靖波

中国电力出版社

CHINA ELECTRIC POWER PRESS

内 容 提 要

随着现代城市建设的加快进行，供配电容量不断增大，供电的可靠性和电能质量的要求也日益增强，本书以风险管理、风险识别、风险评价和风险规避方法为理论基础，从城市电网规划方案优化的角度着手，对城市电网规划的技术、规则、经济以及风险等方法进行研究，以保证城市电网规划的科学性与适用性。

本书共8章，分别介绍城市电网规划与电网关键技术、变电站选址定容优化规则方法、城市电网规划的经济评价、城市电网规划与城市建设规划分析、城市电网规划与建设风险、考虑分布式发电接入的配电网规划、含微电网的配电网规划、未来城市电网规划的展望。

本书可供从事城市电网规划、设计、施工等工作的技术人员和管理人员学习参考，也可作为高等院校电气工程及其自动化专业师生的参考书。

图书在版编目（CIP）数据

城市电网规划/王勇主编. —北京：中国电力出版社，2020.11
ISBN 978-7-5198-4801-9

Ⅰ．①城… Ⅱ．①王… Ⅲ．①城市配电网－电力系统规划－研究 Ⅳ．①TM727.2

中国版本图书馆 CIP 数据核字（2020）第 122686 号

出版发行：中国电力出版社
地　　址：北京市东城区北京站西街 19 号（邮政编码 100005）
网　　址：http://www.cepp.sgcc.com.cn
责任编辑：孙　芳（010-63412381）马雪倩
责任校对：黄　蓓　李　楠
装帧设计：赵姗姗
责任印制：吴　迪

印　　刷：三河市航远印刷有限公司
版　　次：2020 年 11 月第一版
印　　次：2020 年 11 月北京第一次印刷
开　　本：787 毫米×1092 毫米　16 开本
印　　张：12
字　　数：255 千字
印　　数：0001—1000 册
定　　价：58.00 元

　　城市是电力系统的主要负荷中心，城市电网是城市现代化建设的重要基础设施之一，城市电网的规划直接关乎城市的发展。对城市电网进行规划可以满足广大市民对电力的需求，方便进行电网的调度和管理，避免用电事故的发生。同时，城市电网建设关系着整个城市的工业与民众用电问题，是确保城市经济发展、维护城市安全稳定的重要能源保障。随着科技以及社会不断发展，不仅需要对电力系统和电网规模进行不断地更新和优化，还需要符合社会进步需求的电网规划设计。

　　计及电网规划的重要性，本书作者组织辽宁省内电网规划方面的专家，经认真斟酌，编写了本书。本书首先对我国城市电网发展历程进行了一些介绍；其次对电网规划设计所需的基本理论进行了简单叙述；然后对城市电网规划设计的理念以及相关的技术进行了分析；最后深入探讨电网规划设计中的关键技术。本书提出的城市电网规划设计理念与电网规划设计关键技术可以对各个城市的电网规划和建设进行更好的指导。

一、电网规划与城市建设的相关概述

　　城市电网建设关系着整个城市的工业与居民用电问题，是确保城市经济发展、维护城市安全的重要能源保障。随着社会经济水平的发展与居民生活质量的提高，城市电网的规模越来越大，网络结构愈发复杂，要求电力系统和电网规划不断更新与优化，以满足社会发展与城市建设的需求。

二、电网规划概述

　　为有效控制电网建设的投资成本、实现利益最大化，电力企业应在科学发展理念的指导下进行相关工作，制定出科学合理的电网投资方案。在对未来电网进行负荷预测时，需要考虑到城市的地理位置、用电情况以及季节等一系列因素的影响，再进行电网线路的科学合理的规划与电网流程一系列的设计，最终目的是确保电网安全性、稳定性，实现电网节能和电力成本的节省。因此，电力企业需要高度重视电网的规划与设计，明确电网规划原则，合理估算电网的投资数额和预期效益，科学设计电网流程、电网类型和回路数，并选用相应的电网接线模式，通过科学有效的规划设计为电网的安全稳定运行提供良好条件。

三、城市规划概述

　　在城市规划过程中，应该主动与电网规划设计相结合，以实现二者之间的融合。

一方面在电网规划设计过程中，应该尽可能地与城市建设思路保持一致，确保电网规划设计与城市规划建设总体同步。电网规划必然消耗大量的财力物力，因此为提升电网规划设计的节约性和经济性，在电网规划设计过程中，需要遵循和依据城市的用电需求来科学设计，避免出现电网规划设计低于城市的用电需求而重新规划设计造成的成本增加，同时也要避免出现因电网规划设计超出城市的用电需求而产生较大的资源浪费。另一方面电网规划设计的基本思路应该更加简单、便捷、科学。与传统的电网规划相比，新型的电网规划设计能够纠正传统规划中的不足，同时也能够更大程度地满足人们的用电需求，优化人们的用电习惯，改善人们的用电环境。此外，在电网规划设计中，还应该防止超出城市最大的负荷限度，避免出现超负荷运转的情况。

四、我国城市电网发展历程

我国的城市电网是随着城市的发展而逐步发展起来的。从 1882 年上海首先出现公用电力产业到 1949 年中华人民共和国成立前的 67 年间，我国的城市电网发展缓慢。截至 1949 年全国发电装机容量仅 185 万 kW，年发电量 43 亿 kWh，用电量 34.6 亿 kWh，而且主要集中在东北、华北和华东的一些城市，内地城市电力设施较少。当时全国城市配电网高等级电压为 154kV 和 77kV，基本上是中、低压供电的简单电网，电压等级繁多，供电可靠性差，线损高达 22%以上。

我国城市电网的发展大致经历了 3 个阶段：

（1）中华人民共和国成立初期，即 1950～1952 年为国民经济恢复时期和 1953～1957 年第一个五年计划时期，集中全国财力进行以苏联帮助建设的 156 项工程为中心、由 694 个项目组成的工业项目，开始在全国进行大规模经济建设。城市电网得到相应发展，全国用电量年平均增长率达 21.4%，新建大批发电厂，逐渐出现 220、110kV 的高压线路。新建的线路和变电站基本上是和一些重要用电企业同时进行的，电网结构主要是放射型的，对重要用户一般采用双回线双电源供电，这期间城市电网的发展促进了经济建设的发展。

（2）1958～1978 年的 20 年间，全国用电量以年平均增长率 12.9%的速率递增。然而由于其间电力工业的发展速度较慢，相对低于用电的增长，一度出现低频运行、拉闸限电等情况，不少城市发生严重的"卡脖子"现象，有电送不进、供不出，在一定程度上影响了城市经济建设。当然这 20 年间，城市电网也有发展，如以各大、中型城市为中心的外环网逐步形成。值得一提的是，多年来未解决的城市非标准电压的升压问题却在 50 年代末得到解决。一些城市分别将低压 110V 和中压 3.3kV、5.2kV、6kV 以及高压 22kV、77kV、139kV、154kV 等分别升压到标准电压，并且通过升压和简化电压层次进行城网改造，增加供电能力。

（3）从 20 世纪 80 年代起，我国城市电网的发展进入了一个新的时期。各城市在总结城网改造经验的基础上，认真研究在城市经济建设快速发展的新形势下城市电网如何发展的新问题，认识到迫切需要一个整体改造的利于远景发展的城市电网规划，包括用统一技术规范和质量标准来促进建设一个经济合理、安全可靠的现代城市电网。各城市在编制和贯彻"九五"规划中,指导思想也有了新的发展,从分析现有城市电网的状况、根据需要与可能改造和加强现有的电网入手,着重研究城市电网的整体发展。按负荷增长规律,解决电网中的薄弱环节,扩大供电能力,加强电网结构布局和设施的标准化,提高安全可靠性,做到远和近、新建和改造相结合,使技术和经济上趋于合理。

目前,各省会城市和沿海大城市先后建立了220kV外环网或双环网,进一步简化输配电电压等级,一批城市以220kV或110kV高压变电站深入市区,城市电网结构模式和变配电站的主接线进一步得到改进。地下电缆增加很快,架空配电线路绝缘化、配电装置智能化、小型化,可采用的地理信息系统(geographic information system, GIS)和综合自动化等新设备、新技术有很大进展,使城市电网趋向合理、可靠,逐步向着现代化方向发展。

五、国内外大型停电事故及启示

以下是近年来世界范围内大停电事故。2003年8月,以北美五大湖为中心的地区发生大停电事故,事故中至少有21座电厂停运,其中包括位于美国4个州的9座核电厂,约5000万人受到影响,纽约州80%供电中断。2006年11月欧洲发生一起大面积停电事故。事故中欧洲UCTE电网解列为3个区域,事故影响范围波及法国、德国、比利时、西班牙、意大利、奥地利等多个国家。事故负荷损失高达16.72GW,约1500万用户受到影响。2006年7月,华中电网发生了一起大面积停电事故,事故起源于河南电网,波及华中各省电网,并对与华中电网联网运行的电网产生了较大影响,全网共切负荷2580MW。2008年1月,我国南方大部分地区遭遇了历史上罕见的低温冰雪天气,输电线路覆冰覆雪严重,江西电网4次与主网解列,福建电网因联络线中断,孤岛运行,湖南、江西、浙江的500kV主网结构遭到严重破坏,致使南方地区大面积供电中断。而最近一次的停电事故发生在印度,当地时间2012年7月30日2时40分,印度北部包括首都新德里在内的9个邦发生大面积停电,逾3.7亿人受到影响,此次大面积停电被认为是印度11年来最严重的停电事故。由上述内容可以看出,电网大面积停电事故涉及面广、危害重大,且难以避免。如何在电网大面积崩溃后进行黑启动自救,在最短时间完成电网重构,恢复机组正常出力,实现整个电力系统的正常运行是电力工作者面对的艰巨挑战。

结合众多电网实际,提出预防大面积停电的几个措施:①坚强合理的电网架构是电网安全稳定运行的基础,要加强电网的超前规划和建设;②明确继电保护系统的可靠运行对大电网安全可靠运行有着至关重要作用;③坚持简化、优化原则制定稳控措施、提高安稳措施可靠性;④根据网络结构的变化情况评估和校核失步解列装置的适应性,研究解列装置、低频/低压减负荷、高频切机等情况的协调配置,推进基于广域信息的新型自适应失步解列系统研发,提高失步解列装置在不同运行工况下的适应性;⑤加强智能电网调度技术支持系统的建设,为调度值班人员提供准确的辅助决策,提高事故处理的准确性和效率。

在编写组全体成员的共同努力下,经过初稿编写、轮换修改、集中会审、送审、定稿、校稿等多个阶段,完成了本书的编写和出版工作。本书各章节中讲解的各类报文准确、全面、符合现场工作实际，为电网规划和电网建设人员提供经验分享和技术支持，从而全面提升规划和建设能力。

　　本书适合电力系统电网规划建设工作人员阅读，希望各位读者通过阅读本书，提升对城市规划和建设的理解，为日常工作带来帮助，本书编辑时间较短，若有错漏，请各位读者批评指正。

编　者

2020 年 02 月

目录

第1章

城市电网规划与电网关键技术

1.1 电网运行方式

电网运行方式是电网调度工作中非常重要的环节,对电网的安全运行有着很大的促进作用。近年来,由于人们生活水平以及生活质量不断提高,对于电力能源的需求也逐渐增加。因此,要想进一步提高电网调度工作的质量和效果,相关部门就要加大对电网运行方式管理的重视程度,确保电网运行的安全性以及可靠性。

1.1.1 电网运行方式概述

1. 电网运行方式的类型

对于电网运行方式来说,其类型主要可以分为年计划运行方式、月计划运行方式以及日计划运行方式三种,其具体的分析如下:

第一,年计划运行方式分析。所谓的年计划运行方式,主要是指对电网运行进行全年的合理计划和安排。通常情况下,工作人员在对电网运行方式进行全年的安排和规划时,一定要以一年以上的电网运行特点为基础条件,根据电网的实际运行情况,与电源的投产现状等合理地结合在一起,并且对当前的电网运行方式进行合理、科学的预测,之后依照预测的结果,安排电网的年计划运行方式,确保电网运行的安全性以及可靠性。

第二,月计划运行方式分析。对于月计划运行方式而言,主要就是以月计划电力系统的负荷量预测为基础,对实际的供电情况进行合理的预测,工作人员可以参照电网的预测结果,安排和规划好电网月计划发电量等工作。工作人员在对月计划运行进行安排和管理时,应该从实际情况出发,与当地的电网运行情况结合在一起,实现对电网运行的合理预测,保证月计划电网运行方式安排和管理能够更加合理、科学。

第三,日计划运行方式分析。与年计划运行方式以及月计划运行方式的工作基本一致,都是对电网发电量以及停电检修计划进行安排和管理,从而提高电网运行的安全性。工作人员在安排日计划电网运行方式的过程中,一定要对电网进行认真的检查和维修,并且与实际的电网运行情况相结合,合理的对电网运行进行安排,从而让电网的运行状态能够达到最佳状态。

2. 增进电网运行方式安排和管理的有效措施

在科技不断发展和革新的新形势下,我国电力技术水平也得到了很大的提高,因此在各个地域建立了电力系统。我国电网具有普及程度高、覆盖范围广等特点,并且电网运行方式相对复杂。这种电网分布情况，严重制约了我国电网的良好发展，也加大了工作人员的工作难度。因此，电力部门应该加大对电网运行安排和管理的重视程度，提高电网运行的效率。

在开展事故预想的工作过程中，一定要将事故的预想观念合理地应用到电网运行中，尽可能地做到细致化，保证电网运行事故不会再次发生。引进先进的技术以及管理体系，建立健全的管理方法，开展经济运行管理方式，对电网的经济效益进行合理的计算，尽可能地降低波谷差。比如：在 3/2 接线方式中，一定要避免出现误动作的情况，确保电网可以稳定运行。此外，要想合理安排和管理电网的运行方式，提高工作人员的技术水平以及专业技能是非常必要的。因此，电力部门应该定期对电网运行方式的安排人员进行培训，并且对其工作能力以及专业技能进行考核，保证电网运行方式的安排和管理工作能够顺利地开展和进行。除此之外，电力部门应该加大对工作人员的素质培养，这样不仅能够提高技术水平，还能够加强工作人员的责任心，在工作时有较高的积极性，从而为电力系统的发展奠定一个良好的基础。

对配电网方式进行改进，降低电网的损耗，在对电网进行优化的过程中，首先应该平衡变压器的三相负荷，将变压器的损耗程度降到最低，再适当地对运行电压进行调整。比如：在确保无功功率充足的基础上，适当提高 330kV 变电站主变压器的接头挡位，科学、合理地调节好 10kV 母线电压。加大对变电站电容的资金投入，根据不同的区域情况，适当的提高功率因素数，保证其不会小于 0.8，以防出现偷电的情况。电网运行方式安排和管理工作的顺利进行，能够保证电力系统运行的安全性以及稳定性，对电网的合理运行有着重要的意义和作用。因此，在对电网运行方式安排时，工作人员一定要对电网运行时可能出现的问题进行预测，并且做好防范工作，确保在事故发生的第一时间就能够进行合理的处理和解决。在进行预测和防范工作中，工作人员应该从两方面入手：一方面，工作人员在工作时要仔细检查好每一个环节，管理好电网运行中一些细节，确保可以排除电网运行中的潜在隐患。另一方面，工作人员应该以电网运行方式的特点为主要依据，根据自身的工作经验以及专业技能，详细记录电网运行时可能出现的故障，并制定出合理的解决方案和对策，确保在遇到事故时能够得到有效的解决，以最快的速度恢复电力系统的运行，降低因电力系统事故而造成的损害。

3. 建立健全的故障预警以及保护机制

要想保证电网运行的安全性以及稳定性，工作人员应该对电网系统进行实时监控，确保可以在第一时间发现运行事故，并且及时解决和处理，提高电网运行的工作效率。工作人员可以适当地采用一些先进的技术，比如：计算机技术等，建立健全故障预警机制，及时发现电网运行过程中出现的异常情况，并且第一时间发出预警，新技术为技术人员维修提供了很大的便利。建立健全的保护机制，其作用就是要实现对电网运行过程中的继电器进行保护，从而降低电网运行过程中的线路损耗。

4. 降低电网运行的经济成本

在电网运行的过程中，工作人员的工作目标就是要在电网运行稳定的基础上，降低电网运行的能耗，最大程度提高电网运行的经济性。降低电网运行经济成本的最主要方法就是降低线路损耗，因此工作人员在工作过程中，应该根据电网的运行情况，选择适当的线路连接方式，并且要选择质量符合国家标准的发电设备，延长电网系统设备以及线路的使用寿命，降低维修的概率，从而提高电网运行的经济性。此外，工作人员在对电网运行方式安排和管理之后，在保证电网运行稳定的前提下，应该根据电路的具体参数等选择合适的线路进行连接，这样有利于降低电网运行的成本。

1.1.2　电能质量分析

1.　电能质量概念

电能质量可以简单理解为电力系统中电能的质量。在一般情况下，合格的电能质量的评价标准是：恒定的频率、正弦波形和标准电压等。但是由于技术还不够成熟，系统中常出现不完善的调控、运行过程中的操作影响、外来的种种干扰和各种故障，以及电网运行、基础设备和供用电过程中产生的各种问题。因此，电能质量是动态变化的，只要满足一定的变化范围，就是符合国际标准的。电能质量主要包括以下 3 个方面：

（1）电压质量。这是衡量在实际的用电过程中的电压与规定的标准电压之间的差值。用来衡量供电方是否按照国家保准为使用方供电。这是电能质量中的主要方面，也是其中的一项核心要素。

（2）电流质量。这是供电方对于用电方提出的要求，要用电方按照恒定频率和正弦波形规范用电，主要指标有谐波含量、功率因数等。对于电流质量的定义有利于配电网电能质量的改善和保护。

（3）供电质量。关于供电质量的定义包括电压质量和供电情况两方面的含义；其中也包含着供电方的服务情况，是否真正满足了用电方的真正需求，依据实际情况及时有效地调整电价，不断提升服务质量等。

2.　电能质量的分类

对于电能质量的划分，主要包括两种形式，即稳态电能质量和动态电能质量，稳态电能质量问题的主要特征是波形的畸变,而且这种畸变持续时间一般保持在一分钟以上，主要表现在电压上，如电压不稳、电压过高和电压过低等。动态电能质量主要表现为暂态持续时间，如电压突升、电压跌落、电压瞬变、电压闪变。

3.　电能质量问题产生的原因

（1）由电力系统的元件引起。主要是指在电力系统的正常运转过程中会产生和谐波，而在高压线路进行传输时，对于这种和谐波会产生放大的作用。同时，在并联的电路中也会有和谐波的产生。

（2）非线性因素产生谐波。电力电子技术在不断地改进和发展，电力用户的用电装置也发生了相应的改变，比如采用了大量时变控制的非线性设备，近些年，大量使用了能产生谐波的设备，如生活中的节能灯、中频炉等设备。非线性设备在产生和谐波的同时，也使电流发生了畸变，从而引发了大部分电能质量问题。

（3）电力系统的故障。在对于电力系统的操作过程中，由于种种原因，存在对于电力装置的违规操作，从而产生短路、设备毁坏等，也严重影响了电能质量。同时，非人为因素的发生，如自然灾害等，也会影响正常的供电质量。

4. 电能质量问题产生的危害

在实际的使用过程中如果不能保障电压质量，不仅对于供电设备等产生严重的损害，还会对用户的人身安全产生严重的影响。

（1）电压的变化范围过大。在机器设备的正常运转过程中，如果电压不稳且变化幅度大，不仅会给机器设备的运转造成一定影响，还会严重损害设备以及烧毁设备线路等，会造成设备线路的烧毁等，严重的会引发火灾、威胁人身安全。

（2）电压短时间中断。随着当前信息化进程的不断加快，对于电能质量的要求不断提高，特别是电子计算机和各种精密仪器的使用，对电能质量的要求更高。如果在实际的工作中，产生电压的中断，极其容易产生信息失真，并严重损害相关机密资料。同时，电压的中断也会损害精密仪器的损害，造成严重的经济损失。

5. 电能质量问题的应对策略

（1）推广使用新技术：加强电能质量的监测力度，对重要节点安装实时的电能质量监测装置，发现问题后及时安装针对性的补偿装置。比如，功率因数较低，可以安装静止补偿发生器（SVG）；如果谐波含量过大，可以安装有源滤波器（APF），抑制谐波。

（2）优化配电网结构。目前，很多城市的配电网结构薄弱，单一辐射线路较多，供电半径过长，需要大力优化结构。通过优化配电网网络的结构，可以解决很大一部分电能质量问题。比如，可以通过优化配电变压器的布局，提高电压的合格率；将城市架空线路入地，改用电缆，可以有效减少跳闸次数，减少停电时间。增加配电线路的联络，可以提高应对故障的鲁棒性，减少停电时间。

（3）加强管理，强化各个电力部门的行业规范。明确各个部门的权责划分，将各项工作落实到每个人的权责范围内，并对各项工作做好监督与审核工作，保证内部工作顺利有效地开展。对于供电系统进行实时监控，保证供电质量。不定时的检查、诊断其变化，即在记录电能质量数据的基础上，对数据进行详细的分析和整理，排除其他干扰。在具体实施之前，对系统进行合理的设计、安排。根据不同的运行负荷，采取不一样的解决措施，从而降低线损、降低设备损失事故发生的频率。

1.1.3 中国电能质量标准与主要内容

目前我国组织制定电能质量标准的单位是全国电压电流等级和频率标准化技术委员会（TC1）、全国电磁兼容标准化技术委员会（TC246）。

TC1制定的标准及其主要指标：

（1）GB 12325—1990《电能质量　供电电压允许偏差》。35kV及以上供电电压正、负偏差的绝对值之和不超过额定电压的10%；10kV及以下三相供电电压允许偏差为额定电压的±7%；220V单相供电电压允许偏差为额定电压的+7%、−10%。

（2）GB/T 15945—1995《电能质量　电力系统频率允许偏差》。电力系统正常频率偏差允许值为±0.2Hz；当系统容量较小时，偏差值可以放宽至±0.5Hz。

（3）GB/T 15543—1995《电能质量　三相电压允许不平衡度》。三相电压允许不平衡度为 2%，短时不超过 4% 用户引起不平衡度为 1.3%。

（4）GB 12326—1990《电能质量　电压允许波动和闪变》。电压允许波动：≤10kV 为 2.5%，35～110kV 为 2%，≥220kV 为 1.6%。闪变电压允许波动：要求较高，一般为 0.6%。

（5）GB/T 14549—1993《电能质量　公用电网谐波》。公用电网谐波电压限值为：电网标称电压 0.38kV，对应电压总谐波畸变率为 5%；电网标称电压 6kV 以及 10kV，对应电压总谐波畸变率为 4%；电网标称电压 35kV 以及 66kV，对应电压总谐波畸变率为 3%；电网标称电压 110kV，对应电压总谐波畸变率为 2.0%。该标准就用户向电网注入谐波电流限值也做了规定。

（6）GB/T 18481—2001《电能质量　暂时过电压和瞬态过电压》。暂时过电压和瞬态过电压标准规定了交流电力系统中作用于电气设备的暂时过电压和瞬态过电压要求、电气设备的绝缘水平，以及过电压保护方法。

暂时过电压：包括工频过电压和谐振过电压。

瞬态过电压：包括操作过电压和雷电过电压。

TC246 制定的标准：全国电磁兼容标准化技术委员会主要任务是制定电磁兼容（EMC）基本文件，涉及电磁环境、发射、抗扰度、试验程序和测量技术等规范，特别是处理电力网络、控制网络以及与其相连设备等的 EMC 问题。

全国电磁兼容标准化技术委员会电能质量的标准大致可分为三类：

1. 第一类环境和通用标准

环境和通用标准主要介绍公用供电系统中可能出现骚扰的形成机理、形式和传导规律，规定了骚扰度，还提出了兼容水平，它主要是用来协调供电电源和用户设备的发射和抗扰度的参考值，以保证整个系统（包括电源和所连接的用户设备）的电磁兼容性。此类标准的名称如下。

（1）GB/Z 18039.1—2000《电磁兼容　环境　电磁环境的描述和分类》。

（2）GB/Z 18039.2—2000《电磁兼容　环境　工业设备电源低频传导骚扰发射水平的评估》。

（3）GB/T 17624.1—1998《电磁兼容　综述　电磁兼容基本术语和定义的应用与解释》。

（4）GB/T 17799.1—2017《电磁兼容　通用标准　居住、商业和轻工业环境中的抗扰度》。

（5）GB 17799.3—2012《电磁兼容　通用标准　居住、商业和轻工业环境中的发射》。

（6）GB 17799.4—2012《电磁兼容　通用标准　工业环境中的发射》。

2. 第二类限值标准

为了达到一个共同的、相互可以接受的环境骚扰源，目前 EMC 标准中所规定的限值主要是根据兼容水平确定的。

（1）GB 17625.1—2012《电磁兼容　限值　谐波电流发射限值（设备每相输入电流≤16A）》。

（2）GB 17625.2—2007《电磁兼容　限值　对额定电流≤16A 且无条件接入的设备

在公用低压供电系统中产生的电压变化、电压波动和闪烁的限制》。

（3）GB/Z 17625.3—2000《电磁兼容　限值　对额定电流大于 16A 的设备在低压供电系统中产生的电压波动和闪烁的限制》。

（4）GB/Z 17625.4—2000《电磁兼容　限值　中、高压电力系统中畸变负荷发射限值的评估》。

（5）GB/Z 17625.5—2000《电磁兼容　限值　中、高压电力系统中波动负荷发射限值的评估》。

3. 第三类试验与测量技术标准

试验与测量技术标准主要规定了试验环境、试验步骤、布置、使用仪器设备的精确度和数据处理及判据等内容，使试验有可重复性、正确性和可比性。

（1）GB/T 17626.1—2006《电磁兼容　试验和测量技术　抗扰度试验总论》。

（2）GB/T 17626.2—2018《电磁兼容　试验和测量技术　静电放电抗扰度试验》。

（3）GB/T 17626.3—2016《电磁兼容　试验和测量技术　射频电磁场辐射抗扰度试验》。

（4）GB/T 17626.4—2018《电磁兼容　试验和测量技术　电快速瞬变脉冲群抗扰度试验》。

（5）GB/T 17626.5—2019《电磁兼容　试验和测量技术　浪涌（冲击）抗扰度试验》。

（6）GB/T 17626.6—2017《电磁兼容　试验和测量技术　射频场感应的传导骚扰抗扰度》。

（7）GB/T 17626.7—2017《电磁兼容　试验和测量技术　供电系统及所连设备谐波、谐间波的测量和测量仪器导则》。

（8）GB/T 17626.8—2006《电磁兼容　试验和测量技术　工频磁场抗扰度试验》。

（9）GB/T 17626.9—2011《电磁兼容　试验和测量技术　脉冲磁场抗扰度试验》。

（10）GB/T 17626.10—2017《电磁兼容　试验和测量技术　阻尼振荡磁场抗扰度试验》。

（11）GB/T 17626.11—2008《电磁兼容　试验和测量技术　电压暂降、短时中断和电压变化的抗扰度试验》。

（12）GB/T 17626.12—2013《电磁兼容　试验和测量技术　振荡波抗扰度试验》。

1.2　电网负荷预测方法

负荷预测与气象预测一样具有一定程度的不可预见性。但从长期的运作实践中，可以总结出影响负荷预测的各种因素，诸如负荷水平、气象条件、季节因素、社会与经济环境等。每个地区的负荷受各种因素影响的比重大不相同。譬如，南方地区受气象条件和小水电状况的影响比北方地区受的影响要强烈些。为了提高负荷预测的精度，人们探讨和研究了许多科学的预测方法，这些方法综合起来主要有传统模型法、人工神经网络模型、灰色理论法、专家系统法、模糊理论法、小波分析运用于负荷预测 6 种。

1. 传统模型法

（1）随机时间序列模型。随机时间序列模型分为自回归（AR）、移动平均（MA）、自回归-移动平均（ARMA）、累积式自回归-移动平均（ARIMA）模型。

模型辨识的基本途径是对原时间序列的相关分析，也就是计算序列的均值、自相关和偏相关函数，从而确定模型的类型。模型辨识后，就要利用原序列有关的样本数据，对模型参数进行估计。

（2）指数平滑模型。指数平滑模型也是一种序列分析法，其拟合值或预测值是对历史数据的加权算术平均值，并且近期数据权重大，远期权重小，因此对接近目前时刻的数据拟合得较为精确。

一次指数平滑只适用于下一步的预测，一般用于预测的是二次指数平滑。设时间序列 X_1、X_2、$\cdots$、X_n，取平滑系数为 a（$0 \leqslant a \leqslant 1$）。

指数平滑模型的方法、模型较多，一般采用 Brown 单一参数线性二次指数平滑法，其步骤为：对原始序列进行一次指数平滑，即

$$X_t' = aX_t + (1-a)X_{t-1}' \qquad 2 \leqslant t \leqslant n \tag{1-1}$$

式中　X_t'——第 t 周期的一次指数平滑值。

其中可取 $X_1' = X_1$ 一次平滑序列作二次指数平滑，即

$$X_t'' = aX_t' + (1-a)X_{t-1}'' \qquad 2 \leqslant t \leqslant n \tag{1-2}$$

式中　X_t''——第 t 周期的二次指数平滑值。

其中可取 $X_1'' = X_1'$，对最末一期数据，计算两个系数，即

$$A_n = 2X_n' - X_n''$$
$$B_n = \frac{a}{1-a}(X_n' - X_n'') \tag{1-3}$$

建立如下的预测公式

$$\hat{X}_{n+1} = A_n + B_n i \quad （i \geqslant 1，为自 n 以后的时间序号） \tag{1-4}$$

（3）一元线性回归。一元线性回归是分析 x、y 两变量之间线性关系的数学方法，其模型为 $\hat{y} = b_0 + b_1$。其中，$\hat{y}$ 为预测值，又称因变量的估计值；x 是与 y 有关的自变量。b_0、b_1 为回归方程的回归系数，由最小二乘法估计得到。由最小二乘法，即残差平方和最小可确定 b_0、b_1。

（4）非线性回归。在实际问题中，有时两个变量的内在关系并不是线性关系，这时选择恰当类型的非线性函数拟合比直线拟合更符合实际情况。对这种非线性回归问题，往往通过变量的变换转化为线性回归问题来求解。

（5）状态空间及卡尔曼滤波（Kalman）模型。卡尔曼滤波方法，是建立状态空间模型，把负荷作为状态变量，用状态方程和测量方程来描述。卡尔曼滤波算法递推地进行计算，适用于在线负荷预测。这是在假定噪声的统计特性已知的情况下得出的，估计噪声的统计特性是应用该方法的难点所在。

上述传统模型法方法简单、实用，所需历史信息较少，但预测的广泛适应性差。

2. 人工神经网络模型

人工神经网络（artificial neural networks，ANN 或 NN），是对人脑或自然神经网络若干基本特征的抽象和模拟。或者说，人工神经网络技术根据所掌握的生物神经网络的基本知识，按照控制工程的思路和数学描述方法，建立相应的数学模型，并采用适当的算法，有针对性地确定数学模型的参数（如连接权值、阈值等），以便获得某个问题的解。

现有的神经网络已达近百种，它们是从各个角度对生物神经系统不同层次的描述和模拟。神经元是神经网络的基本处理单元，它是一个多输入、单输出的非线性器件。

在电力系统的负荷预测中，一般采用误差反向传播（error back propagation，BP）算法的前馈多层网络，通常称为 BP 网络节点的作用函数通常选用 S 型函数，其基本原理为：BP 算法的实质是一种最小二乘算法的最陡下降梯度。在 BP 网络中，学习过程由正向传播和反向传播组成。在正向传播过程中，输入信号从输入层经隐层单元逐层处理，并传向输出层，每一层神经元的状态只影响下一层神经元状态。如果在输出层不能得到期望的输出，则转入反向传播，将输出信号的误差沿原来的连接通路返回。通过修改各层神经元的权值，使得误差信号最小。

BP 网络使用的激活函数是连续可微的非线性函数，所划分的区域是有非线性超平面所组成的区域。当输入 P 个样本对时，经过训练后网络建立的连接权 W 为各个样本建立的交集。

非线性映射函数是一复杂的非线性函数，其解不是唯一的，从而它们的交集 W 也有一定的容错能力。利用 ANN 进行负荷预测是目前为止研究较多的一个课题，由于其自学习和自适应的能力，预测精度比较高，已有实用的软件。但是 BP 算法存在以下一些问题：

（1）算法的收敛性。BP 算法实质上是非线性优化问题的梯度算法，它存在收敛性的问题。该算法不能保证学习的结果一定收敛到均方误差全局最小点，也可能陷入局部极小点导致算法不收敛。

（2）存在一些平坦区，在此区域内连接权的调整很缓慢。由于激活函数的导数趋于零，即使误差仍很大，但梯度已趋于零，使得等效误差 δ 以及连接权的修正量 ΔW 均趋于零，因而网络连接权的调整过程几乎处于停顿状态，即出现所谓的"网络麻痹现象"。只要方向正确，经过较长的时间就可以达到极小点，但是速度太慢。

为了加快 BP 算法训练速度，避免陷入局部极小点，现在一般采用了以下的改进方法：①附加动量法。即使网络在修正其权值时，不仅考虑误差在梯度上的作用，而且考虑在误差曲面上变化趋势的影响。但是，此法如果初始误差点的斜率下降方向与通向最小值的方向相反，则附加动量法失效。训练结果将同样落入局部极小值。此外，初始值选得太靠近局部极小值，或者学习速率太小都难以取得良好的学习效果。②自适应学习速率法。可以一定程度上减小学习时间但仍然无法解决局部极小的问题。③为加快前向网络训练速度，另外提出了一种列文伯格-马夸尔特（Levenberg-Marquardt，LM）算法。LM 算法是建立在一种优化方法基础上的训练算法。该方法虽然缩短了时间，但需要更多的内存。

3．灰色理论法

灰色理论法是利用部分明确信息，通过形成必要的有限数列和微分方程，寻求各参数间的规律，从而推出不明确信息发展趋势的分析方法。灰色理论模型又称 GM 模型。GM（1，N）表示一阶的 N 变量的微分方程模型，GM（1，1）则是一阶一个变量的微分方程模型。灰色预测的步骤为：数据的检验与处理、建立 GM（1，1）模型、检验预测值以及预测预报。

灰色理论模型的优点是，建模时不需要计算统计特性量，从理论上讲，可以适用于任何非线性变化的负荷指标预测；不足之处是，其微分方程指数解比较适合于具有指数增长趋势的负荷指标，对于具有其他趋势的指标则拟合灰度较大，精度难以提高。

4．专家系统法

专家系统是一个用基于专家知识的程序设计方法建立起来的计算机系统（在现阶段主要表现为计算机软件系统），它拥有某个特殊领域内专家的知识和经验，并能像专家那样运用这些知识，通过推理在某个领域内作出智能决策。一个完整的专家系统由知识库、推理机、知识获取部分和解释界面 4 个部分组成。专家系统技术应用到负荷预测上，可以克服单一算法的片面性；同时全过程的程序化，使本方法还具有快速决断的优点。此方法虽然有较广泛的使用前景，但由于预测专家比较缺乏，预测过程容易出现人为差错，在建数据库及将专家经验转化为数学规则时存在一系列的困难。目前，在实践中应用不广泛。

5．模糊理论法

模糊控制是以模糊集合论、模糊语言变量及模糊逻辑推理为基础的非线性智能控制，它基于模糊推理，模仿人的思维方式，对难以建立精确数学模型的对象实施的一种控制。它是模糊数学同控制理论相结合的产物。模糊控制器的设计依赖于实践经验。但是，有时人们对过程认识不足，或者总结不出完整经验，这样模糊控制势必粗糙，难以满足对精度的要求。

6．小波分析运用于负荷预测

小波分析是 20 世纪数学研究成果中最杰出的代表。小波分析是一种时域-频率分析方法，在时域和频域上同时具有良好的局部化性质。小波分析能将各种交织在一起的不同频域混在一起的信号分解成不同频带上的块信息。小波分析可将负荷信号通过小波分解后根据各自的特性进行预测，然后将预测信号进行重构，可以提高预测的精度，也可建立小波神经元进行预测。

7．综合法

综合法主要是将模型法及人工智能法进行综合，吸收各自的优点，以求提高最终的预测精度。一般有：

（1）松散型结合。

（2）并联型结合。

（3）串联型结合。

（4）网络学习型结合。

（5）结构等价型结合。

1.3 电网规划方法

电网规划的目标是寻求最佳的电网投资决策，以保证整个电力系统的长期最优发展。其目的是根据电网发展及负荷增长情况合理地确定今后若干年的电网结构，使其既安全可靠又经济合理。电网规划的基本原则是在保证电力安全可靠地输送到负荷中心的前提下，使电网建设和运行的费用最小。

实践证明，设计上的少量改善往往就可以获得巨大的经济效益。早期的电网规划以方案比较为基础。这种方法是从几个设定的待选方案中通过技术经济比较选择出推荐的方案。然而，参加比较的方案往往是规划人员凭经验提出的，并不一定包括客观上的最优方案，更不可能包含全部可行方案，因此最终推荐方案含有相当的主观因素和局限性。随着数学、运筹学和计算机技术的发展，使得电网规划的新方法应运而生。目前，电网规划的研究方法主要有启发式优化方法和数学优化方法两种。

1.3.1 城市电网建设规划概述

城市电网包括送电网、高压配电网、中压配电网、低压配电网以及变电站和发电厂，是城市行政区内为城市供电的各级电压电网的总称。城市电网因其具有安全可靠和供电质量要求高、负荷量和密度大等特点，成为城市现代化建设的重要基础设施之一，同时也是电力系统的重要组成部分。城市电网规划是在城市规划基础上进行的，主要步骤有：第一，研究城市内各项建设用电指标，预测负荷增长情况、负荷密度和用电水平，合理选择安排供电源，确定电网的合理结构形式和分期建设步骤，明确供电可靠性要求及可能达到的水平；第二，估算建设设备和材料的需求量及建设投资，确定在规划建设区内电网建设用地的位置、面积、建设形式和各级电压线路的走廊宽度、方位，以及其他电力建设设施；第三，计算各规划统计年系统运行的各种技术数据，提出调度通信、自动化等的建设原则性要求；第四，预测各规划期末将获得的经济效益以及电网供电能力增强以后获得的社会效益和经济效益，并绘制出各规划期末的城市电网规划地理位置结构图，以便使城市电网能建设成为可靠、经济、充裕、协调、合理的现代化电网。城市电网规划的主要任务是研究城市负荷增长的规律，在此基础上改造和加强现有城市电网结构，逐步解决薄弱环节，增强供电能力，实现电力基础设施标准化，提高供电质量和安全可靠性，建立技术经济合理的城市电网。

1.3.2 城市电网建设规划原则

城市电网建设规划的最终目标是用来服务广大电力用户，其必须遵循以下基本原则：

（1）必须具备向各电压等级用户供电的能力，满足各类用户负荷增长的需要。城市电网规划必须具有充足良好的供电能力，能满足国民经济增长和城市社会发展对负荷增长的需求，必须有助于电力市场的开拓和供售电的增长。

（2）必须满足电网内部电源及城市外来电源发展的需要，能满足主要电源向电网可靠送电的要求。

（3）必须协调用电负荷和各级电压变电容量之间、输变配电设施容量之间、有功和无功之间比例，使其经济合理。

1）城市电网结构必须贯彻分层分区原则，网络接线必须简化，能做到灵活调度，便于事故处理。

2）城市电网规划中网络结构应该坚强合理，分层分区应清晰，有较强的适应性，并具备一定的抵御自然灾害和处理各类事故的能力：①必须满足其及以上电力系统的安全稳定要求；②必须满足可靠性要求；③必须满足电能质量和网损要求；④建设资金和建设时间必须合理安排。

1.3.3　城市电网规划流程

城市电网规划工作是一项庞大复杂的系统工程，主要包括空间负荷预测、饱和负荷预测、变电站选址和容量优化以及城市电网网络优化等内容，在规划流程上主要涉及收集用户申请信息和地区发展信息、预测电力需求、输配电网规划等，电压等级从低压到超高压乃至特高压涉及规划部、电力市场营销部、工程部和调度部等多个部门。城市电网规划工作首先需分析城市电网的现状，在此基础上预测未来负荷增长，确定规划各分期目标、设计电网结构原则、供电设施标准及技术原则，最后以城市电网建设投资的回收率这一指标来决定具体规划项目的投资额与选用的设备，除此以外，还必须与城市规划相协调，满足城市整体发展的需要。

1.3.4　启发式优化方法

启发式优化方法是一种以直观分析为依据的算法，通常是基于系统某一性能指标对可行路径上的一些参数作灵敏度分析，并根据一定的原则选择要架设的线路。启发式优化方法又分为逐步扩展法和逐步倒推法：逐步扩展法是根据灵敏度分析的结果，以最有效的线路加入系统逐步扩展网络；逐步倒推法是将所有待选线路全部加入系统，构成一个冗余的虚拟网络，然后根据灵敏度分析，逐步去掉有效性低的线路。

启发式优化方法的优点是：①简单、直观、灵活、计算量小、计算时间短；②易于同规划人员的经验相结合；③应用方便，相对数学方法能够较为准确地数学模拟电力行为。缺点是：①无法严格保证解的最优性；②不能很好地考虑各阶段架线决策间的相互影响。因此，启发式优化方法不能保证得出的规划方案最优，特别是当规划期较长、待选线数量较多时，所得结果可能与真正的最优方案有很大偏差。

1. 灵敏度方法

灵敏度方法是最早使用的启发式方法，基本思想是以某种有效性指标与决策变量的灵敏度关系作为启发式的准则，从待选线路中选出当前最有效的线路作为选中的架线。根据定义的有效性指标的不同，该方法可分为两类：一类是基于支路性能指标，根据系统运行时线路功率传输情况来完成线路的选择；另一类是基于系统性能指标，根据线路对整个系统的运行性能指标的影响程度来完成线路的筛选。

灵敏度方法的优点：原理简单，实现方便；易于同规划人员的经验相结合；不需要考虑收敛问题，简单易行。

灵敏度方法的缺点：只计算一条线路的指标，没有计及线路之间的相互影响；从全局的角度确定架线方案，无法得到全局最优；需要大量的灵敏度计算；需要对模型进行线性化，精度将受到一定的影响。

2. 模拟退火算法

模拟退火算法是以马尔科夫链的遍历理论为基础的一种适用于大型组合优化问题的随机搜索技术，算法的核心在于模拟热力学中固体物质冷却和退火过程，采用 Metropolis 接受准则避免落入局部最优解，渐进地收敛于全局最优。

模拟退火算法的优点：可以较有效地防止陷入局部最优。

模拟退火算法的缺点：为使每一冷却步的状态分布平衡需耗费很长的时间；属于单点寻优，对存在多个最优解的问题不具有遗传算法的优势，需要进一步改进。有鉴于此，模拟退火算法常与其他方法结合使用，以便发挥各自的优势。

3. 遗传算法

遗传算法是电网规划采用的一种新的优化方法，它根据优胜劣汰的原则进行搜索和优化，可以考虑多种目标函数和约束条件，特别适合于整数型变量的优化问题。遗传算法利用简单的编码技术和进化机制将规划问题抽象为纯数学问题，便于同时处理整数变量和连续变量，对于大型电网规划问题不需要分解处理，直接将网络的运行计算结果计入评价值，避免了由于分解或线性化造成的误差。

遗传算法的优点：操作简单，通过交叉和变异等逐步完成进化，最终逐步收敛到最优解完成进化，相对灵敏度分析、线性规划等数学方法更便于执行；多点寻优，不受搜索空间的限制性约束，不要求连续性、导数存在、单峰等假设，可以考虑多种目标函数和约束条件，使其在解决电网规划这种多目标、多约束、非线性、混合整数优化问题中得到广泛应用；遗传算法在获得最优解的同时也能给出一些次优解，这为规划人员根据实际情况改变规划方案提供宝贵信息，弥补了数学规划只能求得单一解的不足；适于解决组合优化问题；能以较大概率找到全局最优解。

遗传算法的缺点：和算法收敛有关的控制参数，如种群规模、交叉率和变异率等还有待于进一步研究；在参数选取不当时，有收敛到局部最优点的可能性；计算速度慢。此外，考虑到模拟退火算法可以有效防止陷入局部最优解这一特性，将模拟退火算法和遗传算法结合的混合-模拟退火算法也取得了不错的效果。总体来说，遗传算法及其在电网规划的应用正处于蓬勃发展阶段，有着极好的应用前景。

4. 专家系统

电力系统的规模一般很大，有的网络具有上千个节点和线路，如果再考虑多阶段及规划本身众多的因素，扩展规划成为一个规模巨大的优化问题，单靠数学优化技术是无法解决的，因此就需要专家系统这样的方法。专家系统法旨在充分利用规划专家的经验，将其用适当规划表示出来。它首先利用其他方法，如启发式方法或数学优化方法来产生一批方案，之后利用专家经验从中筛选并加以改进后得到最终的规划方案。

专家系统方法的优点是：根据规划专家的经验可以合理地简化模型，提高算法的效率，降低计算的复杂性。缺点是：知识获取困难，开发周期长且不易移植；不易建立有效的学习机制。

近年来，国外已经尝试将专家系统用于生产实践中，如瑞典马尔默市已经将专家系统用于 130kV 和 50kV 输配电系统的发展规划。专家系统法在电网规划中的应用还处于初期，有待于进一步深入研究。

5. 禁忌搜索算法

禁忌搜索（tabu search，TS）算法是近年来出现的用于求解组合优化问题的一种高效的启发式搜索技术。其基本思想是通过记录 Tabu 表格搜索历史，从中获得知识并利用其指导后续的搜索方向，以避开局部最优解。为避免落入局部最优，TS 法可以退到目标函数退化最小的方向。该方法适合于解决纯整数规划问题，有效处理不可微的目标函数，这正与电网规划的特点相符合，因此该方法被引入到电网规划中。

TS 法的优点：搜索效率高；收敛速度快。

TS 法的缺点：扩展领域的单点寻优方法，收敛受到初始解的影响；Tabu 表的深度及期望水平影响搜索的效率和最终结果；机理还不很清楚，从数学上无法证明其一定能达到最优解；对于多阶段大规模的问题可能受到列表大小的限制，难以达到全局最优解。

6. 蚂蚁算法

蚂蚁算法是由意大利科学家多里戈研究总结出的一种新型的仿生启发式优化寻优算法。该算法仿照蚂蚁群觅食机理，构造一定数量的人工蚂蚁，每个蚂蚁以路径上的荷尔蒙强度大小（按照一定的状态转移准则）选择前进路径，并在自己选择的行进路径上留下一定数量的荷尔蒙（进行荷尔蒙强度的局部更新）；当所有蚂蚁均完成一次搜索后，再对荷尔蒙强度进行一次全局更新；通过反复的迭代，最终大多蚂蚁将沿着相同的路线（最优路线）完成搜索。目前已有学者尝试将其应用于电网规划中。

蚂蚁算法的优点：算法效率高、寻优能力较强；适合求解有约束的问题。

蚂蚁算法的缺点：还没有很好地将规划模型处理成适合于蚂蚁算法求解的模型，系统规模增大时，该方法将难以求得高质量的解。

1.3.5　数学优化方法

数学优化方法是对电网规划问题做相应数学描述，并处理成有约束的极值问题，然后利用最优化理论进行求解。数学优化方法虽然理论上可以保证解的最优性，但通常计算量过大，实际应用中有许多困难。主要原因是：①电网规划中要考虑的因素很多，而且问题的阶数也很大，因此建立模型十分困难，即使建立了模型，也很难求解。②实际中的许多因素不能完全形式化，通常需要对原问题的数学模型作简化处理，因而可能丢失最优解。

和启发式优化方法相比，数学优化方法在理论上更为优越，因此得以广泛研究和发展。数学优化的主要方法有线性规划、整数规划、模糊规划、灰色理念、动态规划和多目标规划等方法。

1. 线性规划方法

线性规划是理论和求解方法都很完善的数学方法。一般为了利用该方法，人们总是将原问题简化为线性问题。

线性规划方法的优点：理论完善、方法成熟、计算简单；易于用计算机进行求解，而且求解速度快。

线性规划方法的缺点：用连续变量模拟离散的决策变量，不能准确地描述输电网规划的整数性，得到的结果要么偏离最优解，要么不满足约束条件；实际电力系统中的问题大多为非线性，通过简化去除非线性，会带来误差。一些学者将线性规划法与一些分解技术相结合，在缩小混合整数规划的计算规模上有了较好的改善。

2. 整数规划方法

1974 年，Lee 等人把输电网络规划表述为一系列的 0～1 整数规划问题，并利用 0～1 隐枚举法进行求解。

整数规划方法的优点：对解决小规模的问题效果较好；采用 0～1 隐枚举法，使得整数规划问题在 0～1 整数规划的基础上有了很大改进，并大大减小了整数规划的规模。

整数规划方法的缺点：当规划变量个数增加时，会遇到"维数灾"问题；当待选线较多时，计算时间较长。

3. 模糊规划方法

模糊规划是具有模糊参数的一类不确定性规划，它不仅涉及非线性规划的复杂算法，还用到模糊数学的理论和方法。模糊规划方法采用严密的数学理论处理模糊性问题，较适合于求解不同量纲、相互冲突的多目标优化和综合评判问题，最后的目标通常不是某一指标达到最优，而是最大的综合满意度。在模糊规划模型中，通过模糊化处理各种不确定性数据，并通过模糊规则来描述输入输出之间的关系，为模糊规划提供数据。模糊规划方法之所以能用于电网规划的原因在于规划中有许多不确定性的因素存在。

模糊规划方法的优点：能够处理不具有随机性的不确定性问题；提供了对研究对象多种属性的选择方案；能够处理在规划过程中出现的在现象和原因等方面表示不明确的问题；算法简单易行，易于在计算机上实现。

模糊规划方法的缺点：在线处理能力差；需用其他模糊算子进行模糊优化，当引入其他模糊算子时，势必又导致其模型变成非线性，从而影响计算效率。模糊规划方法是目前电网规划中研究的最充分的一种方法。

4. 灰色理论方法

灰色理论是描述信息不全造成的不确定因素的工具。该理论最初被应用于电网规划的负荷预测，后来用于变电站选址及规划方案的选择。通过情景分析和层次抽样将灰色负荷信息及电源信息进行白化处理，将灰色信息转化为确定性，通过某种评价手段对它们进行协调，获得远景规划的整体最优解。

灰色理论方法的优点：可以结合人工经验，且计算简单。

灰色理论方法的缺点：对灰色信息的处理不够缜密，并且灰色信息的白化处理缺乏严格的数学理论支持。

5. 动态规划方法

动态规划的主要思想是将一个问题转化为几个子问题分阶段考虑。动态规划模型中，决策变量在各阶段的取值相互制约，当线路在某一阶段被选中后，就不能在其他阶段中被选中。对于目标函数，长期规划还必须考虑资金的时间价值。目前主要有分支定界法、混合整数规划法、分解协调法、临界可行结构匹配法等。

动态规划方法的优点：能够避免连续变量法常常遇到的搜索方向错误，迭代不收敛，收敛到局部最优点等问题；避免了灵敏度系数的缺陷。

动态规划方法的缺点：计算时间长；对于大规模系统，变量组合较多，易出现维数灾、不易计算等问题。

6. 多目标规划方法

多目标规划方法将电网规划的经济性和可靠性有机结合起来，使优化方案的综合效益达到最佳，适应了目前电网规划部门的实际需要。同时，多目标电网规划以供应方的开发成本最小和需求方缺电成本最小为优化目标，兼顾供需双方的利益，提高了规划方案的综合社会效益。另外，可以对规划方案的经济性和可靠性进行灵活的评价和比较，并能正确地反映投入资金对可靠性指标增幅之间的确定关系，从而使电网规划的成本计算更为准确，为今后在市场机制下合理地制定电价奠定了基础，适应了电力市场发展的需要。

多目标规划方法的优点：在目标函数中可以综合考虑经济性和可靠性要求，将可靠性指标转化成经济形式加入目标函数，求得综合成本最低的网架方案；在理论上验证了综合考虑经济性和可靠性的多目标电网规划方法的可行性，并提出了数学模型和求解方法。

多目标规划方法的缺点：适用规模小，适用性差。电网规划是电力系统总体发展规划的重要组成部分，也是电网更新改造的依据。掌握电网规划的研究方法及特点，科学地完成电网规划工作，提高供电质量、供电的安全和可靠水平，合理有效地利用资金和节能降损，取得最大的经济和社会效益，乃是各级决策者都十分关注的问题。合理地进行规划可以获得巨大的社会效益和经济效益，因此，对电网规划问题进行研究具有重大的现实意义。

1.4　电网关键技术

近年来，为应对世界性的环境、气候、能源问题和技术进步等带给全人类的挑战，美国和欧洲率先提出了基于通信集成、高级组件、高级控制方法、传感和测量、决策支持等关键技术和具有自愈、交互、优化、兼容、集成等特征的智能电网，以建设具有更高标准、更优越性能的电力网络，实现安全、可靠、经济、高效、优质、环保的电力供应。美国和欧洲对智能电网进行了开拓性的研究，并初步取得了一些研究成果，现有诸如美国的奥斯汀工程和科罗拉多州波尔得工程、加拿大安大略等在建或已建成工程，初步积累了一些实践经验。我国也出于未来全面建设和谐社会、小康社会的考虑以及数字化时代对电力供应的更高要求，结合我国电网建设的实际情况和一次能源、可再生能源的分布状况，提出建设有别于概念和体系更加完整的坚强智能电网，并正在进行一些初步的研究和规划工作，以解决电网的安全稳定运行、配电网可靠供电、可再生能源的充分利用、电力企业资产和运营管理、电网抗攻击能力、电力市场化等领域内的一系列问题。由于历史上电力工业发展的各种原因，我国配电网的发展明显滞后于发电、输电。目前用户停电 95%以上是由配电系统原因引起的，电网有一半的损耗发生在配电网。我国配电网的自动化、智能化程度以及自愈和优化运行能力远低于输电网，配电网急需解决以下新的问题。

1.4.1 无功补偿技术

电力系统是一个典型的非线性大系统，随着社会的进步和经济的发展，社会对电力的需求不断增加，使现代电力系统发展迅速，系统日趋复杂。大机组、重负荷、超高压远距离输电，大型互联网络的发展，以及对电力系统安全性、经济性及电能质量的高要求，使柔性输电系统（flexible AC transmission systems，FACTS）技术成为目前电力系统的一个重要的研究领域。

传统的无功补偿设备可满足一定范围内的无功补偿要求，但存在响应速度慢、故障维护困难等缺点。静止无功补偿器（static var compensator，SVC）近年来获得了很大发展，已被广泛用于输电系统波阻抗补偿及长距离输电的分段补偿，也大量用于负载无功补偿。SVC 的典型代表是固定电容器+晶闸管控制电抗器（thyristor controlled reactor，TCR）。同时，晶闸管投切电容器也获得了广泛的应用。

除了在控制器件方面的改进，随着人工智能技术的不断发展，在控制方法上也有很大的进步。采用模糊神经网络、自适应控制等智能型控制方法，研制能同时对电压、无功功率、三相不平衡、谐波等进行综合调节和补偿控制的装置已经成为大家的共识。

目前，在城市配电网公用变压器低压侧，由于用户家用电器感性负载的不断增加，使得其功率因数较低，导致公用变压器低压侧线路损耗大，供电电压指标不能满足用户要求。因此，在公用变压器低压侧进行无功功率补偿已成为目前研究的另一个热门。

国外，城市农村配电网是否安装户外无功补偿器已成为衡量配电网性能的主要指标之一。在日本，配电网系统户外补偿电容器的自动投切率已达 86.4%；在美国，许多城市道路旁的电线杆上装有并联电容器组，并采用自动装置控制闭环。

国内，无功补偿主要采用变电站集中补偿和企业就地补偿两种形式。户外型无功自动补偿系统的研究正在起步，已有一些科研单位和公司推出了相应产品。

早期生产的低压电网无功补偿控制器多选用分立的电子元件；20 世纪 80 年代起发展为采用 CMOS 集成电路；近年来发展的新产品是以微处理器为核心的电脑型智能化产品，并根据用户需要开发出了一批多功能的新产品，可以获得优良的调节性能和某些独特的环节，使控制器更趋于完善。控制器电路设计和生产过程的完善化，对电子元件的老化试验和筛选，提高了控制器整体的工作可靠性和使用寿命，产品质量的档次得到提高。

目前主要存在问题是控制规律简单、抗干扰能力差，不能很好地解决无触点开关投切电容的问题，在三相不平衡条件下不能有效地进行无功补偿。同时由于户外工作环境相对恶劣，装置的可靠性和控制精度难以满足现场运行的要求。此外还不具备通信功能，不能实现全电网的无功优化，不能对电能质量进行在线监视以满足现代化电力系统建设的需要。

在公用变压器低压侧进行无功功率补偿，现在对并联电容器的分组方式得到了共识。过去生产按等容量分组的控制器，后生产按 1:2:4 或 1:2:4:8 不等容量分组的控制器，调控补偿设备的容量分组分别为 7 级和 15 级。主要发展带逻辑电路"先投先切，后投后切"的等容量分组方式的控制器，以使各组并联电容器投入运行的时间大致均等，并可减少增减补偿容量过程中电容器的投切次数，但仍旧没有解决无级投切的问题。

随着高电压、大功率半导体器件的不断更新和发展，功率变换控制技术的日臻完善，极大地推动了电力电子技术在电力工业中的广泛应用，对增强电力系统运行的稳定性和安全性，提高输电能力和用电效率，以及在节能和改善电能质量等各方面都起着越来越重要的作用。专家们认为在 21 世纪，会有更多更新的高电压大功率半导体器件和装置投入电力工业的实际运行中，使目前基本不可控的系统变得灵活可控。

而在电力系统中，由于电感、电容元件的存在，不仅系统中存在有功功率，而且存在无功功率。虽然无功功率本身不消耗能量，它的能量只是在电源及负载间进行传输交换，但是在这种能量交换的过程中会引起电能的损耗，并使电网的视在功率增大，这将对系统产生以下一系列负面影响：

（1）电网总电流增加，从而会使电力系统中的元件，如变压器、电器设备、导线等容量增大，使用户内部的启动控制设备、量测仪表等规格、尺寸增大，因而使初投资费用增大。在传送同样的用功功率情况下，总电流的增大，使设备及线路的损耗增加，使线路及变压器的电压损失增大。

（2）电网的无功容量不足，会造成负荷端的供电电压低，影响正常生产和生活用电；反之，无功容量过剩，会造成电网的运行电压过高，电压波动率过大。

电网的功率因数低会造成大量电能损耗，当功率因数由 0.8 下降到 0.6 时，电能损耗将提高了近一倍。

对电力系统的发电设备来说，无功电流的增大，对发电机转子的去磁效应增加，电压降低，如果过度增加励磁电流，则使转子绕组超过允许温升。为了保证转子绕组正常工作，发电机就不允许达到预定的出力。此外，原动机的效率是按照有功功率衡量的，当发电机发出的视在功率一定时，无功功率的增加，会导致原动机效率的相对降低。目前，随着电力电子技术的迅速发展，工厂大量使用大功率开关器件组成的设备对大型、冲击型负载供电，这使电能质量问题日益严重。如果不进行无功补偿，在正常运行时，会反复使负载的无功功率在很大的范围内波动，这不仅使电气设备得不到充分的利用、网络传输能力下降、损耗增加，甚至还会导致设备损坏、系统瘫痪。

1. 无功补偿技术的研究意义

全世界大约 30% 的主要能源，如煤、石油、水、风等用来产生电能。国内传输电能规约上基本都是以 AC 50Hz 来传输的，所以电能的无功质量是电力系统设计和运行中所要考虑的一个重要因素。究其主要原因有以下 5 个方面：

（1）由于各种不可再生能源资源的不断减少，燃料价格提升，提高电力系统运行效率亟待提高。

（2）由于社会的进步，各种高端电子设备的制造与使用，对电能质量的要求越来越高。

（3）输电网络的扩展已经受到限制。

（4）水能和风能发电以及核动力发电不得不在遥远的、条件恶劣的地方进行，这样远距离的输电需要解决稳定性及电压控制问题。

（5）直流输电系统的研究和应用表明，要求在换流器的交流侧进行无功控制。对于给定的有功分布，使无功潮流最小，就可减少系统的损耗，而这些都要求对无功功率的流向与转移有很好的控制。

在电力系统中，电压是衡量电能质量的最基本、最重要的指标之一。为确保电力系统的正常运行供电电压必须稳定在一定的范围内，而电压控制的重要方法之一是对电力系统的无功功率进行控制。各种研究表明，威胁电网安全的最主要的问题之一就是电网无功补偿容量不足。在电力系统中，影响系统电压稳定的因素有很多，如负荷的增加、发电机或线路故障、系统无功不足、ULTC 动作以及各控制和保护之间缺乏协调等，严重时可能进一步发展成为电压崩溃。但是负荷缺少足够的无功（尤其是动态无功）支持是引起电压不稳定的主要因素，因此，无功备用的规划必须以系统电压的稳定性为前提。从电力市场正式形成之前至初期，无功规划的角度多数从经济性考虑，缺少安全性。从短期来看，这样的情况不会对电网造成很大影响，但随着社会发展对电力市场不断提出更高的要求，电力网架也正在不断扩大，而很多电力设备及其运行方式已不能满足日益发展的电网发展需要，一旦电网出现状况，一个小小的波动将会以滚雪球的方式波及整个电网，可能致使电网因电压不稳而彻底崩溃，2003 年 8 月 14 日美加大停电（美国东北部部分地区以及加拿大东部地区出现的大范围停电）事件就是最好的例子。因此，应在电网发展的情况下考虑系统的安全，必须将电压的稳定纳入无功补偿的评价体系。随着电力市场发展的逐步成熟，对考虑电压稳定约束的无功规划研究已经逐步展开。

在国外，第一批 SVC 在英国制成以后，受到世界各国的广泛重视，西德、美国、瑞士、瑞典、比利时、苏联等竞先研制、大力推广，现在在国外城市电网中静止补偿装置已经完全替代了同步调相以及并联电容装置，并广泛用于电力、冶金、化工、铁道等，成为补偿无功功率、电压调整、提高功率因数、限制系统过电压、改善运行条件、经济而有效的设备。

在国内，尤其是像上海这样的城市以 35kV 乃至 10kV 以下的低压配电网居多，常通过并联电容器补偿无功，以满足要求。从国外引进的静态无功补偿装置作为枢纽变电站或大型企业所用的大容量静态无功补偿，对于中小型中低压配电网或中小型企业所需的无功，多采用并联电容器组的办法。同时很多问题就产生了，因为通过电容器组是静态无功功率补偿，它并不能很好地满足无功的实时、迅速并且动态调节的需求，尤其是在峰谷差较大的中心城区，到了晚上由于负荷下降，电容器产生过大的无功功率又不能及时抵消，会容易产生过补偿的现象，所以在城市配电网中寻找一种快速、实时、动态的补偿方式是非常必要的。合理的无功补偿点的选择以及补偿容量的确定，能够有效地维持系统的电压水平，提高系统的电压稳定性，避免大量无功功率的远距离传输，从而降低有功功率网损，减少发电费用。而且由于我国配电网长期以来无功功率缺乏，尤其造成的网损相当大，因此无功功率补偿是降损措施中投资少且回报高的方案。一般配电网无功功率补偿方式有变电站集中补偿方式、低压集中补偿方式、杆上无功补偿方式和用户终端分散补偿方式。

2. 无功补偿基本原理

在电力系统中，所谓无功功率补偿，就是将容性阻抗特性的装置和具有感性阻抗特性的装置通过串联或者并联的方式连接到电力系统中。容性阻抗特性的装置和感性阻抗特性的装置具有相反的充、放电特性，当容性装置释放能量时，感性装置吸收能量；当感性装置释放能量时，容性装置吸收能量。这样，在电力系统中，感性负荷所需的无功由容性补偿装置提供，从而保证了负荷的正常运行。

在配电网中大部分负载都具有感性阻抗特性，因此在电力系统中主要由电容提供无功功率。在电力系统无功补偿研究中，不仅要考虑并联电容器的优化配置，还要考虑到无功功率补偿的电压约束问题，以免过补偿造成电压超限，同时还有配电网电压波动对负载损耗的影响以及无功功率对变压器损耗的影响。

在电力系统中，无功功率一般指容性无功功率，即由容性补偿装置发出的无功功率。在电力系统负载中，除了容量相对很小的白炽灯、电热炉等纯阻性负载只消耗有功功率，为数不多的同步发电机可以发出无功功率以外，大部分负载具有感性阻抗特性，即消耗无功功率。因此，大多数电力用户都是以 0.6～0.9 的滞后功率因数运行。

电力系统中存在很多无功功率消耗量很大的设备，其中变压器是其中之一。变压器消耗的无功功率包括励磁无功损耗、漏磁无功损耗，以及其他一些无功损耗。单个变压器消耗的无功功率并不是很大，但是在整个配电网中数目众多的变压器消耗的无功功率便是一个巨大的数字，因此在配电网无功功率补偿技术研究中，必须要考虑到变压器的无功功率损耗问题。电力线路在传输电能的过程中也要消耗一定数量的无功功率，10kV 的配电线路的无功消耗主要是由线路串联电抗引起的，所消耗的无功功率与线路流过电流的平方成正比。一般情况下，线路传输的功率是一个相对稳定的值，当线路运行电压降低时，流过线路的电流就会响应增大，则线路消耗的无功功率就会增大。同时，线路无功功率损耗和线路传输的无功功率的平方成正比，当线路传输的无功功率增大时，线路损耗也相应增大。

综上所述，在配电网中，电力负荷和电力线路都会消耗无功功率，电力系统中流动的无功功率是平衡的，此处消耗的无功功率必然从其他地方获得。电力系统中的无功功率主要是由同步发电机发出的，但是发电机的无功功率输出能力有限，而且要经过长距离线路传输，很不经济。因此，要在负荷附近或电力线路上配置无功功率补偿装置，以免配电网产生无功功率缺额，对系统电压水平和有功损耗产生影响。

保证配电网无功功率平衡是保证系统电压保持稳定的关键，无功功率平衡要求系统无功电源发出的无功功率要大于或等于负荷和线路消耗的无功功率，配电网中应该保持有足够的无功备用容量。当配电网无功功率比较充足时，负荷和线路消耗的无功功率能够得到满足，系统无功功率保持平衡，则配电网可以允许在较高的电压水平，使得线路损耗较低。但是，如果无功功率没有得到很好的配置，负荷所需的无功功率需要经过长距离输送，会造成系统某些节点电压降低，增加线路的有功功率损耗。

3. 无功功率补偿技术所面临的问题

随着无功功率补偿技术在城市电网中的应用与不断推广，无功功率补偿技术也趋于多元化，但是在实践应用中也遇到一些需要我们思考与逐步解决完善的问题。

目前无功功率补偿往往只注重了用户侧的功率配置，并没有多从电网的角度来考虑，有时系统的损耗会比较大，所以有待研究最优化的补偿方案。

由于城市配电网相关参数计量装置配置不是很齐全，加上人员技术等相关原因给大电网潮流以及无功配置精确计算带来了一定的影响。

由于目前无功功率补偿设备很多都是靠并联电容器来完成的，而电容器是产生谐波的一个关键因素，谐波的产生会使设备寿命缩短，而且会给系统稳定性带来很大的影响。

在使用电容器进行无功功率补偿时，遇到轻载负荷容易引起无功功率倒送，这会使电力系统的损耗加剧，加重输配电线路上的负担。

无功功率补偿策略由无功功率补偿设备和无功功率优化算法组成，性能优良的无功功率补偿策略对电网的无功功率补偿能做到安全、快速、及时响应。而目前常采用的无功功率补偿策略为同步调相法、并联电容器、SVC、STATCOM、VQC。

4. 5种不同无功功率补偿策略的分析

（1）同步调相法：同步调相法是用于早期的一种技术。同步调相法不仅能静态地补偿固定的无功功率，而且能实时应对变化的无功功率进行动态补偿。同步调相法通过监控系统电压，当发现电压下降时，控制励磁发出无功并通过自带的电压调节器辅以电压监控反馈装置，通过不断变化调节无功功率的大小来维持两端电压的恒定。同步调相法的优点是能动态调节无功功率，作为早期无功功率补偿的手法，目前一些调峰电厂仍然使用；缺点是运行时自身产生的损耗较大且运转的噪声大、维护工序比较烦琐，虽能动态补偿无功功率但同时响应速度比较慢，对于目前复杂的电网已经不能满足安全、快速的要求了。

（2）并联电容器：通过电容器的静态无功功率补偿方式能在一定程度上满足无功功率容量不足的现象。采用电容器进行的无功功率补偿的特点是在系统母线上并联或者在线路中串联一定容量的电容器并安装一定容量的电抗器加以辅助在变电站进行集中补偿。这样的补偿方式是借助改变线路潮流的参数，相关的波阻抗、电气距离和系统母线上的输入阻抗来实现的。并联电容器的优点是可补偿的容量大、维护量较少，适合大功率、长距离输电时的无功补偿；缺点在于补偿不具备实时性、快速性及动态性，尤其在春夏交界时需要人工增加或减少补偿电容，费时费力，当电网网架复杂或者负荷变动频繁时就不适用此种补偿策略了。

（3）静止无功补偿器（SVC）：SVC 是以利用 TCR、晶闸管投切的电容器（thyristor switched capacitor，TSC）以及二者的混合装置（TCR+TSC）等主要形式组成的静止无功补偿方式。它通过晶闸管的快速投切来完成调节的无功功率输送和吸收，并通过装设点的电压监测反馈将补偿区域范围内的电压维持在某一水平上，对电网的无功改善起到了很大的促进作用。SVC 的特点在于晶闸管补偿时可以连续调节并实时根据系统的状况做出无功的调整与系统进行无功功率交换。它的优点在于响应速度快，能实时调节无功功率，电压维持较好，对于负荷变动大的电网非常适用；缺点在于晶闸管作为换流元件它的关断不可控，因而在补偿时容易产生较大的谐波电流造成电网的短时波动，从而影响电网的电能质量，对于电能质量要求高的负荷区域，如微电子流水线、高新技术研究领域就不合适了。

（4）新型静止无功补偿器（STATCOM）是一种新型的无功功率补偿装置。STATCOM 是 FACTS 的重要装置之一。STATCOM 的应用大大提高了电力系统的可靠性、安全性和稳定性，它的性能优于 SVC。STATCOM 通过注入与补偿电流大小相等、方向相反的电流来进行工作，能同时实现无功功率补偿、高次谐波消除，以及不对称三相的对称化，是提高电力系统电能质量的有效手段。STATCOM 的优点是与 SVC 相比其装置体积更小，具有较好的无功功率调节特性和较宽的调节范围，性能上更加优于 SVC，在调节上具有实时性、动态性、及时性且调节速度和范围都是比较理想的，目前很多国外城市都在使用；缺点是投入的成本较大、维护不容易，在中国市场比较难以推广。

（5）电压无功控制（voltage quality control，VQC）无功功率补偿策略：VQC 是一种新型的电压无功功率综合控制策略，它融合了无功功率补偿的优点。VQC 通过综合自动化控制、监测方式来调节电容器投切、改变变压器分接挡位；根据不同地区的特点，通过策略的优化来实时调节无功变化、维持电压水平，在很大程度上减少了人力、物力，在最大程度上实现了资源的优化配置；通过与 SCADA 系统相连实现"四遥"（遥控、遥测、遥信以及遥调），也将成为调度自动化的趋势。

无功补偿的综合特性比较见表 1-1。

表 1-1　　　　　　　　　　无功补偿的综合特性比较

项目	调相机	电容器	SVC	STATCOM	VQC 策略
调节范围	超前/滞后	超前	超前/滞后	超前/滞后	超前/滞后
控制方式	连续	不连续	连续	连续	连续
调节灵活性	好	差	好	很好	很好
启动速度	慢	中等	较快	快	快
反应速度	慢	快	较快	快	快
调节精度	好	差	好	好	好

项目	调相机	电容器	SVC	STATCOM	VQC 策略
产生高次谐波	少	无	中	少	无
电压调节效应	正	负	正/负	正/负	正/负
控制难易程度	简单	无	复杂	复杂	简单
技术成熟	好	好	好	一般	好
单位容量投资	高	低	中等	高	中等
维护检修	不方便	方便	方便	方便	方便
噪声	大	小	小	小	小
分相调节	有限	可以	可以	可以	可以

5. 不同补偿方式的优劣

电网的无功补偿方式一般分为并联补偿和串联补偿，其中并联补偿的方法又分为调相机补偿、电容器补偿、调电感补偿和移相补偿等。一般认为，应按照"分层分区，就地平衡"的原则进行无功补偿，同时将总体与局部相结合、分散补偿与集中补偿相结合、用户补偿与电力部门补偿相结合，以及降损与调压相结合。位于电力系统末端的异步电动机等设备将消耗大量无功，为提高其运行的功率因数，将其消耗的系统无功功率通过电容器安装于电动机附近，进行就地补偿。这种方法从根源上降低了无功功率在电力线路上的传输，补偿效果最佳；缺点是对于负荷而言，设备利用小时数较低，造成资源的浪费。在 10kV 配电网中，配电线路上往往 T 接负荷较多，无功负荷较大。根据配电线路上各节点无功负荷的大小进行无功补偿容量的分配，安装相应的容量电容器进行分散补偿。这种方法的优点是可以降低高压输电线路上的功率损耗，有效提高变压器的供电能力，提高母线的电压质量，且设备的利用率高，便于管理、操作、维护；缺点是分散的安装地点，不利于设备维护，如没有自动投切的控制装置，在负荷较低时，电容器不能及时退出，造成无功倒送，不利于系统的经济运行。在变电站或配电变压器的低压母线上装设并联电容器，集中补偿该网络的无功负荷，这种方式一般叫作集中补偿。

6. 无功补偿点选择的原理和方法

做好无功补偿和优化，它不仅对用电设备的正常运行、用户电压质量的提高、供电部门自身的经济利益、供电部门形象的改善和服务质量的提高大有好处，而且对节约能源、保护自然环境也有好处。进行无功补偿的效益主要体现在：

（1）提高发供电设备效益。由于进行无功补偿，可使补偿之后的线路中通过的无功电流减少，从而使线路的供电能力增加；由于进行无功补偿，使通过变压器的无功电流减少，从而使变压器的功率损耗降低，提高其供电能力；由于进行无功补偿，使发电机输出的无功电流减少，从而增加了发电机的有功出力。

（2）降低功率损耗与电能损耗。由于装设了无功补偿设备，可以提高线路和变配电设备的功率因数，从而有效地减少了功率损耗和电能损耗。

（3）提高供电电压质量。由于装设了电容器，变电站或用户的电压质量得到了相应的提高。

（4）节约能源、改善环境。我国现在装机容量已超过 2 亿 kW，如果降低线损 1%，就相当于国家少投资一个 200 万 kW 的巨型发电厂。过多的网损不但不创造财富，而且造成环境污染。

无功补偿点的合理选择，对节省系统投资、维护系统电压安全具有十分重要意义。而且随着超高压电网的逐步形成，系统结构日趋复杂，决定安装无功补偿设备的母线比较多的时候，优化计算所需的时间将加长；尤其是在网络补偿位置不确定的情况下，对于无功补偿点的选择就成为无功优化计算前节约时间的有效措施。传统的补偿点方法存在不足，忽视了无功对电压稳定的巨大作用，导致选择方案不尽合理。随着电力系统迅速发展，超高压电网逐步形成，系统结构日趋复杂，大容量机组或超高压线路等元件的故障或停运检修，常使线路受端产生极大无功缺额，导致系统电压崩溃。近几年来的多次电压不稳定或电压崩溃导致的多起严重事故，引起了许多专家和学者的高度重视，人们开始对电压稳定的机理和电压稳定的判据进行了深入的研究，相继提出了许多的思想和方法，从马尔柯维奇提出的第一个电压稳定判据，到以后 Abesd 的灵敏度类电压稳定判据，Gialana 的潮流方程可行解域法，以及小干扰法，最大功率法和突变理论等。但是电压稳定机理十分复杂，失稳动态过程较长，至今尚无定论。这些思想和判据都具有一定的局限性和近似性，因此又叫实用判据。电压稳定与无功的关系密切，合理的无功潮流分布有利于电压的稳定，无功补偿从电压静态稳定意义上讲总是有利的，这些理论都已得到公认。因此，进行无功电压优化规划应考虑电压稳定的影响，以往的无功优化偏重投资最小，或网损最小，或电压水平最高，其结果也能使无功潮流的分布具有一定的合理性，使其电压的稳定性得到一定的提高，但随着电压稳定性逐渐得到重视，人们也开始寻求将电压静态稳定、电压安全水平及经济性综合考虑的最优无功电压控制方案。当然，由于电压静态稳定性的研究还不很完善，各种指标也都是近似的，这就给直接考虑电压稳定性进行无功优化带来一定的困难，因此至今还没有见到更多相关文章发表。基于电压稳定与无功的密切关系，以及传统补偿点选择方法的不足和优点，本文在静态电压稳定分析的基础上提出无功补偿点的确定。

静态电压稳定分析除用有功功率-电压（P-V）和无功功率-电压（Q-V）曲线解释外，侧重于安全指标的研究。其计算量相对于动态分析法要小，在一定程度上也能较好地反映系统的电压稳定水平，可以给出电压稳定的裕度指标及其对状态变量、控制变量等的灵敏度信息，便于系统的监视和优化调整，实际应用中具有极其重要的意义。在电压稳定的动态特性受到重视以后，由于目前电压崩溃的动态机理还不完全清楚，静态分析仍是实际应用中最重要，也是最有效的手段之一。

目前，静态电压稳定分析的方法主要有灵敏度分析法、奇异值分解法、连续潮流法、非线性规划法等。根据所采用的静态电压稳定的安全指标（状态指标和裕度指标）的不同，静态电压稳定分析方法可相应地分为两大类：线性分析法（状态指标法）和裕度分析法。

1）线性分析法。线性分析指在当前运行点作线性化处理后，根据当前点的线性化信息进行电压稳定分析，这里采用灵敏度分析法。这类方法首先必须进行潮流计算以求得当前运行点，而后对当前运行点的潮流雅可比矩阵进行分析。考虑到发电机的无功出力限制对电压稳定有较大影响，故在潮流计算中需要考虑发电机出力限制的影响。

所有这些分析方法均直接或间接地利用了电力系统存在的这样两个特性，即：①当系统运行工作点接近静稳边界时，相应的系统雅可比矩阵趋向奇异，与稳定边界对应的雅可比矩阵的行列式值为零。②当系统工作点接近静稳边界时，相应的非线性代数方程（潮流或扩展潮流方程）存在且仅存在两个相邻的解，工作点位于稳定边界时，则存在唯一解。

灵敏度分析法：灵敏度分析是电力系统稳态运行研究中常用的一种算法。当潮流计算结果表明某些运行量不能满足给定的约束要求时，就要考虑对一些可控变量做适当调整，以求得满意的运行状态。灵敏度分析法是研究电力系统控制变量的调整有多大程度的影响。

被控变量，即确定控制变量对被控变量的关系式，并算出它的值。这种分析法对于电压控制是很有效的，在最优问题中广泛应用。灵敏度分析法从定性的物理概念出发，利用系统中各物理量的相对变化关系，即灵敏度关系来分析系统的稳定性问题。

目前最常见的灵敏度判据有：dV/dE_G、dV_L/dQ_L、dQ_G/dQ_L。其中 V_L、Q_L、E_G、Q_G 分别为负荷节点、无功源节点的电压和无功功率注入量。把灵敏度判据推广到复杂系统中则转化为对某种形式的雅可比矩阵的数学性质的判断。例如在灵敏度分析中可取负荷节点的电压对该节点无功功率注入量的灵敏度作为电压稳定的判据。显然，当负荷节点的无功负荷增加时，其对应的无功注入减少，若该节点的电压相应减少，则说明是电压稳定的。对于电压稳定的情况，电压、无功注入灵敏度越大，表示无功负荷等量增长时电压下降的幅度越大，对应的节点越薄弱。

在这里灵敏度分析采用当前运行点处节点电压对无功功率注入量的灵敏度 dV/dQ 来判断系统的薄弱环节，进而确定对电压敏感的节点。

2）裕度分析法。裕度分析根据一定负荷增长方向下电压崩溃临界点与当前运行点之间负荷水平的距离信息，进行电压稳定分析。为进行裕度分析，首先必须求得电压崩溃临界点，所以裕度分析法也叫最大功率法。可采用的电压崩溃临界点计算方法有连续潮流法、零特征根法及非线性规划法。此外，临界点处的左特征向量反映了电压稳定裕度对各节点功率注入量的灵敏度，在灵敏度大的节点投入适量的无功补偿设备更有利于提高系统电压稳定水平。

裕度分析法的基本原则就是把电力网络输送功率的极限作为静态电压稳定临界点。由于电力系统实际运行时的负荷增长方向大致可以预测，因而运行部门非常想确切知道当负荷沿某一方向增长时所能传送的功率极限。但利用普通潮流程序来求取临界点将非常困难，其根本原因在于潮流雅可比矩阵临界点处的奇异，这将导致临界点及其附近的潮流计算不能收敛。为解决这一问题，当前的方法主要有连续潮流法和零特征根法等。

1）连续潮流法。连续潮流法源于分岔理论的数值方法，用于近似确定分岔点的位置，也可用来求取非线性方程组随某一参数变化而生成的解曲线。

连续潮流法是裕度分析法的一个重要组成部分，它通过逐渐增加系统负荷，计算出 P-V 曲线上每一点的准确潮流，从而能得到系统的 P-V 曲线。因此用标准的潮流程序就可计算出系统 P-V 曲线的一部分，但在临界点附近，系统雅可比矩阵奇异，必须采用特殊的参数化方法保证算法在临界点附近的收敛性。目前，参数化方法主要有弧长连续法、同伦连续法及局部参数连续法等。此外，连续潮流法还引入预测、校正及步长调整等机制，以减少计算迭代次数，提高算法计算速度。连续潮流法的优点是具有很强的鲁棒性，能考虑各种非线性控制及一定的不等式约束条件；其缺点是算法对 P-V 曲线上的许多点都做了潮流计算，算法速度较为缓慢，并且一般不能精确地计算出临界点。

2）零特征根法。零特征根法是直接计算临界点的有效方法。当系统处于临界点时，其平衡点的雅可比矩阵奇异，即存在一个零特征根和对应的非零左、右特征向量，利用这一性质，可以得到扩展的潮流方程，即

$$\begin{cases} f(x,\lambda)=0 \\ f_x^T v=0 \\ \|v\|=1 \end{cases} \quad \text{或} \quad \begin{cases} f(x,\lambda)=0 \\ f_x w=0 \\ \|w\|=1 \end{cases} \tag{1-5}$$

式中 v、w——分别为对应于潮流雅可比矩阵 f_x 的零特征根的左、右特征向量。

零特征根法可以通过解上述方程直接得到临界点，但对初值的要求较为严格，临界点处潮流雅可比矩阵的奇异也给数值计算带来一些困难，算法必须能够消除雅可比矩阵在临界点处的奇异并保持雅可比矩阵的稀疏性，程序实现有一定的难度。

基于灵敏度的模式分析法：在无功优化前首先识别出敏感弱母线，然后在这些母线上安装无功装置，这样做既兼顾了减少系统损失，同时又减少了运算时间。现在关键的问题就是找到一种更为合理、方便、计算量小、准确性高的实用方法，以确定无功补偿点。灵敏度分析法计算量小，但是不够准确；而电压静态裕度法虽然提高了准确性，但是其计算量比较大，模式分析法具有概念清楚、精度高的特点，在此基础上引入灵敏度分析的概念，对模式分析法进行改进，提出一种基于灵敏度的模式分析法，使其具有计算量小、准确性高、方便实用的特点，更能有效地确定无功补偿点，缩小了无功优化计算的搜索范围，减少了计算时间。电力系统潮流方程可表示为下述矩阵形式

$$\begin{bmatrix} \Delta P \\ \Delta Q \end{bmatrix} = J \begin{bmatrix} \Delta \theta \\ \Delta V \end{bmatrix} \tag{1-6}$$

式中 ΔP、ΔQ——分别为有功、无功的注入变化量；

$\Delta \theta$、ΔV——分别为节点电压相角和幅值变化量；

J——雅可比矩阵，其特征值用以识别不同模态，以判定系统是否稳定，其数值大小提供不稳定接近程度的相对量。

7. 无功优化变量类型、目标函数和约束条件

电力系统无功优化，就是为了使系统的某一个或多个性能指标达到最优。无功优化

问题是从最优潮流的发展中逐渐分化出的一个分支问题。20 世纪 60 年代初，法国电力公司首先提出了建立在严格数学规划理论基础上的 OPF 模型。随着现代电网规模的日益扩大，电力需求量的不断增加，电力市场化程度的不断提高，如何在满足用户要求的前提下，充分利用系统的无功调节手段，保证系统安全和经济运行，一直是国内外电力工作者们致力研究的问题。

线性规划法采用逐次线性化的方法，反复将原非线性问题在迭代点处线性化，形成线性规划问题，求解该问题得到下一个迭代点。由于电力系统无功优化是一个典型的、有约束的非线性规划问题，要按照逐次线性规划方法的思路求解无功优化，在当前迭代点处进行线性化形成线性规划模型。线性化过程包括：目标函数的线性化、函数约束的线性化以及控制变量的增量表示。

（1）无功优化变量类型。无功优化模型中，变量主要分为两类：一类是控制变量，通常为无功可调发电机端电压、无功补偿设备无功出力、可调变压器抽头挡位置、有功可调发电机有功出力等；另一类是状态变量，即控制变量的依从量，通常包括负荷节点电压、无功可调发电机的无功出力和平衡节点的有功出力等。

（2）无功优化目标函数。无功优化目标函数，可以是任何一种按特定应用目的而定义的标量函数，通常为系统网损最小或全系统发电燃料总耗量最小。在电力市场环境下，目标函数可以进一步扩充为多目标函数，其中优化目标可以为：系统有功网损最小，系统发电费用最少，系统传输网络有功、无功网损最小，基于发电厂报价的市场总效益最大，备用服务费用最小，系统载荷能力最大；输电断面最大传输能力；切负荷量最小，输电费用最小，辅助服务费用最小等。这些目标函数不仅与控制变量有关，同时也和状态变量有关，由前可知，状态变量可以认为是控制变量的函数，从复合函数的角度来看，可以认为目标函数是控制变量的函数，表示为 $f(x)$。本书采用的目标函数不考虑投资因素，故目标函数取系统的有功网损，即将系统有功电源出力固定，以无功可调发电机端电压、可调变压器变比和无功补偿设备容量作为控制变量。将目标函数 $f(x)$ 表示为控制变量的函数，即

$$\min f(x) = f(V_G, \ T_k, \ Q_c) \tag{1-7}$$

式中　　$f(x)$——系统有功网损；

$\quad\quad\quad V_G$——无功可调发电机端电压；

$\quad\quad\quad T_k$——可调变压器变比；

$\quad\quad\quad Q_c$——无功补偿设备无功出力。

（3）无功优化的约束条件。由于最优潮流是经过优化的潮流分布，为此优化过程中的所有迭代点必须满足基本潮流方程，设基本潮流方程为

$$g(x) = 0 \tag{1-8}$$

式（1-8）为最优潮流的等式约束。

在优化过程中控制变量不断调节，系统的状态变量也将发生改变，因为最优潮流必须保证系统运行的安全性及电能质量，即满足网络运行约束，所以这些状态变量也必须

满足一定的限制范围，可表示为

$$h_l \leqslant h(x) \leqslant h_u \tag{1-9}$$

式（1-9）即为控制变量的函数不等式约束，包括系统指定母线的电压上下限约束、无功可调发电机的无功出力限制和支路或支路潮流断面输送功率约束等。

在本书中，重点考虑的是母线的电压约束和无功可调发电机的无功出力限制。关于母线电压约束，可以依照母线性质不同来确定上下限。对于系统内一些可能对其他母线电压起着制约作用的关键母线，以及用户所关心的某些节点，可以分别指定其电压上下限。而对于并不是很重要的母线，如 T 节点、系统虚拟母线节点和联络节点等，可以统一为其指定电压上下限；关于无功可调发电机的无功出力，其限值由设备的物理运行限制来决定，而总数则是所指定的无功可调发电机的台数。具体表示为

$$V_{LDmin} \leqslant V_{LD} \leqslant V_{LDmax} \tag{1-10}$$

$$Q_{Gmin} \leqslant Q_G \leqslant Q_{Gmax} \tag{1-11}$$

式中　　V_{LD} ——负荷节点电压；

Q_G ——发电机无功出力；

V_{LDmin}、V_{LDmax} ——负荷节点电压最小值、最大值；

Q_{Gmin}、Q_{Gmax} ——发电机无功出力最小值、最大值。

8. 无功补偿容量及补偿位置的优化方法

无功补偿的优化方法主要有三大类：①以牛顿法为基础的潮流优化方法；②以运筹学理论为基础的数学优化方法，如混合整数规划法、线性规划法、非线性规划法等；③在数学优化法的基础上，利用现代计算机超强的计算能力的智能优化法，如模拟退火算法、遗传算法、人工神经网络和 Tabu 搜索法。一种以非线性规划法为基础的等网损微增率法，将无功补偿容量的确定转化为多元函数求极值问题，条件是在电源和负荷不变的情况下，要求无功补偿容量的配置要满足整个网络有功网损微增率相等的原则。因此，需要建立起各补偿点补偿容量与网络总损耗的关系，并规定网络无功补偿的约束条件，通过计算分布系数、潮流、求解网损微增，转化目标函数得到等网损微增率，计算过程非常复杂，计算难度较大。

黄金分割法具有简单、易于计算等优点，它以数学统计为基础，将黄金分割原理应用于线路补偿。在确定补偿容量前，需要设定投运率，为满足黄金分割的原则，一般投运率设定为 61.8%。然后对变电站未进行无功补偿前一年的总输入无功功率、运行时间的分布情况进行统计分析，找出超过一定无功功率数值的统计时间占其全部运行时间的黄金时间点，来确定其补偿容量。补偿位置的选择同样使用黄金分割原则确定：线路只有一个补偿点，则补偿位置选在主干线全长的 61.8%处；线路有两个补偿点，则补偿位置在干线和距离最长的一条支路上，补偿位置为主干线距电源点的 0.618 处，支路上补偿位置为电源点距支路末端的 0.618 处。

相对分析法是通过引入阻值系数，将非均匀负荷转化为求解均匀负荷来对非均匀负荷分布状态进行分析；再利用叠加定理，将多电源供电简化为单电源供电，简化了计算

量,但是精度不高。惩罚函数法利用塔克定理,将有约束的非线性规划问题通过选择惩罚因子,求解一系列惩罚函数的极小值,从而将原始问题转化为求解一系列无约束的极值问题,虽然惩罚函数法是一种近似方法,但却是一种很有用的求解非线性规划问题的数值解法,说到底惩罚函数法属于非线性规划法。

上述方法均属于经典优化法,对于现代区域电网的复杂网络,存在处理困难、计算量大等缺点,往往陷入收敛于局部最优解,从而忽略了全局最优。

在 20 世纪 60 年代,产生了 Tabu 搜索方法的基本思想,受到当时计算机计算性能的限制,计算速度较慢,因此这种方法没能广泛应用。80 年代后,计算机技术的发展突飞猛进,得益于计算能力的提高,Tabu 搜索法才开始实际研究。90 年代初,Tabu 搜索方法在 F.Glover 的改进和总结下,无功优化理论得到了新的提升。Tabu 搜索方法的基本思想是通过对历史记录的搜索,从中获得有用的资料加以利用,并引导后续的搜索方向。因此,Tabu 搜索方法是一种带有"学习功能"的优化算法。20 世纪 70 年代初期,一种将自然界中遗传和选择的机制引入到数学理论中,形成了一种全新的寻优计算方法,这就是遗传算法,经过发展,在 20 世纪 90 年代初投入实际使用。遗传算法出色的自适应搜索能力、并行计算特性和超强的鲁棒性,使其能够在复杂的、多极值点的不确定性空间内寻找到全局最优。

相对于经典优化法,以模拟退火算法、遗传算法、人工神经网络和 Tabu 搜索法等为代表的现代智能型优化算法,在计算机计算速度快速提高的 21 世纪得到了飞速发展。

1.4.2　城市电网接线方式

电力系统中性点接地方式是一个涉及技术、经济和安全等多个方面的综合问题,它与整个电力系统的供电可靠性、人身安全、绝缘水平、继电保护、通信干扰(电磁环境)以及接地装置等技术问题有密切的关系。中性点接地方式的选择必须与整个系统发展的现状和发展规划进行技术经济比较,必须全面考虑其技术经济指标,在现阶段对于中性点接地方式的研究仍是一个热点问题。为了适应中压配电网的发展,中性点接地方式从不接地发展为消弧线圈和小电阻接地,并且已经达成共识:电缆网络宜采用中性点经小电阻接地和中性点经消弧线圈接地,但这些中性点接地方式各有利弊,因此需要对以电缆线路为主电缆的中压配电网系统的中性点接地方式进行进一步研究,对现有接线方式的现场应用进行进一步规范。

人们对电网中性点接地方式的认识是随着电力网的发展和科学技术的不断进步逐步变化的。最初,电网的中性点都是采用不接地的方式,这是因为当时的电网都很少,电网对地电容电流也很少,发生单相接地故障的危害较轻,且电弧大多数都是可以自然熄灭的,有单相接地故障扩大成相间短路等事故的可能性不大。此外,采用这种中性点接地方式,在发生单相故障时,电网的三相线电压依然保持对称,系统可以继续带电运行,因此不必立刻切断线路,允许带故障运行 1~2h。随着电力系统的发展,电网对地的电容电流随之增大,单相接地故障增多,且由单相接地故障发展成相间短路的事故越来越多。为此,人们也逐渐认识到电网中性点接地方式是关系到系统供电的可靠性、安全性等的关键所在。

1. 国内外中性点接地方式概述

在过去很长的一段时间内，国外的许多专家也在探讨这方面的内容，做了大量的研究工作，认识到电网中性点接地方式问题必须用工程实践的方法来研究，由于历史原因和具体条件迥异，各个国家配电网中性点接地方式不尽相同，甚至同一国家、同一地区的同一电压等级的配电网也有不同接地方式并存的现象，并逐步形成了各国各系统适合自身使用的一套中性点接地方式习惯。

（1）德国工程师彼得逊在第一次世界大战期间首先研制成功消弧线圈，德国其后在各种电压等级的电力网中大量发展中性点经消弧线圈接地方式，30~220kV 的配电网中都采用了这种接地方式。

（2）美国在 22~70kV 的配电网中，中性点接地方式由不接地逐步发展为直接接地，如在新英格兰电力系统（new england eleetrie system，NEES）中，不管是电缆配电网系统还是架空线路电网系统，其 12.7~34.5kV 中压系统全部采用中性点直接接地方式。

（3）英国的 132kV 电网全部是直接接地，因为它的投资最经济，故障的选择性较好，暂时过电压（工频过电压、谐振过电压）较小，对电信干扰的程度能被电信部门接受。英国的 66kV 电网多为电阻接地，33kV 及以下的架空线路配电网逐步由直接接地或电阻接地改为经消弧线圈接地，电缆配电网仍为小电阻接地。

（4）日本东京电力公司配电网中性点接地方式随电压等级不同而不同：66kV 配电网采用电阻接地、电抗接地和消弧线圈接地；22kV 配电网采用电阻接地；6.6kV 配电网采取不接地方式。

（5）在我国 6~35kV 的中压配电网中，中性点主要有不接地、经消弧线圈接地、经小电阻接地等方式。目前不接地方式的中压配电网，供电可靠性高，但间歇性弧光过电压可达 3~4 倍相电压值，另外发生铁磁谐振的概率也大，容易造成 TV 烧毁等事故。自动调谐消弧线圈技术的成熟促进了谐振接地方式的发展，对占全部接地故障约 90%的瞬间性故障，谐振接地方式均可使之自行消除，消弧线圈还可以有效抑制铁磁谐振过电压，但仍不能有效抑制弧光过电压，另外消弧线圈的快速反应，线性补偿及降低谐波污染等方面还有待进一步研究。在上述两种接地方式中，有一个关键的技术没有得到彻底解决，那就是单相接地故障的快速、准确选线与定位。近年来随着城市电网的高速发展，北京、上海、广东等经济发达的城市中压配电网中性点改为经小电阻接地的运行方式，这种方式对中压配电网结构和运行环境有较高的要求。城市中压配电网中性点经小电阻接地后，能有效地降低过电压幅值，迅速切除故障线路，缩小故障范围，但其供电可靠性显著降低。特别当发生高阻接地时，故障点电压高、残流小，保护灵敏度降低，对人身安全会造成比较大的威胁。应用小电阻接地方式的系统必须是系统强大、备用容量充足、遮断设备质量好、自动化程度高，另外低压用户工频耐压也须相应提高，对不满足此要求的中压配电网来说，须对系统进行大量改造，才能采用这种方案，否则可能得不偿失。

近年来，随着经济的发展，中压配电网络越发的复杂，配电网中性点接地方式也随之引起了广泛的争论。我国各个地区的电力系统根据各自和国外的运行经验，进行了大量中性点接地方式的尝试，目前集中在使用小电阻和消弧线圈两种方法上。

2. 国内主要接地方式的比较

近年来，由于我国城市10kV配电网多数采用电缆作为供电线路，使得单相接地电容电流大幅度增加，引起越来越多的专家学者对城市电网中性点接地方式的关注，因此，研究配电网中性点接地方式具有特别重要的现实意义。目前常将接地方式总体划分为以下两类：

（1）中性点有效接地方式。中性点有效接地方式一般指的是中性点直接接地，或经小电阻接地的方式。对于10kV中压配电网来说，中性点经电阻接地的最初出发点，主要是为了限制电弧接地过电压。当配电网中性点不接地运行时，即使系统的电容电流不大，也会因单相接地时产生间歇性的弧光过电压，使健全相的电位可能升高到足以破坏其绝缘水平的程度，甚至形成相间短路。如果在变压器的中性点（或借用接地变压器引出中性点）串接一电阻器将泄放出间歇性的弧光过电压，其中的电磁能量使中性点电位降低，故障相恢复电压上升速度也减慢，从而减少电弧重燃的可能性，抑制了电网过电压的幅值，并使有选择性的接地保护得以实现。

我国在6～66kV电网中，按照传统把接地电阻小于10Ω且接地故障电流大于600A的接地方式归为中性点经小电阻接地，这也是当前我国10kV配电网中性点有效接地最常见的接地方式。中性点采用小电阻接地方式运行的经验告诉我们，此种接地方式所具备的优点是：自动清除故障，运行维护方便；可快速切断接地故障点，过电压水平低，能消除谐振过电压，可采用绝缘水平；较低的电缆和电气设备；减少绝缘老化，延长设备使用寿命，提高设备可靠性；因接地电流高达几百安培以上，继电保护有足够的灵敏度和选取性，不存在选线上的问题；可降低火灾事故的概率；可采用通流容量大、残压低的无间隙氧化锌避雷器作为电网的过电压保护；能消除弧光接地过电压中的5次谐波，避免事故扩大为相间短路。

然而，小电阻接地方式的接地故障电流高达600～1000A或以上，会引起以下几个问题：过大故障电流容易扩大事故，即当电缆发生单相接地时，强烈的电弧会危及相邻电缆或同一电缆沟的相邻电缆酿成火灾，扩大事故；数百安培以上的接地电流会引起地电位的升高达数千伏，大大地超过了安全的允许值，会对低压设备、通信线路、电子设备和人身安全都有危险。如低压电器的电压要求（$2U+1000$）×0.75＞1000 V；通信线路要求不大于430～650V的电位差；电子设备接地装置不能超过升高600V的电位；人身安全要求的跨步电压和接触电压在0.2s切断电源条件下不大于650V，延长切断电源时间会有更大的危害；小电阻流过的电流过大，电阻器产生的热量因与接地电流的平方成正比，会给电阻器的制造带来困难，也给运行带来不便；为了保证继电保护的正确动作，线路出线的零序保护不应采用三相电流互感器组成的二次零序接线方式，防止三相电流互感器有不同程度的饱和，或因特性不平衡，使得零序保护误动作，应采用零序电流互感器来解决。

（2）中性点非有效接地方式，一般又可以分为四种：中性点不接地（或称对地绝缘）方式；中性点经高（或较高）电阻接地（简称电阻接地）方式；中性点经消弧线圈接地方式；中性点经消弧线圈并（串）电阻接地方式。

在这一类中性点接地系统中，当电网发生单相接地故障时，虽然非故障相对地电压将升高至原来的 3 倍，变成线电压，但电源电压仍然对称，同时，由于单相接地电流较小，故允许继续供电 1~2h。因此，在此类中性点接地方式的电网中运行的电气设备，其绝缘必须按线电压设计。当然，在以上几种的中性点接地方式下，单相接地电流、电弧接地过电压、铁磁谐振过电压的幅值与概率也是不一样的。另外，不同中性点接地方式的电网在发生单相接地故障时，零序电流的大小和方向都会发生变化，因此，接地保护的原理必然会因中性点接地方式的不同而有很大的差异。就接地方式的演变来看，在配电网中，最初系统是中性点不接地的，后来才发展成经高阻或消弧线圈接地，可以说，后者是前者的延伸。以下具体阐述系统中性点不接地与经消弧线圈接地这两种最具代表性的非有效接地方式。

1）中性点不接地方式。中性点不接地，实际上是经过集中于电力变压器中性点的等值电容（绝缘状态欠佳时还有泄漏电阻）接地的，其零序阻抗多为一有限值，而且不一定是常数。此时，系统的零序阻抗呈现容性，因接地程度系数 $k<0$，电压偏差可能高于相电压，故非故障相的工频电压升高会略微高过线电压。最早的城市中压电网由于规模不大，多采用中性点不接地方式，在这种接地方式下，系统发生单相接地故障时，流过故障点的电流为所有非故障线路电容性电流的总和。在规模不大的架空线路网架结构中，这个值是相当小的，对用户的供电影响不大，而且各相间的电压大小和相位维持不变，三相系统的平衡性未遭破坏，允许继续运行一段时间（2h 以内）。但是这种接地方式有一个极大的缺陷，就是当接地电流超过一定值时容易产生弧光接地过电压，将使系统的安全性受到很大的影响，对系统绝缘水平要求更高。近几年国家和地方大力投资进行城市电网、农村电网改造，电网规模扩大，电缆线路不断增加，6~35kV 中压电网原有的中性点不接地方式已不再适宜，并已逐渐被其他接地方式取代。

2）中性点经消弧线圈接地方式。近年来，在配电网中，基本上都是围绕着经消弧线圈接地的方式开展。不接地方式被取代的原因，总体上来讲，就是系统越来越复杂了，容量越来越庞大了，导致了故障相发生后对地电容电流过大以至系统无法承受，所以必须想办法限制。限制单相接地电容电流的方法通常有两种：一种是采用变压器或母线分列、分段或分区供电，减少系统规模，然而，这样做的后果是增加了经费，且又导致变压器的容量上不去以致降低了功率因素，且与城市寸土寸金的土地相矛盾，俨然是十分不经济的；另一种就是采用经消弧线圈接地的方式，用消弧线圈的电感电流来抵消电网对地的电容电流。

谐振接地系统即中性点经消弧线圈接地的电力系统，因为消弧线圈是一种补偿装置，故这种系统通常又被称为补偿系统。消弧线圈是一种铁芯带有空气间隙的可调电感线圈，它装设于中压电网的中性点。当系统发生瞬间单相接地故障时，可经消弧线圈作用消除，保证系统不断电；当为永久单相接地故障时消弧线圈动作可维持系统运行一定时间，可以使运行部门有足够的时间启动备用电源或转移负荷，不至于造成被动。系统单相接地时消弧线圈作用可有效避免电弧接地过电压，对全网电力设备起保护作用；因为接地电弧的时间缩短，使其危害受到限制，所以也减少维修工作量；因为瞬时接地故障等可由消弧线圈自动消除，所以减少了保护错误动作的概率；由于系统中性点经消弧线圈接地可有效抑制单相接地电流，所以可降低变电站和线路接地装置的要求，且可以减少人员伤亡，对电磁兼容性也有好处；同时由于消弧线圈还会使故障相恢复电压上升速度变慢，保证电弧的熄灭和避免发生重燃，从而有降低过电压水平、使瞬时性接地故障自动消除等优点。需要注意的是，补偿电网在正常运行期间，为了限制中性点位移电压的升高，要求非自动消弧线圈适当的偏离谐振点运行，否则，预调式的自动消弧线圈一般应加限压电阻，以利于电网的安全运行。

不同接地方式的多方面比较见表1-2。

表 1-2　　　　　　　　　　不同接地方式的多方面比较

接地方式			中性点不接地	经消弧线圈	经小电阻接地
接地故障电流			电容接地故障电流	被中和抵消	减低，但大于电容接地电流
过电压	工频	接地故障	全线电压或稍高	全线电压	全线电压，有时更大
		相序颠倒接地故障	可能	不大可能	不大可能
	暂态	弧光接地	可能	避免	避免
		操作过电压	最高	可控制	最低
暂态接地故障			电容性电弧	受抑制	转换为受控制的故障电流
发生单相接地时对设备的损害			客观	避免	减轻
断路器负载			需要经常操作维护	不经常操作，两项接地故障时恢复电压增大	经常操作，单相接地故障时负载减轻
接地故障继电保护			不可能	可以做到合用	简单又合用
开关的绝缘			100%避雷器的基准绝缘水平		
停电引起的副作用			百分比大	不时常停电	百分比大
单相接地故障时的系统稳定性			不可靠	良好	通常有改善
供电可靠性			不能保证	良好	通常有改善
对系统布置影响			最好有双电源	单电源已足	宜有双电源
采用其他接地方式系统的连接			要丧失原有特性	不可能，除非经隔离变压器	连接后的系统应重新归类，可能影响继电保护
操作过程			简单	需要监视协调情况	简单

1.4.3　城市电网零序电流保护

零序电流保护是指利用接地时产生的零序电流使保护动作的装置。在电缆线路上通常采用专门的零序电流互感器来实现接地保护。

1. 配电网小电阻接地零序保护

小电阻接地方式的接地电阻为 R_N，当发生单相接地故障时的零序网络图与向量图，如图 1-1 所示。

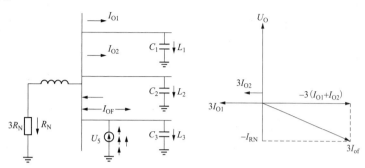

图 1-1　小电阻接地零序网络及向量图

故障线路始端所反映的零序电流 I_{of}，比中性点不接地系统增加了 1 个有功电流分量 $-I_{RN}$，其方向与零序电压相反，使 I_{of} 滞后 U_o 的角度大于 $90°$。因此中性点经小电阻接地后，对单相故障而言，故障电流增大，并有零序电流产生，因而保护配置可增加零序保护并作用于跳闸。

对于馈线等保护对象，以往小电流接地系统配置的保护包括：作用于跳闸的限时相间速断保护和低压闭锁的过电流保护；作用于信号的零序电流及零序电压保护；一、二次自动重合闸及重合闸后加速。发生单相接地故障时，由零序保护发出接地信号，若有消弧线圈，则由手动或自动投入消弧线圈，对接地电容电流进行补偿，然后由选线装置或运行值班人员找出故障线路，断电后进行处理。但由于消弧线圈补偿接地电容电流后零序电流残余很小，选线装置一般很难选准故障线路，只能由运行值班人员拉路选线，这样对于保证供电可靠性是很不利的，也失去了单相接地故障线路可再运行 1～2h 的意义。

如图 1-1 所示，若将中性点接地方式改为通过小电阻接地方式，当电网发生单相接地故障时，由于人为地增加了一个与电网接地电容电流相位相差 $90°$ 的有功电流，流过故障点的接地电流就等于电容电流和有功电流的向量和。应该说，根据零序电流或电阻性电流的大小和方向也是很容易区分故障支路和非故障支路的。由于单相接地时故障电流大，必须切除故障线路，故其保护配置可为限时（瞬时）电流速断保护、低电压闭锁过流保护和两段式零序保护，所有保护均作用于跳闸。对于架空输电线路，应配置一、二次（或多次）自动重合闸，使得瞬时性故障后可尽快恢复供电，同时在永久性故障时，加速继电保护动作于跳闸；对于电缆输电线路，考虑到它的故障必是永久性故障（或永久性故障所占故障比例很大），故不必设置自动重合闸。另外，为保证可靠地切除故障线路，保护一次设备的安全，考虑到故障线路的保护或开关存在拒动的可能，所以应在中性点接地电阻回路中加装，接入零序后备保护（或称接地电阻零序保护），加适当延时后，作用于跳开变压器低压侧开关。

目前，城市中低压系统馈线开关绝大多数为手车式，馈线出线端采用电缆线路，其零序电流保护的电流大多由零序滤过器方式提供，采用零序电流滤过器方式，由于 3 个电流互感器的变比误差、伏安特性的差别以及励磁电流有差异等原因，正常运行时就存在不平衡电流。若发生相间故障，不平衡电流将随一次电流的增大而增大，不利于提高零序电流保护的灵敏度，同时给保护整定带来不便。采用零序电流互感器方式，将其装设在馈线电缆终端头下侧，不但有利于零序电流保护的整定，提高保护的灵敏度及可靠性，还可以有效防止因代路时的零序环流所造成的用户停电。中压系统一般通过专用接地变压器经电阻接地，接地变压器设有零序电流保护，作为中压系统母线、接地变压器引线的接地故障保护和馈线零序电流保护的后备保护。对于接地变压器的零序电流保护，其零序电流应取自接地电阻侧的零序电流互感器以消除零序电流保护盲区。

2. 消弧线圈接地方式分析

（1）消弧线圈调谐方式可分为预调式和随调式两种。

1）预调式：在接地故障发生之前，调整消弧线圈到谐振附近运行，为防止谐振需串联或并联一限压电阻，发生接地故障时串联电阻需被短接。

2）随调式：在正常情况下，消弧线圈远离谐振点运行，中性点位移电压较低，发生单相接地故障后，迅速调整到位，故不需加装限压电阻。

（2）消弧线圈的结构。自动跟踪补偿装置一般有接地变压器、消弧线圈和限压电阻等组成。消弧线圈的结构主要有多级有载调匝式消弧线圈、调容式消弧线圈、三相五柱式消弧线圈、高短路阻抗变压器式消弧线圈、直流偏磁式消弧线圈。

1）多级有载调匝式消弧线圈。其工作原理：由电动机传动机构，驱动有载分接开关调节具有多个分接头，用以改变线圈的串联连接的匝数，从而改变线圈电流大小。多级有载调匝式消弧线圈的电感与匝数的平方成正比，在额定电压下多级有载调匝式消弧线圈的最大工作电流与最小工作电流的比值一般为 2.5 倍（视用户要求而定也可达8:1）。多级有载调匝式消弧线圈的残流大小视有载分接开关调节挡位多少和各挡电流的步长而定。

多级有载调匝式消弧线圈通过电阻接地，用以限制弧光接地过电压和谐振过电压，可在全补偿、欠补偿和过补偿条件下运行，运行较可靠。

2）调容式消弧线圈。所谓调容式消弧线圈就是通过接入一定数量的电容器以实现

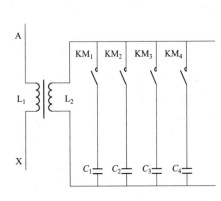

图 1-2 调容式消弧线圈电路图

抵消消弧线圈电感电流的装置，具体就是通过真空接触器的开、合来接入不同数量的电容器。如图 1-2所示，当接通真空接触器 KM_1、KM_2、KM_3、KM_4的 4 台电容器时可得到 15 个数值不同的电容电流；如果接有 5 台电容器时，则可得到 31 个数值不同的电容电流；若采用 6 台电容器时，则可提供 62 个数值不同的电容电流。由于感性电流和容性电流的相位相差 180°，两者可以进行算术运算，因而可用二次侧的电容电流折算到一次侧去抵消其电感电流的方法来改变消弧线圈的电感电流。

调容式消弧线圈调谐精度高，其残流小于3A，调挡时间小于40ms。显然，这种消弧线圈特别适用于发展中的补偿电网，可避免重复

投资。

3）三相五柱式消弧线圈。三相五柱式消弧线圈是将消弧线圈和接地变压器合二为一，具备消弧线圈和接地变压器的双重作用。消弧线圈无机械传动部分，因此反应速度快、工作可靠、维护量小、噪声低。消弧线圈为干式结构（也可以按用户要求制成油浸式），可以安装在高压室内，其主回路接线图如图1-3所示。三相五柱式消弧线圈的中间三个铁芯柱绕有A、B、C三相高压绕组，并联QS和FU后直接与母线相连，而中性点接地，以形成零序电感电流回路，对接地点的电容电流进行补偿。旁边两个铁芯柱作为零序磁通回路，并绕有二次绕组。接触器与电抗器相连，晶闸管VT与电抗器L_2接通；通过控制接触器和VT的导通角来改变二次绕组的电感电流，从而对一次回路的零序电感电流实现平滑调节。旁边两个铁芯柱与中间柱间的气隙用来调节零序磁阻对零序电感电流进行粗调。电阻R_N是在消弧线圈二次侧并联的一个电阻，其作用是用来抑制电弧接地过电压的幅值和正常电网的中性点偏移电压，同时也向单相接地故障支路提供一个有功电流，该电阻的投切可以通过单片机和热继电器来控制。这种结构的消弧线圈的特点是把接地变压器与消弧线圈在磁路上合为一体，具有两者的双重功能，占地少，简化了变电站的布局。

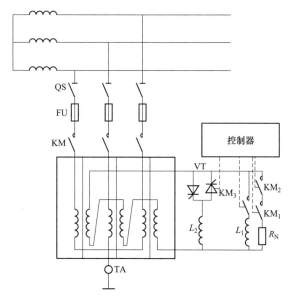

图1-3　三相五柱式消弧线圈主回路接线图

4）高短路阻抗变压器式消弧线圈。高短路阻抗变压器式可控消弧线圈最大的特点是：无机械传动装置和复杂的直流回路，结构简单；电抗值是通过调节晶闸管来实现的，所以具有极快响应速度；可实现由零至额定值的无级连续调节，且线性度极佳。

5）直流偏磁式消弧线圈。消弧线圈的磁路由铁芯磁化段、交流磁路部分和气隙三部分组成。

铁芯磁化段：在这一段铁芯周围既有通过直流的控制绕组，也有通过交流的工作绕组，即交流、直流同时励磁磁路部分。

交流磁路部分：只通过交流工作磁通，通常是铁轭部分。

气隙部分：保证消弧线圈的伏安特性基本线性和使直流助隙磁通不通过交流磁路，以减少直流助隙功率。

直流偏磁式消弧线圈可以通过调节控制绕组的励磁电流，来实现平滑调节电感量。纵向励磁制造工艺简单，铁芯利用率高，但在单个控制绕组中会产生感应电势，需把控制绕组做反向连接，以便抵消感应电动势，因此单个控制绕组的绝缘强度要求较高。

变电站选址定容优化规则方法

变电站是电网中进行电压变换、交换、汇集和分配电能的设备，变电站的布局、数量和容量直接关系到以后为本区域供电的能力，以及直接影响着整个网架结构的优劣，对本地区配电网络的可靠性、经济性和电能质量有着直接的影响。搞好高压变电站及其进出线走廊规划，对用地的预留、占地面积的估算和经济性评估、区域的整体规划和产业的布局具有重要意义。

2.1 变电站及其选址

变电站规划方法很多，传统的方法是通过对实际情况进行考察，根据具体条件抓住主要因素，对各种可能存在的方案加以分析，逐步筛选；通过综合分析比较，估算出各项建设工程的投资和运行费用，权衡利弊；最后推荐出一个供电安全可靠、基建快、投资省、运行费用低、维护方便、经济效益高的选址方案（一般至少有两个站址方案，包括推荐方案）。这种传统的方法，对选址需要进行大量的数据处理和分析，对规划者的实践经验要求较高，即便是规划者具有丰富的实践经验，规划中仍带有很大的盲目性，人为因素影响较大，不系统、不科学，工作量很大，因此不能满足现代电网发展的要求。定性分析方法虽能综合考虑多个评价项目，但很难从评价项目之间错综复杂的关系中客观、正确地确定厂址。就定量分析而言，有模糊分析法、层次分析法、专家系统决策法、数字图像滤波法等基于计算机辅助分析的启发式方法，运用运筹学的连续选址方法，基于数学全局最优的优化算法以及智能优化算法（遗传算法、模拟退火算法）等。

2.2 高压配电变电站站址和容量的自动化优化规划

综合优化法是通过建立相关模型对变电站的容量配置、投建地点及供电范围等进行的整体性优化。这是当今变电站优化规划研究与应用的主流，具有较高的智能化程度，一般可在无人工辅助的条件下自行给出变电站建设运行的优化方案。

2.2.1 变电站选址原理

由于各小区的负荷在不同年代有不同的数值，某座变电站的布点方式，在某个负荷条件下是最优结构，但不能保证它在负荷已经变化后也是最优的，因此，变电站的选址问题实际上是一个动态的优化过程。为了解决这一复杂的动态问题，同时还要保证计算量在工程允许的范围内，采用了较通用的水平年法，将负荷随时间（年度）变化的动态问题分解成水平年（即目标年）和中间年变电站规划两个步骤静态的解决。

1. 目标年变电站规划

目标年变电站站址及主变电站容量的优化问题，可表述为：在各个小区负荷密度已知的情况下，如何确定目标年内各新建变电站的位置及容量，以满足负荷需求及各种其他约束，同时使所需投资及运行费用之和最小。

站址选择的目标函数为投资费用和运行费用之和最小，应满足的约束条件为：变电站应满足其所供负荷并留有一定的容量裕度，同时变电站所供负荷应处于所允许的供电半径内。站址选择的目标函数具体模型可用下式表述：

目标函数最小为

$$\min C = C_1 + C_2 + C_3 \tag{2-1}$$

$$C_1 = \sum_{i=1}^{n}\left\{ f_1(S_i)\left[\frac{r_0(1+r_0)^{m_s}}{(1+r_0)^{m_s}-1} \right] + u(S_i) \right\}$$

$$C_2 = \alpha\sum_{i=1}^{n}\sum_{j\in J_i} W_j^2 \times \xi \times d_{ij}$$

$$C_3 = \beta\left[\frac{r_0(1+r_o)^{m_l}}{(1+r_0)^{m_l}-1} \right]\sum_{i=1}^{N}\sum_{j\in J_i} \xi d_{ij}$$

$$\alpha = \frac{\alpha_1 \times \alpha_2 \times \alpha_3}{U^2\cos^2\varphi}$$

约束条件为

$$\sum_{j\in J_j} W_j \leqslant S_i \times e(S_i) \times \cos\varphi , \quad i=1, 2, \cdots, N$$

$$\bigcup_{i=1}^{N} J_i = J \tag{2-2}$$

式中　　C_1——变电站的投资与年运行费用；

C_2——估算的二次侧线路的网损费用；

C_3——估算的二次侧线路的投资费用；

N——变电站总个数（包含现有变电站与待建变电站）；

S_i——第 i 个变电站的容量；

$e(S_i)$——第 i 个变电站的负载率（一般根据变电站装备主变压器个数的不同，由运行可靠性要求定）；

$f_1(S_i)$——第 i 个变电站的投资费用（其中已有变电站的投资费用为 0），这里假定变电站投资只与其容量相关；

$u(S_i)$——第 i 个变电站的年运行费用；

J_i——第 i 个变电站的供电负荷集；

J ——全体负荷点集；

W_j ——第 i 点的负荷（有功功率）；

d_{ij} ——第 i 个变电站与第 j 个负荷之间的欧氏距离；

ξ ——地形复杂系数或线路曲折系数（表示变电站所供负荷的电气距离与欧氏距离的比值，是一个统计参数，反映了变电站二次出线网络的实际复杂程度）；

α ——近似网损折算系数；

α_1 ——电价；

α_2 ——二次侧线路单位长度电阻；

α_3 ——年最大负荷损耗小时数；

U ——二次侧线路的线电压；

$\cos\varphi$ ——功率因数；

m_s ——变电站的折旧年限；

r_0 ——贴现率（常取为 0.1）；

β ——二次侧线路单位长度的投资费用；

m_1 ——变电站二次侧线路的折旧年限。

为简化分析，对非线性的二次侧线路投资和网损费用进行线性化处理后，可得式（2-1）的简化形式为

$$\min C = \sum_{i=1}^{N} f_2(S_i) + \gamma \sum_{i=1}^{N} \sum_{j \in J_i} W_j \xi d_{ij}$$

$$\text{s.t.} \quad \sum_{j \in J_i} W_j \leqslant S_i e(S_i)\cos\varphi, \quad i=1, 2\cdots, N$$

$$\bigcup_{i=1}^{N} J_j = J \tag{2-3}$$

式中　$f_2(S_i)$ ——折算的变电站本体费用（包含投资与年运行费用），是一个仅与站容量相关的函数；

　　　γ ——一年中单位长度线路上运送单位负荷费用的平均值（其中包括了线路投资费用和损耗费用）。

其余变量含义均与前述相同。

以上述原理为指导设计的算法，先将原问题分解成组合问题和定点问题两个较小规模的子问题分别计算，同时采用了平面多中位选址技术、初始解选择技术及试探与组合优化方法，具有较好的计算能力与可靠性。

2. 中间年变电站规划

在目标年内的变电站站址及主变电站容量的优化计算完成以后，即可以目标年所确定的变电站地理位置作为待选站址，进行中间年各个阶段的变电站站址及主变压器容量优化计算。该阶段优化计算的目标函数仍为运行费用及投资费用之和最小，应满足的约束条件除包含与远期目标年优化计算相同的约束条件外，还包括以下的附加约束条件：

（1）各阶段的变电站容量不应大于其后一阶段所确定的容量。

（2）各新建变电站的位置与远期所确定的位置相同。

以上述原理为基础设计的优化算法，采用了线性迭代方法和一种基于网络潮流算法思想的变电站多阶段优选算法，大大提高了计算速度与收敛性，并在实际应用中取得了很好的效果。

2.2.2　变电站选址优化算法

在确定的负荷水平下，当变电站候选位置已经拟定时，可以通过技术经济比较选择合理的站址。当给定变电站组合方案（数目和容量类型），而变电站（站址）位置未定时，需要通过自动选址来提供适合的站址。平面中位选址就是变电站自动选址的方法之一，通过平面中位选址，可以确定负荷的加权中心，以减小二次侧线路的投资和损耗。平面中位选址可分为平面单中位选址和平面多中位选址两种：①平面单中位选址是在给定负荷的基础上选出一个中位点，该方法适合在规划区域建设一个新建变电站的情况，这个单中位点可以通过数学优化方法中的迭代方法求得；②平面多中位选址是在给定负荷的基础上选出多个中位点，适合规划区域建设多个变电站的情况，目前该问题还没有很理想的求解方法能够保证收敛到一个整体最优解，比较实用的方法是定位与分配（alternative location algorithm，ALA）算法，下面予以介绍。

平面多中位选址问题可描述为：设 n 个负荷的全体记为 $J = \{J_1, J_2, \cdots, J_N\}$，给定它们的平面坐标 (x_j, y_j) 和负荷值 $W_j > 0 (j \in J)$，以及变电站容量的集合 $\{S_1, S_2, \cdots, S_p\}$，确定第 p 个变电站的位置 (x_{pi}, y_{pi})，$i = 1, 2 \cdots, p$，$p \geqslant 2$，使得二次侧线路的建设及网损年费用最小，即

$$\min\left(\gamma \sum_{i=1}^{p} \sum_{j \in J_i} W_j l_{ij} \right)$$

$$l_{ij} = \xi d_{ij} = \xi[(x_{qi} - x_j)^2 + (y_{qi} - y_j)^2]^{\frac{1}{2}}$$

$$\text{s.t.} \quad \sum_{j \in J_i} W_j \leqslant S_i e(S_i) \cos\varphi, \ i = 1, 2, \cdots, P$$

$$\bigcup_{i=1}^{P} J_i = J \tag{2-4}$$

式中　γ ——一年中单位长度线路上运送单位负荷费用的平均值，其中包括投资费用和损耗费用；

　　　l_{ij} ——变电站到该负荷点距离；

　　　ξ ——线路曲折系数；

　　　J_i ——由第 i 个变电站供电负荷的集合。

平面多中位选址不仅要决定各变电站的位置，同时还要把各负荷点分配给与它"邻近"的变电站。此外，式（2-3）的目标函数常有多个极值点。因此，它的求解非常复杂。下面介绍求解该问题的 ALA 算法。

ALA 算法的基本步骤如下：

（1）分配步骤：对于给定的 p 个变电站的位置 (x_{pi}^t, y_{pi}^t) $(i=1,2,\cdots,p)$，当 $t=0$ 时，该位置是初始任取的，当 $t \neq 0$ 时，是前一步迭代的结果），确定负荷的分配集合 J_i，即在满足变电站容量的约束条件下，把各负荷分配给与它"邻近"的变电站。

（2）选址步骤：分配步骤已将负荷分成了 p 组，对每一组用平面单中位选址求解最优的中位点位置 $(x_{pi}^{t+1}, y_{pi}^{t+1})$，$i=1,2,\cdots,p$。

（3）以上两个步骤交替进行，当前后两步迭代的目标函数之差或各变电站移动距离小于事先给定的精度时停止。

ALA 算法的求解是一种所谓单调下降的收敛过程，即应用这种方法每做一次循环，所得解总比前一次循环求得的解要好一些，或者至少一样好。当无法使目标函数下降时，停止计算。

ALA 算法的分配步骤是一个典型的运输问题，可以采用运筹学的经典方法求解，而选址步骤就是求解多个平面单中位问题，可以采用数学优化方法中的迭代方法求解。

ALA 算法的特点是简单、计算速度快，通常迭代 3～5 次就能达到收敛，但 ALA 算法的计算结果受站点位置初始值选取的影响较大，一般可与遗传算法等结合进行优化求解。

2.2.3　变电站选址思路

变电站选址的总体思路如下：

（1）依据目标年负荷分布预测的结果，利用"城市电网规划计算机辅助决策系统"中的变电站选址容量优化软件自动进行目标年变电站布点和主变电站容量计算，得到目标年的变电站布点和主变电站容量方案。依据城市规划和地形地貌的实际情况通过规划专家的修正得到最终的变电站布点方案，利用规划软件自动计算变电站的供电范围，确定变电站应带的负荷大小。

（2）依据中间年的负荷分布预测结果，以目标年的变电站布点和主变电站容量方案为条件，利用城市电网规划软件自动进行中间年的变电站布点和主变电站容量计算，得到中间年的变电站布点和主变电站容量方案。该方案的新上变电站应是远景规划方案所包含变电站的一部分，然后，利用规划软件自动计算变电站的供电范围，确定变电站应带的负荷大小。

例如，某开发区 A 区块面积 7.8km^2，该区块主要有商业金融、居住、高新工业和行政办公 4 类用地，划分为 109 个小区，现有 1 座 2×50MVA 的 110kV 变电站。根据开发区电网规划，水平年将现有的 110kV 变电站扩容为 3×50MVA，另外需新建 2 座 40MVA 的 110kV 变电站，分别命名为 1 号站、2 号站。根据负荷分布预测的结果，在满足变电站选址地理环境的前提下，通过专家系统确定的变电站选址初始方案结果如图 2-1 所示。1 号站周边选定 6 个候选站址：A40 区、A36 区、A37 区、A42 区、A44 区和 A45 区；2 号站周边选定 5 个候选站址：A81 区、A78 区、A79 区、A85 区和 A86 区。

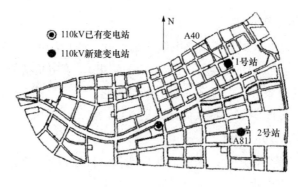

图 2-1　开发区 A 区块

以下以 2 号站为例，对 5 个候选站址进行风险分析。

（1）负荷需求增长不确定性的风险。由于城市用地规划调整，用地性质发生变化，或者由于经济发展不确定导致负荷需求的不确定性，都会使变电站选址建设存在不确定风险。影响该开发区负荷需求增长的不确定风险因素主要是高新工业的发展速度，后者又主要受到开发区招商引资政策以及宏观经济环境不确定因素影响，另外园区用地规划调整也会对负荷分布产生影响。根据负荷增长预测结果，结合未来影响园区负荷需求增长的不确定风险因素，确定 2 号站供电范围内负荷需求增长三角分布参数见表 2-1。

表 2-1　　　　　　　　　　负荷增长三角分布参数

负荷增长三角分布参数	a	b	c
负荷（MW）	40	50	45

（2）变电站占地费用的不确定风险。随着城市土地资源的日益紧张，变电站征地等非本体成本费用在变电工程总投资中的比例越来越高。选择不同的地块作为变电站的站址，征地费用成本差异可能会很大，变电站占地费用的不确定风险直接影响变电工程的投资成本。根据该地区的平均征地成本，结合不同地段征地成本差异，获得各个候选站址的征地成本分布情况，见表 2-2。

表 2-2　　　　　　　　　　站址征地成本分布参数

站址名称		A78	A79	A81	A85	A86
用地性质		高新工业	居住小区	商业金融	公共设施	高新工业
单位征地成本三角分布参数（元/m²）	a	1800	2200	3800	700	1800
	b	2200	2700	4300	1200	2200
	c	2000	2500	4000	1000	2000

A81 站址位于商业金融区，该地段的土地价格很高，变电站征地成本很高；A79 靠近居住小区，征地成本也较高；A78 和 A86 位于高新工业园区，征地成本相对较低；A85 位于公共设施区，征地成本最低。110kV 变电站的用地面积按 Q/GDW 156—2016《城市电力网规划设计导则》提出的参考数据，本文中的新建站均为户内型变电站，按照每座

$2500m^2$ 计算。

（3）居民阻挠变电站选址的社会风险。根据 5 个候选站址与居民小区之间的距离远近，以及该地区居民对变电站建设的态度，确定站址可能会遇到的社会风险以及所需的经济补偿，见表 2-3。

表 2-3　　　　　　　　　　　　站址社会风险经济补偿分布参数

站址名称		A78	A79	A81	A85	A86
与最近居民小区距离（m）		400	50	100	120	400
社会风险经济补偿 三角分布参数 （万元）	a	0	200	80	60	0
	b	0	400	120	100	0
	c	0	300	100	80	0

A79 站址距离最近的居民小区只有 50m，居民阻挠变电站选址的可能性非常大，在此选址的社会风险比较大，对居民进行经济补偿的成本会很高。如 A81 和 A85 两个站址距离最近的居民小区都在 100m 以上，居民阻挠变电站选址的可能性相对会小一些，在此选址的社会风险相对比较小，但也必须考虑该风险；A78 和 A86 站址由于远离居民区，基本不用考虑该风险。

2.3　高压变电站选址定容

高压变电站选址定容流程图如图 2-2 所示。

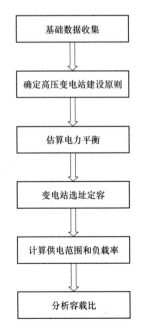

图 2-2　高压变电站选址定容流程图

2.3.1　估算电力平衡

电力平衡估算建立在负荷预测基础上，分区分电压等级进行。地区电力平衡根据负荷的空间分布预测结果，按照地区变电容载比要求进行平衡。地区平衡需注意，平衡的分区需根据现状负荷水平和未来发展状况进行综合分析，对于新建区来说，城市未来发展具有不确定性，负荷发展空间大，变电站站址可选择的位置较多，并且选出来的站址在未来建设中可行性很大。那么，在新区的电力平衡中，易考虑变电站容量平衡结果偏大一些，为未来负荷发展留有一定裕量。同时，在新区多选择一些备用站点，融入城市规划中，这样有利于未来变电站建设的可操作。对于老区的电力平衡，既要保证满足负荷发展的需求，又要充分利用资源，优化网络。

分电压等级电力平衡，按照各电压等级的容载比规定要求，估算出各电压等级需要的变电容量。通常状况，在远景饱和状态下的容载比要略低于近中期的容载比大小，主要原理在近中期负荷发展相对较快，供电容量超前建设有利于拓展负荷发展空间，远景饱和状态下，负荷发展平稳，按照最终规模进行平衡即能满足负荷需求。

另外，还要特别注意的问题是地方各电压等级发电厂出力范围，各电压等级电网同区外的电力交换范围等，平衡过程中都需要将其平衡进去。

某城市按照 220kV 等级容载比 1.6～1.9、110kV 等级容载比 1.8～2.2 计算，2004—2020 年电力平衡情况见表 2-4。

表 2-4   2004—2020 年某城市电力平衡

年份	2004	2005	2006	2007	2008	2009	2010	2015	2020
地区最大负荷（MW）	482.4	540	605.9	682.4	758.6	837.2	909.7	1343.3	1780.3
35kV 及 110kV 用户负荷（MW）	84.08	93.68	118.54	120.99	123.54	126.21	129.00	144.86	164.53
35kV 及 110kV 电厂装机容量（MW）	90	90	90	90	90	90	90	90	90
35kV 及 110kV 电厂所供负荷（MW）	90	90	90	90	90	90	90	90	90
10kV 电厂装机容量（MW）	42	42	42	42	42	42	42	42	42
10kV 电厂所供负荷（MW）	42	42	42	42	42	42	42	42	42
220kV 变电站所供负荷（MW）	350.4	408	473.9	550.4	626.6	705.2	777.7	1211.3	1648.3
220kV 变电容量（MVA）	561～661	653～775	758～900	881～1046	1003～1091	1128～1340	1244～1478	1938～2301	2637～3132
110kV 变电站所供负荷（MW）	350.4	404.3	445.4	519.4	593.1	669.0	738.7	1156.4	1573.8
110kV 变电容量（MVA）	631～771	728～890	802～980	935～1143	1068～1305	1204～1472	1330～1625	2082～2544	2833～3462

2.3.2   变电站选址定容

变电站选址和定容的过程是利用变电站优化选址软件，原理、方法和技术原则在上面已提到，在负荷空间预测基础上进行优化计算。计算之后，变电站优化规划及定容计算机辅助系统会给出一个初步选址结果，该结果理论上给出了变电站的最佳位置和容量配置情况，但实际用地利用和城市规划对变电站站址确定要有统筹安排。下面对可能出现的两种情况进行讨论。

（1）最优站址可能选择在道路、水域或已建房屋上，需要人工手动对站址进行微调。调整后的站址虽然不是理论上的最优选择结果，但仍在工程建设可接受范围内。

（2）由于种种原因，在最优选址结果附近都无法征地建设，就需要与当地规划工作人员讨论哪些地方可以作为变电站的待选站址，在优化计算时即明确此处为变电站站址，再重新计算，获得变电站站址和容量优化选择的次优解。

（3）在最优选址结果可以征到变电站建设用地，但是高压进线/中压出线走廊不充足，使变电站无法建设。随着技术的发展，变电站的占地面积已大大缩小，甚至可以利用街心、广场、工厂角隅等建设。由于市政要求城区内尽量使用电缆，但高压进线电缆造价远高于架空线，在高压架空线无法深入的地区使用电缆将使成本急剧增加，从而使变电站无法建设。这是近几年电网建设过程中出现的一个比较严峻的问题，需要权衡经济、技术等多种因素。

因此，需要在理论选址结果基础上进行人为的修正，分析站址的可行性，最终确定变电站选址结果。

选址过程中首先进行的是高压配电变电站，在选址定容后，可以对各变电站供电范围进行计算，获得了各变电站的最佳供电范围和负荷情况。在此基础上，以高压配电变电站为点负荷，进行高压送电变电站选址。同样道理，高压送电变电站选址结果也需要人为修正最终确定。

2.3.3　供电范围和负载率计算

1. 基本理论

容载比指标比较适合于相对高速发展中的电网，此时由于客户供电需求量的快速增加和地区发展间的不平衡，主要强调电网变电容量的相对富裕，要求电网发展保证有一定的超前性和冗余度，即电网容载比应该保持在较高水平；而供电能力分析和负荷转移能力分析比较适合于电网发展相对比较缓慢的成熟地区，此时由于客户供电需求量的相对稳定，主要强调电网网络的安全性，要求运行重点电网能够确保满足"N-1"准则，即电网供电能力应该基本满足供电需求；相对而言，负荷转移能力分析更加强调网络的作用，利用变电站之间转移负荷的能力，可在确保电网安全稳定运行的基础上提高经济运行能力，使电网运行更趋合理化。

容载比是某一供电区域；变电设备总容量（kVA）与对应的总负荷（kW）的比值。合理的容载比与恰当的网架结构相结合，对于故障时负荷的有序转移，保障供电可靠性，以及适应负荷的增长需求都是至关重要的。同一供电区域容载比应按电压等级分层计算，但对于区域较大、区域内负荷发展水平极度不平衡的地区，也可分区分电压等级计算容载比。

容载比与变电站的布点位置、数量、相互转供能力有关，工程中实用的估算容载比的计算公式为

$$R_s = \frac{\sum S_{ei}}{P_{max}} \tag{2-5}$$

式中　R_s——容载比，kVA/kW；

$\quad\quad P_{max}$——该电压等级的全网最大预测负荷；

$\quad\quad S_{ei}$——该电压等级变电站 i 的主变电站容量。

Q/GDW 156—2016《城市电力网规划设计导则》规定，根据经济增长和城市社会发展的不同阶段，对应的城网负荷增长速度可分为较慢、中等、较快三种情况，相应各电

压等级城网的容载比见表 2-5。

表 2-5 城 市 负 荷 增 长 表

城网负荷增长情况	较慢增长	中等增长	较快增长
年负荷平均增长率	小于 7%	7%～12%	大于 12%
500kV 及以上	1.5～1.8	1.6～1.9	1.7～2.0
220～330kV	1.6～1.9	1.8～2.0	1.8～2.1
35～110kV	1.8～2.0	1.9～2.1	2.0～2.2

容载比是一个总体控制指标，反映城市或地区电网的供电能力。这一指标在使用时，往往与各变电站的负载率结合，这样，不仅能够宏观显示现有及规划总容量满足总负荷需求的能力，也能了解每一个变电站是否存在轻载、过载或达到了最优运行效率。

但随着负荷的快速发展和电网建设的开展，容载比的合理参考数值也出现了一些新的问题。如在负荷密集的大城市中，变电站的建设规模最大会达到 4 台变压器同时运行。按照 "N–1" 可靠性准则的要求，当一台变压器故障或停运检修时，其负荷可自动转移至正常运行的变压器，此时正常运行变压器的负荷不应超过其额定容量，短时允许的过载率不应超过 1.3，过载时间不超过 2h。因此，每台变压器正常运行时的负载率都可以达到 75%～100%，3 台时可以达到 67%～87%。极限情况下，地区每一变电站都由 4 台变压器组成，则容载比为 1.11～1.48；3 台变压器时为 1.15～1.66。可以看出，这两组容载比数值都达不到 Q/GDW 156—2016《城市电力网规划设计导则》对容载比的要求。如果满足容载比要求，就要降低变压器负载率，将造成变压器运行不经济。

因此，建议对容载比的参考数值慎重考虑，并在不同地区结合供电能力和负荷转移能力分析并相对灵活的运用。

2. 实际应用

变电站选址及容量结果已定、各变电站供电范围也比较明确，之后还需要对整个地区、各电压等级的容载比进行全面分析。分析各电压等级、各分区的容载比是否能够满足前面所规定的容载比要求。2003—2020 年某地区各级电网容载比见表 2-6。可以看出，220kV、110kV 电压等级的容载比均满足 Q/GDW 156—2016《城市电力网规划设计导则》的要求。

表 2-6 2003—2020 年某地区各级电网容载比

项目		2003	2004	2005	2006	2007	2008	2009	2010	2015	2020
负荷	地区最大负荷（MW）	421.0	482.4	540	605.9	682.4	758.6	837.2	909.7	1343.3	1780.3
	35kV 及 110kV 用户负荷（MW）	88.1	84.1	93.7	118.5	121.0	123.5	126.2	129.0	144.9	164.5
电厂	35kV 及 110kV 电厂装机容量（MW）	90	90	90	90	90	90	90	90	90	90
	35kV 及 110kV 电厂所供负荷（MW）	90	90	90	90	90	90	90	90	90	90

续表

	项目	2003	2004	2005	2006	2007	2008	2009	2010	2015	2020
电厂	10kV 电厂装机容量（MW）	42	42	42	42	42	42	42	42	42	42
	10kV 电厂所供负荷（MW）	42	42	42	42	42	42	42	42	42	42
220 kV	区内容量（MVA）	760	840	840	840	1020	1020	1200	1200	1740	2430
	亭山变（MVA）	0	0	90	90	180	180	180	180	360	540
	柯岩变（MVA）	150	150	150	150	150	150	150	150	150	150
	计算容量（MVA）	910	990	1080	1080	1350	1350	1530	1530	2250	3120
110 kV	计算负荷（MW）	289.0	350.4	408.0	473.9	550.4	626.2	705.2	777.7	1211.3	1648.3
	容载比	3.15	2.83	2.65	2.28	2.45	2.15	2.17	1.97	1.86	1.96
110 kV	变电容量（MVA）	802.5	1032.5	1082.5	1132.5	1232.5	1482.5	1582.5	1632.5	2582.5	3082.5
	计算负荷（MW）	289.0	350.4	404.3	445.4	519.4	593.1	669.0	738.7	1156.4	1573.8
	容载比	2.78	2.95	2.68	2.54	2.37	2.50	2.37	2.21	2.23	1.96

2.4　小结

本章研究了变电站选址定容时要考虑的站址条件、建设规模、出线规模等规划原则；水平年法是高压配电变电站优化规划软件采用的理论基础；高压变电站选址定容包括基础数据收集、高压变电站建设原则确定、电力平衡、变电站选址定容、供电范围和负载率计算、容载比分析等几个步骤。

变电站站址和容量的确定是一个需要多次决策的过程。考虑到供电可靠性、运行检修的方便、变电站占地面积等方面的因素，变电站建设规模在我国通常为 2～4 台，单台容量也通常与已有站一致，因此较容易确定，但理论上最优的站址却经常遇到在实际中不可行的情况。这种情况下的策略是：把最重要、能确定的站址定下来作为已知条件，重新进行优化计算；接下来把次重要的站址确定作为已知条件，进行优化计算；这一环节重复进行，得到实际中可行的变电站选址结果。

需要说明的是，远期和中期的变电站选址结果是根据负荷预测阶段的预测结果进行的，但是负荷预测有一定的不准确性，如中期负荷预测结果可能提前也可能推后出现；原定优先发展的一个区域由于其他原因推后发展，另一块区域的负荷有了较大的增长率。因此变电站的选址结果特别是建设顺序是建议性而非强制性的，可随负荷的发展通过调整建设顺序、相邻变电站转供等措施满足负荷的不同要求。在我国现阶段城市快速发展的阶段，负荷的发展远未达到饱和，而站址、线路走廊却越来越紧张，因此非常有必要进行规划，把所需站址和走廊向市政部门汇报，预留备用。

容载比是现阶段城网建设中的一个重要指标，但也有概念宽泛、不能反映局部情况等局限性，在实际工作中，应把其作为一个参考指标，根据实际条件建设变电站。

城市电网规划的经济评价

3.1 财务评价理论

根据我国最新颁布的《投资项目经济评价的方法与参数》（第三版）和 Q/GDW 156—2016《城市电力网规划设计导则》，对电网规划项目经济财务评价应进行如下分析和评价。

3.1.1 盈利能力分析

盈利能力分析是项目财务评价的主要内容之一，是在编制项目投资现金流量表的基础上，计算财务内部收益率、财务净现值及投资回收期等评价指标。其中财务内部收益率为项目的主要盈利性指标，其他指标可根据项目的特点及财务评价的目的、要求等选用，此外还有总投资收益率（return on investment，ROI）、项目资本金净利润率（return on equity，ROE）。

1. 总投资收益率（ROI）

总投资收益率表示总投资的盈利水平，是指项目达到设计能力后正常年份的年息税前利润或运营期内平均息税前利润（earnings before interests and taxes，EBIT）与项目总投资（total invest，TI）的比率。总投资收益率计算式为

$$ROI = \frac{EBIT}{TI} \times 100\% \tag{3-1}$$

总投资收益率高于同行业的收益率参考值，表明用总投资收益率表示的项目盈利能力满足要求。

2. 项目资本金净利润率（ROE）

项目资本金净利润率表示项目资本金的盈利水平，是指项目达到设计能力后正常年份的年净利润或运营期内年平均净利润（net profit，NP）与项目资本金（equity capital，EC）的比率。项目资本金净利润率计算式为

$$ROE = \frac{NP}{EC} \times 100\% \tag{3-2}$$

项目资本金净利润率高于同行业的净利润率参考值，表明用项目资本金净利润率表示的盈利能力满足要求。

3.1.2　偿债能力分析

根据相关的财务报表，计算借款偿还期、利息备付率、偿债备付率、资产负债率等指标，评价项目的借款偿债能力。如果采用借款偿还期指标，可不再计算备付率，如果计算备付率，可不再计算借款偿还期指标。

1. 借款偿还期（P_d）

借款偿还期计算式为

$$P_d = T - t + \frac{R_T'}{R_T} \tag{3-3}$$

式中　P_d——借款偿还期；

　　　T——借款偿还后开始出现盈余年份数；

　　　t——开始借款年份数（P_d 从投产年算起时，t 为投产年年份数）；

　　　R_T'——第 T 年偿还借款额；

　　　R_T——第 T 年可用于还款的资金额。

当借款偿还期满足借款机构要求时，即认为项目是有清偿能力的。借款偿还期指标指在计算最大偿还能力，适用于尽快还款的项目，不适用于约定借款偿还期限的项目。对于已约定借款偿还期限的项目，应采用利息备付率和偿债备付率指标分析项目的偿债能力。

2. 利息备付率（interest coverage ratio，ICR）

利息备付率是指项目在借款偿还期内的息税前利润（EBIT）与应付利息（PI）的比值，它从付息资金来源的充裕性角度反映项目偿付债务利息的保障程度。利息备付率的含义和计算公式均与财政部对企业绩效评价的"已获利息倍数"指标相同，用于支付利息的息税前利润等于利润总额和当期应付利息之和，其中当期应付利息是指计入总成本费用的全部利息。利息备付率计算式为

$$ICR = \frac{EBIT}{PI} \times 100\% \tag{3-4}$$

利息备付率应分年计算。对于正常经营的企业，利息备付率应当大于 2，并结合债权人的要求确定。利息备付率高，表明利息偿付的保障程度高，偿债风险小；利息备付率低于 1，表示没有足够资金支付利息，偿债风险很大。

3. 偿债备付率（debt service coverage ratio，DSCR）

偿债备付率是指项目在借款偿还期内，各年可用于还本付息的资金（EBITDA-T_{AX}）与当期应还本付息金额（principal & interest of debts，PD）的比值，它表示可用于还本付息的资金偿还借款本息的保障程度，其计算式为

$$DSCR = \frac{EBITDA - T_{AX}}{PD} \tag{3-5}$$

式中　EBITDA——息税前利润（折旧和摊销）；

T_{AX}——企业所得税；

PD——应还本付息的金额。

偿债备付率可用于还本付息的资金，包括可用于还款的折旧和摊销，在成本中列支的利息费用，可用于还款的利润等。当期应还本付息金额包括还本金额和计入总成本费用的全部利息；融资租赁费用可视同借款偿还，运营期内的短期借款本息也应纳入计算。

偿债备付率可以按年计算，也可以按整个借款期计算。偿债备付率表示可用于还本付息的资金偿还借款本息的保证倍率，正常情况应当大于1，且越高越好。当指标小于1时，表示当年资金来源不足以偿付当期债务，需要通过短期借款偿付已到期的债务。

4. 资产负债率

资产负债率是反映项目各年所面临的财务风险程度及偿债能力的指标，计算公式为

$$资产负债率=\frac{负债合计}{资产合计}\times100\% \tag{3-6}$$

资产负债率表示企业总资产中有多少是通过负债得来的，是评价企业负债水平的综合指标。适度的资产负债率既能表明企业投资人、债权人的风险较小，又能表明企业经营安全、稳健、有效，具有较强的融资能力。国际上公认的较好资产负债率指标是60%。但是难以简单地用资产负债率的高或低来进行判断，因为过高的资产负债率表明企业财务风险太大；过低的资产负债率则表明企业对财务杠杆利用不够。实践表明，行业间资产负债率差异也较大，实际分析时应结合国家总体经济运行状况、行业发展趋势、企业所处竞争环境等具体条件进行判定。

5. 流动比率

流动比率是反映项目各年偿付流动负债能力的指标，计算公式为

$$流动比率=\frac{流动资产总额}{流动负债总额}\times100\% \tag{3-7}$$

流动比率衡量企业资金流动性的大小，考虑流动资产规模与负债规模之间的关系，判断企业短期债务到期前，可以转化为现金用于偿还流动负债的能力。流动比率指标越高，说明偿还流动负债的能力越强。但流动比率过高，说明企业资金利用效率低，对企业的运营也不利。国际公认的标准是200%，但行业间流动比率会有很大差异。一般来说，若行业生产周期较长，流动比率就应该相应提高；反之，就可以相对降低。

6. 速动比率

速动比率是反映项目各年快速偿付流动负债能力的指标，计算公式为

$$速动比率=[(流动资产总额-存货)/流动负债总额]\times100\% \tag{3-8}$$

速动比率指标是对流动比率指标的补充，是将流动比率指标计算公式的分子剔除了流动资产中的变现力最差的存货后，计算企业实际的短期债务偿还能力，比流动比率更为准确。该指标越高，说明偿还流动负债的能力越强。与流动比率一样，该指标过高，说明企业资金利用效率低，对企业的运营也不利。国际公认的标准比率为100%。同样，行业间该指标也有较大差异，实践中应结合行业特点分析判断。

在项目评价过程中，可行性研究人员应该综合考察以上的盈利能力和偿债能力分析

指标，分析项目的财务运营能力能否满足预期的要求和规定的标准要求，从而评价项目的财务可行性。

3.1.3　财务生存能力分析

财务生存能力分析，应编制财务计划现金流量表（资金来源与运用表），计算净现金流量和累计盈余资金，分析项目是否有足够的现金流量维持正常运营，以实现财务的可持续性。财务生存能力分析也可称为资金平衡分析。

（1）拥有足够的经营净现金流量是财务可持续的基本条件，特别是在运营初期。

（2）各年累计盈余资金不出现负值是财务生存的必要条件。

在整个运营期间，允许个别年份的净现金流量出现负值，但不能允许各年累计盈余资金出现负值。各年累计盈余资金若出现负值，应进行短期借款，同时分析短期借款的年份长短和数额大小，进一步判断项目的财务生存能力。短期借款应体现在财务计划现金流量表中，其利息计入财务费用。

3.1.4　敏感性分析

所谓敏感性分析，是指分析并测定项目主要不确定因素的变化对项目评价指标的影响程度，并判定各个因素的变化对目标的重要性。其中，对评价指标影响最大的因素叫作敏感因素，我们要分析评价指标对该因素的敏感程度，并分析该因素达到临界值是项目的承受能力。一般地，不确定因素主要有产品价格、产品产量、主要原材料价格、建设投资、汇率等，分析的评价指标主要有净现值、内部受益率等。敏感性分析的步骤如下：

1. 确定分析指标

在敏感性分析中，大多是对投资项目进行评价，所选定的指标一般与反映投资项目经济效果的经济评价指标相一致，如净现值、净年值、净现值率、内部收益率、投资收益率、投资回收期等。但每个指标所评价的角度都不同，反映的问题也不同，因此，应该根据经济评价的具体情况来选择敏感性分析指标。在电网规划项目的财务评价中，敏感性分析指标主要采用净现值和内部收益率，辅之以投资回收期。

2. 找出需要分析的不确定性因素

影响电网规划项目经济指标的因素有很多，但没有必要对所有这些因素都进行敏感性分析，应该按照以下原则仔细对备选因素进行筛选：

（1）原则一：预计在不确定性因素可能变动的范围内，不确定性因素变动将较为强烈地影响经济效益指标；

（2）原则二：对在确定性经济评价中采用的数据的准确性把握不大。

确定不确定因素时应该把这两条原则结合起来。一般来说，电网规划项目的不确定因素有投资、售电价、电量等。

3. 计算不确定性因素的变动对经济指标的影响程度

首先，对某特定因素设定变动数量或幅度，其他因素固定不变；然后计算经济指标的变动结果，对每一因素的每一变动，均重复以上计算过程；最后，把因素变动及相应指标变动结果汇总，以便测定敏感因素。

4. 计算指标并确定敏感性因素

寻求敏感因素是敏感性分析的最终目的，敏感因素数值的变化，甚至是微小的变化都会严重影响项目的经济指标；相反地，若某一特定因素变化，甚至变化很大，也不能显著影响项目的经济指标，则此特定因素是该项目的非敏感因素。

测定某特定因素敏感与否，一般通过两种方式进行：

（1）第一种方式：假定要分析的因素均从其基本数值开始变动，且各因素每次变动幅度（增或减的百分数）相同，计算每次变动对经济指标的影响程度。由计算结果可以看出，在各因素变化率相同的情况下，对经济指标影响的大小存在差异。据此可对各因素的敏感性程度进行排序，这是一种相对测定法。

（2）另外一种方式，就是使某特定因素朝经济效果差的方向变动，并设该因素取其很有可能发生的"最坏"值，然后计算下降了的经济指标，看其是否已达到使项目无法接受的程度。如果项目已经不可以接受，那就表明该因素是项目的敏感因素，项目可否接受的依据就是各经济指标的临界点。比如说，内部收益率的基准折现率、净现值法的净现值是否大于或等于零、投资回收期的标准投资回收期等。此方式的另一变通方式是事先设定有关经济指标为临界值，比如说净现值为零，然后求某特定因素的最大允许变动幅度，并将此变动幅度与可能会发生的变动幅度估计值进行比较。若前者大于后者，则项目风险大，项目效益对该因素敏感。这种方式叫作敏感因素的绝对测定法。

城市电网是电力供应的末端环节，能否安全可靠的运行直接影响到千家万户的生活。通过城市电网规划，电网经过规划期的建设改造后，将逐步形成供电可靠、网架合理的供电网络，可为供电企业甚至整个社会都带来多方面的综合效益。

3.2 电网经济理论

3.2.1 完善电力网络

完善电力网络是指通过规划、建设和改造，整个电网从网架结构、供电效率、城市电网电能损耗和供电质量方面都会有较大的完善与提高。

（1）在网架结构方面，将逐步形成结构清晰合理的骨干网架，适应性很强。网络的运行完全满足安全、稳定、经济的要求，调度方式灵活，为配电网配电自动化的实施提供良好的基础。

（2）在供电效率方面，对网架结构的规划就是基于"N-1"的原则，增强线路的互供能力。在负荷密度大的地区采用相对先进的接线模式，提高供电可靠性。对于重要用户考虑采用双电源进行供电。这些措施都会使可靠性大大提高减少事故次数，使用户的用电连续性得到保证。

（3）在城市电网电能损耗方面，通过规划、建设和改造，合理地分布电源点，有效减小供电半径，均匀分配负荷，同时增大中压配电网导线截面，改造旧线，都将对降低配电网电能损耗起到积极作用。

（4）在供电质量方面，随着网络结构日益完善，中压线路长度大为缩短，线路截面分布情况合理，将使配电网电压质量得到明显提高。

3.2.2 整体社会效益

供电企业不同于一般的企业，从事着具有社会公益性的事业，承担着向社会供电的责任和义务，不断地完善自身的服务观念和服务水平，是对它的必然要求。同时，供电企业的不断发展与服务质量的提高，也将对社会的发展和人民生活水平的提高起到促进作用。

加大对配电网络的建设力度，符合国家加大基础设施建设，扩大内需，拉动经济增长的宏观战略，因为，它将带动社会中方方面面的经济增长，如：有效地推动电器制造业、建筑业的发展，提高社会就业率等。

随着城市电网的建设改造，将大力促进用电量的增长和电力市场的开拓，满足城市各项事业发展对电力的需要。促进社会用电量的增长，保证城市的建设和人民生活对电力需求增加的需要。

供电可靠性的提高，电能质量的改善，都将使企业的产品质量相应提高，从而带来经济效益。对于居民用户而言，保证了供电质量，将促进家用电器发展，增加用电量，一些用电少和新开发的地区，也会增加用电量，从而带来经济效益，同时促进了人民生活水平的提高。

通过配电网络的规划、建设和改造、节能降耗，节省有限资源和保护环境。

3.2.3 环保效益

城市入地改造工程的不断深入，不仅提高了供电可靠性，而且使城市更加美观整洁，从而提升了整个城市的形象。节能设备的使用，减小了能源损耗，充分利用现有资源，在提倡节能社会的今天显得尤为重要。

传统的经济学观点认为，电力具有规模经济性，属于自然垄断产业，因而需要政府管制。长期以来，电力产业一直处于垂直一体化的垄断经营状态，然而独家垄断经营的自然垄断行业，普遍出现效率低下的运营状况。

随着社会经济的发展、技术创新和管制理论的突破，过去许多传统的自然垄断行业发生了根本性变化，就电力产业而言，电力产业的自然垄断性质也发生了改变，发电、供电不再具有自然垄断性。从20世纪70年代中期开始，西方国家出现了一场声势浩大的管制改革运动，电力产业的放松管制改革也就是将自然垄断性与非自然垄断性业务分离开来，在发电和供电环节中引入竞争；同时，对具有自然垄断性质的输电、配电环节进行管制改革，引入新的激励性管制。从改革的模式上看，有以欧盟和美国为代表的纵向整合模式、英国和智利为代表的分离模式、日本和爱尔兰为代表的引入有限竞争的单一买家模式等。不同的改革模式虽然在引入竞争的具体途径上存在差别，但其共同特点都是将发电、输电、配电、供电分开，在发电侧和供电侧引入竞争，对于负责输电和配电的电网仍然由国家管制或直接经营。我国刚刚出台的"厂网分开、竞价上网"的电力改革方案也体现了同样的思路。

由一个电网经营要比由多个电网经营成本更低，为了防止私人垄断给社会福利造成损失，需要由政府管制或独家经营。从目前的情况看，由于网络固有的互补性，电网确实表现出很强的自然垄断特征，然而，需要注意的是，电网的这种自然垄断属性并不是一成不变的。随着发电侧和供电侧竞争的引入，电网的自然垄断属性也在发生变化，这意味着，在未来的电力行业改革中，竞争的力量完全可以由电力行业业务链的两端向中间的输配电环节延伸。本书将研究电网自然垄断的成因，分析技术进步对电网自然特征的弱化效应，在此基础上对电网引入竞争的可能性进行探讨。

3.3 城市电网规划理论

3.3.1 自然垄断理论及其发展

1. 自然垄断的传统理论

传统的自然垄断是建立在规模经济的基础之上，规模经济是自然垄断的充分必要条件。自然垄断的基本特征就是生产函数呈现规模报酬递增（成本递减）的状态，即生产规模越大，单位产品的成本就越小。当整个行业存在规模报酬递增现象时，由于生产该产品的平均成本随产量的增加而持续下降，如果把该产品的生产全部交给一家垄断企业来完成，对整个社会来说总成本最小；因此在这种情况下，与其让若干家企业互相竞争进行分散生产，不如把全部生产都交给一家企业去进行，这样就形成了自然垄断。所以有学者认为，自然垄断就是这样一种状况：单个企业能比两家或两家以上的企业更有效率地向市场提供同样数量的产品。

形成自然垄断的原因在于规模经济，但规模经济不仅体现在产品的生产阶段，而且还体现在产品的配送阶段，尤其是当存在网络供应系统时，这种规模经济效益更为明显。网络供应系统的规模经济可以体现在两个方面：一是通过扩大网络覆盖区域使需求量不断增加，此时虽然需要加大固定资本投资，但分摊到每一需求上的固定成本却可能不断下降，从而获得规模经济效益；二是通过扩大利用者数量使需求量不断增加，此时网络覆盖区域没有改变，单纯由扩大利用者数量所带来的固定资本投资一般较小（许多情况下都通过现有设施的备用容量来实现），而需求量的增加必然使每一需求承担的固定成本不断下降，使整个系统呈现规模经济。由于扩大利用者数量意味着增加了网络的使用"密度"，因此网络供应系统的这种规模经济也被称为密度经济。

除规模经济外，自然垄断还与固定成本的沉淀性具有密切的联系。自然垄断固定成本一般具有投资巨大、使用时间长、专用性强的特点，一旦投入就往往"沉淀"在该产业中，形成较大的沉淀成本。固定成本沉淀性虽然并不是形成自然垄断的一个主要原因，但它能起到维持自然垄断的作用，是自然垄断得以稳定存在的一个条件。

2．自然垄断的现代理论

自然垄断的现代理论是由美国经济学威廉·鲍莫尔（Wiliam Jack）在 1977 年首先提出的。他认为自然垄断应建立在成本的部分可加性而不是规模经济的基础上。所谓成本的部分可加性就是指一起生产各种不同产品比分别生产它们所花的成本更低。遵循这一思想，鲍莫尔和威利格在 1982 年用部分可加性重新定义了自然垄断，其定义为：假设有 n 种不同产品，k 个企业，任何一个企业可以生产任何一种产品或多种产品，如果单一企业生产所有各种产品的总成本小于多个企业分别生产这些产品的成本之和，该企业的成本方程就是部分可加的，即

$$C(y)<\sum_{j=1}^{k}C(y^{j})$$（3-9）

$$y=\sum_{j=1}^{k}y^{j}$$

式中　y^{j} —— j 企业生产各种产品的产出向量 $(y^{j1},y^{j2},\cdots,y^{jn})$；

　　　y ——全行业的产量；

　$C(y)$ ——成本函数。

如果在所有有关的产量上企业的成本都是部分可加的，则该行业就是自然垄断行业。

自然垄断的新定义尽管包括了单一产品的情况，但其更主要是针对多产品情况提出的，它的重要意义就在于考察了多产品情况下的平均成本最小化问题，从而把自然垄断从单一产品范围扩展到多产品范围。伴随着这种扩展，范围经济得到了更为合理的解释。范围经济是指由一家企业提供多种产品或服务要比由多家企业分别提供具有更低的成本，这里的多种产品或服务既可以存在前后向联系，也可以彼此独立。在现代自然垄断理论中，范围经济是形成自然垄断的重要因素。

成本的部分可加性与规模经济性之间存在一定的联系，规模经济的存在肯定意味着成本的部分可加，但相反却不成立。从理论上说，用成本的部分可加性来定义自然垄断更能反映其本质，但在实际应用这种方法时需要具备一个前提，即必须知道该产业各种情况下的成本函数，这一点是很难实现的。因此，在实际应用中人们往往更倾向于利用规模经济、范围经济、固定成本沉淀性等因素来判定自然垄断。

3.3.2　电网的自然垄断特征

1．网络互补性

任何产业都要提供一定的经济物品或服务。在多数产业中，衔接生产者和消费者的是分销商。生产者将产品出售给分销商，再由分销商出售给顾客。生产过程和分销过程是独立的，不存在路径上的相互依赖性。电力行业生产的最终产品是电能，与其他行业不同的是，电能由发电企业向最终消费者的流动是通过电网来完成的。电能既不能存储，

也无法转移，于是，发挥分销作用的电网与电力生产存在密切的联系，或者说，电能实际上是以网络方式进行生产的。

在技术层面上，网络通常被定义为线路和节点相互作用的集合体：线路在不同结点间输送物品和服务，如电话用户间的信息流动，生产商、分销商和消费者间流动的天然气或电能；节点连接着相近的线路，改变网络流动的方向，也是物品或服务进入及退出网络的场所，如电力行业中的变电站、配电所等。从经济角度来看，网络的不同组成部分存在密切的互补关系，只有相应的节点和线路按照既定的方式协同运作，才能生产出物品和劳务，电力行业在这一方面表现得非常明显。为使电能输送到消费者，发电商、输电商和售电商必须相互配合，这种由技术联系所导致的强互补性决定了电网在整个电力行业的支柱地位。

按照物品和服务在节点与线路间流动的方向，网络互补性分为单向和双向两种：单向互补性是指物品和服务只能沿一个方向在节点和线路间流动；双向互补性则是指物品和服务可以沿多个方向在节点和线路间流动。从目前的情况来看。电力市场的网络互补性是单向的，电能只能从发电商沿纵向经输电商、供电商传递到最终消费者，无法由后向向前向流动。

2. 源于网络互补性电网的自然垄断特征

长期以来，人们一直认为电网具有的自然垄断特征，会导致集中的市场结构，引发市场失灵，因此需要政府干预。如果从网络的角度来分析电网，不难发现，电网的这种属性实质上源于网络互补性所导致的一系列基本的经济特征。

（1）规模经济。对于电网自然垄断属性的最主要解释就是规模经济。实际上，规模经济是网络互补性导致的一个结果。在网络中，当节点和线路间的互补性较弱时，一个经营单元包括的节点和线路的数目就会较少，如交通运输网络，虽然连接两个城市的道路有很多条，但一个道路运营商可以只经营其中的一条路线，所需的固定投资相应较低；相反，网络的互补性越强，经营单元包括的节点和线路的数目越多，固定投资需求量越高，规模经济也就越显著。电网是一种互补性很强的网络，因为需要覆盖很多的节点和线路，初始投资很高，由此产生的规模经济客观上决定了在一个地区中，由一个电网输电要比由多个电网输电成本更低，从而产生了自然垄断。

（2）网络外部性。网络外部性是指当一个消费者直接关心其他经济个体的生产或消费时，就产生了网络外部性。在电话网络中，网络的用户越多，用户之间的沟通就越便利，每个用户的预期收益也越高。这种外部性被称作直接的网络外部性，只有一个网络具有双向互补性时，才会存在这种直接外部性。在单向互补的网络中，消费者的收益与网络连接的其他用户的数量没有直接关系。由于电网的互补性是单向的，只要电能能够安全稳定地输送到终端消费者，消费者并不关心电网连接的用户数量。由于电网的规模与消费者的支付意愿没有直接关系，因此，如果由私人经营，电网的经营厂商就不会有动力去扩大网络的规模。然而，电网的规模过小会影响网络的稳定性、供应的安全性以及传输成本，产生间接外部性，纠正这种间接外部性是政府对电网进行管制的一个原因。

（3）功能的单一性。在一个网络中，如果线路和节点具有较强的互补性，那么网络的专用性往往会较高，也就是说，网络只能按照最初的设计执行单一的功能；如果一个网络具有弱的互补性，则通常可以用来生产多种不同的物品和劳务，执行多种功能。交通运输网络就是这方面的例子，城市和连接城市的道路没有严格的对应关系，同一种交通服务可以由不同的道路来提供，同一条道路也可以提供不同的交通服务。与之不同的是，电网的各个节点和线路具有很高的互补性，因此专用性很高，在目前的情况下，除了运输电能之外，很难用于其他用途。高专用性降低了电网的经济价值，增加了投资电网的风险，加之在现有的技术条件下，电网具有显著的规模经济特征，对初始投资的需求量较大，因此形成了较高的进入壁垒。私人企业一般缺乏投资电网的激励和能力，从而导致了电网的自然垄断。

（4）公共物品属性。互补性伴随的是网络服务的公共物品性质。在一个网络中，节点和线路间的互补性越强，网络服务就越难做到排它，竞争性也越弱。如上所述，电网是一种具有较强互补性的网络，在目前的技术水平下，由于无法区别和控制每个用户享受的网络服务质量，网络的技术水平、安全系数、稳定性以及电能传输的效率部既没有排它性，也没有竞争性，不管支付与否，连接在电网上的每个用户都可以等质量地享受，于是，用户会产生搭便车的动机，使得电网经营者用来改进电网性能的投资无法获得应有的回报。如果由私人来提供电网服务，电网的服务质量就会低于社会合意水平。从这个角度来看，电网也需要由政府经营或管制。

3.3.3　技术进步引起的弱化效应

通过以上分析可以看出，电网的自然垄断属性源于电网作为一种网络具有的基本经济特征。然而，在飞速的技术进步面前，电网的经济特征也在发生变化，其自然垄断性显现出弱化的趋势。

1. 电力主产的分散化

在过去的 10 年中，技术创新使电力生产的有效规模发生了巨大变化。在 20 世纪 70 年代，一个电厂的最优规模为 600～800MW，而进入 90 年代，最优规模下降到不足 100MW。新近出现的小型热电联产技术（CHP）甚至在家庭的层次上就可以达到有效规模。在美国、加拿大、新西兰等国家，小型热电联产技术相对传统发电技术的竞争优势不断增强，其提供的电能已占这些国家发电总量的 30%以上。除了 CHP 技术之外，燃料电池和其他的各种利用风能、太阳能和沼气的可持续电力生产技术也即将投入应用，这些新技术为电网终端的消费者参与电力生产提供了可能。除了专门的发电厂之外，家庭和企业也将成为电能的提供者，它们可以将自己生产的富余电能通过电网出售给其他用户，从而使电网的互补性由单向转变为双向。当电网成为一种双向互补性的网络时，消费者的支付意愿将与电网的规模直接相关，为获得直接外部性产生的收益，无须政府干预，电网经营者自身就会有动力扩大网络规模。此外，电力生产分散化后，还有可能出现由私人经营的小型电网，它们可以连接少数几个发电商和用户，成为大型电网的竞争者。

57

2. 电能运输可控性的提高

传统上，电网中流动的电流在技术上是不可控制的，因为电流总是自动向电阻最低的地方流动。由于这一简单原因，电网必须作为一个单一的技术整体，流进（生产）和流出（消费）需要保持平衡。无论从经济角度，还是从技术层面，电网提供的服务都无法做到单独计量，因此经济学家一直把网络服务作为一种不能通过价格机制配置的公共物品，认为电网需要政府的集中规划和调控。

然而，近来的技术发展提高了电网运输的可控性，通过安装交换机，电网已经有可能实现传输的路径控制。尤其是 20 世纪 80 年代后期出现的柔性交流输电系统（flexible alternative current transmission systems，FACTS），这项将电力电子技术与现代控制技术相结合的新技术能够对电力系统的电压、参数（如线路阻抗）、相位角、功率进行连续调节，实现电流输送的即时控制，不仅可以控制电流的流动路径，还可以改变电流的输送质量，为电网的分户定价提供了可能，增强了电网的私人物品特征。

3. 多重功能

多重功能是指一种网络除了完成其最初设计的功能外，还可以输送其他物品和服务。电网虽然一直以来都是单一功能的网络，但近来的技术发展却使电网有可能实现多重功能。运用电网传输电信信号在技术上是可行的，目前正处于实验阶段，通过电网联结因特网的研究也正在进行当中。

一般来说，实现网络的多重功能至少有三种途径：一是用一套网络完成不同的功能；二是在特定的线路安装辅助性设施；三是构建在技术上更适合多种用途的新网络。对于电网来说，会以哪种方式发展能够传输电能的多重功能网络还不清楚。但可以肯定的一点是，利用现有的电网开发新的功能显然要比兴建新的网络更有吸引力。由于多重功能能够增加电网的经济价值，减少电网投资的沉没成本，因此会降低电网的进入壁垒，提高私人企业投资电网的积极性。

4. 负荷管理的发展和能源替代性的增强

信息技术创新为电能的负荷管理提供了新的机会，这至少会对电力消费模式产生三方面的影响。首先，一段时间的电能消费量将能够相继调整，可以根据价格或成本进行计划，企业和非企业用户用电的方式将出现显著的差异；其次，电能的使用效率会大大提高，节约下来的电能可以通过先进的信息技术加以管理、控制和再分配；第三，电能的临时存储将成为可能，尤其是对家庭等小规模用户，途径包括电池、压缩空气、将电能转换成氨的转换器等。随着分散型的电力生产方式变得越来越有竞争力，消费者对电网的依赖性会降低。

除此之外，电能并不是唯一的可用于生产和消费的能源，在工业当中更是如此。天然气、热能或石油都是电能的替代品。过去，由于企业设备的专用性很高，改变能源需要对相应的设备进行调整，涉及的投资很大，因此，企业对能源品种的需求具有很高的刚性。然而，随着能源市场的放开，企业会有更大的激励，研制能够在不同能源之间灵活调整的新设备，这为其他能源与电能的竞争创造了机会。

3.3.4　电网引入竞争的途径

由于在技术进步的推动下，电网的自然垄断特征趋于弱化，在未来的电力体制改革中，竞争的力量必然由电力行业的两端向中间环节的电网延伸。根据目前的技术发展态势，电网引入竞争的途径可能有两种：一是针对电能的运输和配送业务展开网络竞争；二是能源竞争，电能的运输和配送与其他能源进行竞争。

1. 网络竞争

从本质上看，电网提供的是输电和配电服务。在输配电服务市场上，输电和配电的平均成本与最终消费者的负荷系数和地理位置密切相关，企业用户的输配电成本只是家庭用户的一半，用户距离发电厂和配电所越近，向其输配电的成本也越低。这种成本差异为输配电服务市场实行差别定价和引入新的供应商提供了可能。此外，尽管电网的输配电服务一直被作为标准品，不同的用户群体对电网服务质量的需求却并不是无差别的。有些用户要求的供电稳定性高于现有水平，有些用户的要求则比现有水平低，客观上为网络竞争创造了机会。

对于电网来说，网络竞争的第一种可能是网间竞争。随着电网自然垄断属性的减弱，由私人企业投资的电网将成为现有公共电网的竞争者。这些私人电网可以是高压电流传输线路，也可以是为特定的地区输配电的独立网络，其用户将主要是那些对网络服务有特殊要求的群体，如独立发电的家庭或企业，他们只需要少量的支持，保证其私人的电力供应足够稳定。因为公共电网的输配电能力和稳定性超出了他们的要求，连接到公共电网的成本会过高，私人电网则成为他们更经济的选择。虽然目前私人电网只在工业以及商业建筑中有少量应用，但随着电力生产的日益分散化，其发展已为一种必然趋势。在荷兰的新电力法中，已经明确规定私人可以在公共电网之外兴建新的电网，并自行设定价格。

网络竞争不仅可以发生在不同的电网之间，还可以发生在现有的公共电网的内部，网内竞争的关键是网络服务的可控性。如上所述，近来的技术进步已经能够通过在网络中安装交换机来控制电流的流动路径。从经济的观点来看，这为控制线路接入创造了机会，不同的线路可以由不同的网络运营商来经营，收取不同的费用，提供有差别的服务，形成专线电力输送市场，使电网服务从公共物品变成私人物品。电力销售商和用户将根据自身对网络服务的要求，选择成本最低的电能运输线路。网内竞争能够提高网络的使用效率，充分发挥公共电网的规模经济和范围经济，在电信和铁路改革中，已经有过类似的尝试。

2. 能源竞争

长期以来，不同能源之间的高转换成本一直是能源竞争的严重障碍，然而，在技术进步的推动下，转换成本的性质将发生变化。过去，能源之间的替代只能发生在应用环节，而随着电力生产技术的发展，发电环节也完全有可能引入能源替代。新近出现的各种小规模电力生产技术能够将石油、天然气等多种初级能源转换成电能，热电联产技术还可以将富余的热能转换成电能。电力生产分散化后，企业和家庭除了购买电网传输的电能外，完全可以运用这些替代能源进行发电，满足自己对电力的需求。因此，石油、天然气等能源的输送网络将成为电网的有力竞争者，从而增强家庭和企业对电网使用的需求交叉弹性。

由以上分析可以看到，电网传统的自然垄断特征正在因技术进步而趋于弱化。由于网络特征的变化，电网将可能从网络和能源两个途径引入竞争。需要说明的是，本书只是在分析电网自然垄断特征的基础上，指明电网引入竞争的总体思路。对于引入竞争后的电网最优规模，电网之间竞争可能引致的交易成本，哪些细分市场适合私人电网发展，都是有待进一步研究的问题。

3.4 小结

本章从经济评价的角度来证明电力是一种公共产品，电力投资注重的是电力的外部性，尤其是外部性中社会效益的实现，而非仅仅只注重投资本身的效益，这也是电力采取国家垄断经营的原因之一。电网的社会效益要远远大于其投资效益本身，本章分析了电网规划的社会效益，并对电网自然垄断的性质进行了分析并提出了电网改革的途径。

第 4 章

城市电网规划与城市建设规划分析

随着国民经济的飞速发展，城市电网规划工作面临着新形势。首先，外部环境的变化，即与城市规划的配合成为目前城网规划中必须考虑的一个重要因素；其次，电力企业更加注重经济效益和投资回报，开始把电网规划工作提到了非常高的地位。上述两方面的变化，既为城市电网规划工作创造了有利条件，又使之成为一个迫切任务。因此，结合国情系统深入地研究满足实际要求的城市电网规划理论，开发研制高效、方便、实用的具有智能决策功能的城网规划计算机辅助决策系统，既是我国城市电网建设当前的迫切需要，也是今后长期发展的必要科学手段。

供水供电、供气、供热、通信和交通等系统组成了对国民经济和社会生活有重大影响的"生命线工程系统"，电力设施作为城市生活，生产保障体系的基础设施之一，对城市的发展和社会的进步起到至关重要的作用，建立可靠的电力供应体系是国民经济持续健康稳定发展的基本条件之一。

随着城市的发展，土地资源的稀缺，人们的经济性和环保意识也越来越强，仅仅注重电网经济和可靠性的电网规划方案已很难实施，目前城市电网规划面临的新问题有：

（1）外部环境变化带来的问题：随着法律法规的逐步完善，不同利益主体之间的相互博弈，城市电网规划的外部环境发生较大的变化。如法律法规方面《中华人民共和国城乡规划法》2007 年 10 月公布，自 2008 年 1 月 1 日实施，杜绝"换一届领导换一个规划"的现象并维护城乡规划的严肃性和稳定性，对于修改规划，未经法定程序，均是违法行为。《规划环境影响评价条例》经国务院第 76 次常务会议通过，自 2009 年 10 月 1 日起施行，这些因素的变化，要求电网规划在涉及输变电设施选址落实方面更具可操作性和可实施性。

（2）负荷密度增加带来的问题：目前国内正处于城市化快速发展阶段，且因为城市土地资源的稀缺性，造成城市用地开发利用强度越来越高，容积率越来越高。如萧山钱江世纪城，某地块的容积率指标接近 10。而城市负荷密度也随着城市开发强度的提高而不断上升，在现有变电所容量难以满足负荷需求时，必须新建变电所，但在已经成熟开发的城市中心区选择变电所所址，难度非常高，在某些中心城区，只能采用半地下、地下变电所，则电网建设成本亦急剧上升。

（3）所址、廊道落实困难：除了在城市中心区（尤其是老城区）新建变电所所址选择困难外，在城市新建区（尤其是新开发区域），变电所所址的选择也遇到不少问题。

（4）建设周期不断延长：虽然变电所所址和电力廊道已经选定，也纳入法定规划进行保留和保护，但在实际建设时，因为公众对电磁影响的心理担忧，阻挠电力设施建设，造成电网建设周期延长。同时，其余的外部因素，比如电力设施的前期审批等，也会造成时间加长。

面对新问题，各地（尤其是浙江省）近几年对如何处理电力设施落实布局的研究较多，电力设施布局规划即为在电力系统电网规划及其他相关规划的基础上，科学细致地做好负荷预测，精心规划设计电网结构，合理安排电力建设项目，增加供电能力，为电网发展建设预留用地空间；对高压变电所和高压走廊做好科学预留，减少不必要的拆迁和征地，保障高压变电所布点落得下，高压线路走廊便捷通畅，并和城乡建设规划统一协调。

而城市规划作为国家发展的重点，不光是提升经济效益的一种重要方式，还是一个提升我国整体水平的方式。目前，我国的电网规划是有比较严谨的体系的，当然，只有遵循一定的科学实践体系才能很好地发展我国的电力。电网调节对于一个国家的发展不仅仅停留于满足人们的日常生产生活，对于提升国家的科技水平也是有一定影响的，所以，保证电力水平是必要的一项工作。

在城市化建设当中，没有电力电网的供电，就不能保证正常的生产和生活。不论是人们日常的生活还是一些商业部门的贸易，利用电能的地方比比皆是。所以说，保证电网规划的合理是十分重要又必要的，一个城市的发展离不开电的使用。一般来说，评价一个地区的发展程度通常会通过了解居民的生活水平、经济消费程度以及相关商圈的项目发展情况，利用一定的标准评价一个地区的发展程度，才能全面客观地保证整个地区的经济是否平衡发展。但是，以上一些指标都离不开电能的使用，可见，电网规划和城市发展应该相互协同。通常来说，没有电能的供应就没有一定的资源以及劳动力的带动，因此，城市的规划从本质上是离不开电网规划的。而电网的规划又是包括电能的运输和供应。总而言之，要严谨处理城市建设和电网规划之间的关系。

虽然城市建设和电网规划之间需要相互协同才能发展得更好，但是城市规划和电网规划还存在着相互制约的关系。所以说，随着时代的变迁，随着城市的发展，整个电力的发展也是起起伏伏不定向地发展，换句话说就是城市的发展制约着电网的发展。时代的进步随之而来的就是电器时代，对于电能的使用也就会愈加的多，对电网的负荷就会更多，从侧面也可看出电力规划对国民经济的支撑度有多么的高。

目前我国电网逐步在向"大规模，大容量，超特高压"为特征的全国性互联互通输电网络发展"统一规划，统一标准，统一建设"，以特高压电网为骨干网架，各级电网协调发展，具备"信息化，自动化，互动化"为特征的智能电网建设，是各级电力公司的发展目标。城市电网作为智能电网建设的一部分，与国民经济和社会发展相关相连，更贴近人民群众的日常生活，建设好城市电网是智能电网建设中的关键。

随着国内社会经济的快速发展，电力负荷持续增长，作为城市和经济发展的重要公共基础设施的电力设施建设显得尤为迫切。近年来随着区域大型发电厂的建成投产，部分经济发达地区缺电原因逐渐由"电源性缺电"向"电网性缺电"转变，更加急切要求加快输变电项目的建设。而由于规划工作滞后，电力设施建设用地缺乏专项规划统一控制，造成选址困难，进而影响输变电项目的进度。电力设施布局规划是城市总体规划的重要组成部分，应与城乡的各项发展规划相互结合，同步实施电力设施布局规划的编制与实施，对新时期各地区国民经济的发展将起到重要作用。

结合新形势的发展，在原有电网规划及其他相关规划的基础上，科学细致地做好负荷预测，精心规划设计电网结构，合理安排电力建设项目，增加供电能力，为电网发展建设预留用地空间对35kV及以上高压变电所和高压走廊做好科学预留，减少不必要的拆迁和征地，保障高压变电所布点落得下，高压线路走廊便捷通畅，并和城乡建设规划统一协调。

2012年11月29日，习近平主席提出让国人为之振奋的"中国梦"。实现中国梦就是实现"两个百年目标"，即在中国共产党成立一百年时全面建成小康社会，在新中国成立一百年时建成富强民主文明和谐的社会主义现代化国家。未来，国民经济将持续稳定发展，国内生产总值和城乡居民人均收入将进一步增加，与此同时，城市的发展也将继续突飞猛进、增容扩张。

电，作为城市可持续性发展的动力之一，如今已与人们的生活休戚相关，特别是在大中型城市中，人们早已把它视同空气一样认为是理所当然、不可或缺的生活必需品。没有电，现代城市就不能正常运转。随着城市化的飞速推进、城区的快速扩大、市区内用地紧缺、经济建设与居民生活水平的提升，诸多因素与城市电网输送瓶颈问题的矛盾日益突出，尤其在北京、上海、广州等一线城市情况更为明显。作为城市基础设施的城市电网如何有效融入城市规划，在城市化发展过程中能够与国民经济提升相融合、与社会发展相衔接、相协调，做到电网规划适度超前、电力供给及时有效，越来越需要政府和从业者共同重视。

毫无疑问城市电网规划应是城市工程设施规划中一个必备内容，问题是一个内容完备、深度规范的城市电网规划信息量相当大，而且专业性非常强，是城市规划所难以全盘包容的。

城市电网规划究竟应以何种形式列入城市规划，其内容、深度与城市规划相衔接：首先就这两个规划的性质特点来讲，由于城市是一个复杂的由多种物质要素组成的综合体，它包括生产和生活、物质和精神，其建设发展涉及地上、地下各项城市服务工程设施以及自然、技术、经济、文化、艺术等方面的问题，受到社会经济规律的制约和自然规律的影响。其规划内容涉及面之广泛是任何一种专业规划所不能比的；同样在规划深度上不可能也没有必要做到像各种建设工程专业规划那样具体，只能对其中涉及城市结构、形态、用地等有关内容进行安排，所以它具有综合性、原则性和宏观性的显著特点。而城市电网是为城市社会经济发展和人民生活提供"充足、可靠、合格、廉价"的电力。它的发展规模直接取决于城市建设的进展和人民生活水平的提高，是为城市活动服务的。同时城市电网建设要利用城市的地上、地下空间资源作为载体。这样它的规划就必定会受到城市规模、性质、形态、风貌等条件的制约。需要以城市规划为依托。具有服务性和依附性。

因此城市电网规划中有关规模容量、电力设施建设的位置、面积、线路走廊等涉及城市土地、空间资源开发利用的内容应在城市规划中作出相应的规划安排就这两种规划的审批和通过后的作用来讲。城市规划法根据不同的规划明确规定。城市规则由人民政府和同级人民代表大会或常务委员会审查批准实施，或经城市人民政府、同级人民代表大会或常务委员会审查同意报上一级人民政府审批。显然它是城市建设政策法规性文件。其审批过程要比一般地方政策法规严格对违反城市规划的行为城市规划法也做了根据不同情节的相应处罚规定，直到运用司法手段维护城市规划的贯彻实施。

城市电网规划导则规定：城市电网规划由供电部角门和城市规划部共同编制，以供电部门为主，报网（省）电管局（电力局）审批。城市电网规划有关内容经当地城市规划主管部门综合协调后，纳入城市规划报上级人民政府审批。这样除已纳入城市规划中的内容外，城市电网规划实际是一项产业规划而对自身的发展起着指导性的作用。

4.1 城市电网规划与城市建设规划的关系

目前城市规划与电力行业发展规划分别由城市规划部门和供电部门编制，两者由于各有侧重，很难达到真正的协调统一，电网规划与城市规划之间存在着诸多矛盾。随着国民经济的发展，人民生活水平的提高，人们对生活质量的要求越来越高，既要有安全可靠的电力满足生活用电的需要，又不能因为电力设施影响周围的环境，但因早期在电网规划建设中对电力设施给环境带来的影响考虑不足，致使居民对电力设施给环境造成影响的投诉非常多。另外，城市电网建设与城市其他基础设施建设之间的矛盾也是困扰着城市电网健康发展的重要因素之一，如土地资源缺乏、电网规划难以顺利实施的问题城市建设规划中的电力专项规划不能满足电网建设的需要，电力负荷高速增长，城市电网规划用地日益减少，城市电网建设与城市基础建设时有冲突，城市电网对城市环境造成的影响。

对于城市规划和城市电网规划之间的关系，不论是我国的城市规划法和经我国政府批准、国家建设部发布的有关城市规划方面的政策法规，还是原能源部和建设部数次发布的城市电网规划设计原则和导则，均以不同的方式规定城市电网规划应纳入城市规划，并指出城市电网规划是城市规划的重要组成部分，应与城市各项发展规划相互配合，同步实施。

所谓城市规划是根据国家的城市发展和建设方针、经济技术政策、社会和经济发展的规律，研究规划城市所在地区的自然条件、历史沿革、现状特点和建设条件，合理确定城市的性质、规模和布局，统一规划、合理布置开发利用城市的土地和地上、地下的空间资源，综合部署城市经济、文化、公共事业等各项建设，保障城市有秩序地协调发展。

所谓城市电网规划就是采用科学的方法确定规划区何时何地新建或改建何种电力设施，使得未来的电网能够满足：负荷的发展和各种电网技术要求，安全可靠地为电力用户提供客户所需的电能；能够满足城市规划的要求；能够满足环保、美观等其他公众要求。在满足以上约束的基础上为电力企业追求最大的经济效益和社会效益。

城市电网规划对城市规划工作的意义是：通过对配电网络的优化规划，可以降低系统的网络损耗，改进未来电网的运行效益；科学合理地确定变电站的容量、位置及供电范围，有利于系统的运行管理，减少系统跨区域交叉供电，有助于提高系统管理和运行效率；配电网络结构的优化规划，可以大大提高系统的供电可靠性；配电系统的优化规划是提高城市系统投资效益的最有效途径。城市规划和城市电网规划之间的基本关系毫无疑问，城市电网规划应是城市工程设施规划中一个必备内容。但同时，我们也必须认识到，由于城市电网规划专业性非常强，是城市规划所难以全盘包容的。

由于电网设备的寿命较长，一般为 20～50 年，如果城市电网建设目光短浅，或违反电网建设的科学规律搞大冒进，都难以避免电网设备在寿命周期内的重复改造建设或长期闲置，从而无法充分发挥电网投资的经济效益和社会效益。城市电网的建设应当依据市政建设的远景规划，对城市电网发展的"最终目标"进行统一规划，然后分步实施。

为了保证电网建设能够在经济和可持续发展的基础上顺利进行，我们对于城市电网规划工作本身也应有合理的投入，通过采用先进的技术手段，才能提高工作效率，保证城市电网规划的科学性和合理性。城市规划和城市电网规划间是互相支持的。城市的发展和规划要求应有与之相配套的城市电网支持，而城市电网建设也离不开城市规划的建设规模、性质、形态、发展速度等方面的资料数据，也需要城市规划为其安排必要的变配电设施和供配线路建设的用地和空间，两个规划互为基础条件又互相服务。

4.1.1　我国电网规划工作及现状

电力规划工作应该说很好地支撑了中国电力工业的快速发展，中国电力工业所取得的巨大成就必然有电力规划工作者的巨大贡献在其中。但相对于电力规划工作的重要性，电力规划工作存在的问题还是很多的，还存在巨大的改进空间。

（1）规划管理工作严重滞后。1997 年 12 月，中华人民共和国成立 40 多年后，由当时的电力工业部编制和颁布了有关电力发展规划工作第一步《电力发展规划编制原则》（简称《原则》）。这一规定颁布之后，电力工业部就撤销了。这一规定的执行情况就可想而知了。又过了近 20 年，2016 年 5 月由国家能源局颁布的《电力规划管理办法》。

（2）规划工作的成果发布严重滞后。计划经济时期，电力规划属于保密内容，不能发布，另当别论。近 20 年来，国家层面的国民经济和社会发展的"八五""九五""十五""十一五""十二五""十三五"规划纲要均按时发布了。而电力规划，目前查到的只有1996 年电力部计划司出版的《电力工业九五计划汇编集》和 2001 年由国家经贸委发布的"十五"的电力规划，其他电力规划均没有查到。

（3）规划结果误差偏大。1949—2015 年，我国实施了 12 个五年计划（规划），根据国民经济体制的发展变迁，将上述数据分为 3 组，可以发现在不同的历史阶段，电力规划的预测与执行偏差情况有各自的特点：

从"一五"到"五五"，电力工业五年计划的预测目标和实际执行结果对比还是相当准确的，预测的年均增速都是在 10% 以上，最高的为 23.3%，而最大的预测偏差只有 4.4%，预测速度偏差 19.3%。

这是因为，在计划经济体制下，电力计划实质上是一种政府配置资源的手段，市场几乎不对电力发展起任何调节作用。纳入计划的电力项目由国家统一安排建设资金并控制建设进度，电力规划的执行结果，主要取决于国家计划资金的落实结果。国家宏观调控能力越强，政府的手越有力，规划执行的情况越好。

从"六五"到"九五"，电力工业五年计划的预测目标从10%以上增长，调到了7%以下。而实际的执行情况是，除"九五"外，其余3个五年计划的发电量增长均高于预期。但误差还不算大。最大的"八五"，预测年均增长 6.6%，实际年均增长为 10.2%，预测偏差了3.6%，预测速度偏差了 54.5%。

这一时期，我国的经济体制开始由计划经济向市场经济转变。电力工业管理也逐步引入了市场经济办法。国家鼓励地方、部门和企业投资建设电厂，调动社会投资办电的积极性，投资不再是电力发展的制约因素，电力工业进入了快速发展期，并且在"九五"期间结束了我国长期缺电的历史。由于出现了 1997 年的亚洲金融危机，国内电力投资热潮受到了影响，中央政府也采取有力措施限制了电源的建设，在一定程度上掩盖了这一时期规划调节不灵，预测偏差过大的问题。

特别是 2001 年我国加入世贸组织以后，中国的市场化程度得到快速发展，市场在资源配置中的基础性作用不断提升。电力工业管理体制沿着市场化改革方向不断深入。"十五"和"十一五"，电力工业5年规划预测目标与实际执行情况相比严重偏低。

在"十五"期间，电力工业发展速度远远超过电力工业5年规划的预测目标，发电量的预测的年均增速为 5.2%，而实际年均增速为 13%，偏低 7.8%，预测速度偏差 150%。电力装机容量的预测的年均增速为 4.1%，实际增速为 10.1%，偏低 6%，预测速度偏差146%。到 2005 年，全国发电量达到 25003 亿 kWh，电力装机容量达 51718 万 kW；而电力工业"十五"规划中，上述指标仅为 17500 亿 kWh 和 39000 万 kW，装机总量差了1.27 亿 kW。

由于未见正式发布的电力工业"十一五"和"十二五"规划。根据有关部门所做的研究成果，预测"十五"发电量年均增长速度为 6.3%，而实际增长速度为 11%，增长速度偏低了 4.6%，预测速度偏差 74%，装机预测的增长速度是 7.8%，而实际增长速度是13.3%，偏低 5.5%，预测速度偏差 70%。预测 2010 年全国发电量将达 34000 亿 kWh，电力装机容量达到 7.54 亿 kW。实际的执行结果是 2010 年，全国发电量 42072 亿 kWh，电力装机容量 9.66 亿 kW。装机总量高出了 2.1 亿 kW，相当于 1995 年全国装机的总和。

"十二五"期间，由于受到 2008 年全球金融危机的影响，其次是我国经济发展逐步进入"新常态"，国家大力推进"能源革命"和"节能优先"发展战略，电力需求增速明显趋缓。电力装机容量则在发展惯性等因素的影响下，完成了 14.9 亿 kW 的规划目标。"十二五"期间的电力发展情况与"九五"的情况类似，基本上是一种紧急刹车后的惯性结果，如果没有这个急刹车，预测的误差将会更大，目前全国的装机富裕情况将更加严重。

为什么电力规划这样一个具有广泛共识的重要工作，长期以来规划的预测与执行会产生如此大的偏差，规划的成果编制完成却总不能及时发布，电力规划工作的管理办法长期滞后于规划工作的现实需要，不能起到规范和管理电力规划工作的作用。其原因可能是多方面的，但究其深层次的原因，是电力工业的改革和发展没有跟上我国经济和社会发展的步伐，没有跟上市场经济发展的步伐。在市场已经在资源配置中起基础性、决定性，总之越来越重要的作用时，电力规划工作的观念、思路、管理体制、规划工作的内容、方法没有及时加以改变和调整。

中国是世界上最大的发展中国家，规划工作如何改变以适应未来的能源革命显然不可能有现成的经验可以照搬。

但我们知道，美国是世界上领先的发达国家，虽然美国的电力刚刚被我们超过，但总量上仍接近。更为重要的是美国的市场经济是相对比较完善的，美国的电力市场体制也已经建立了 20 多年，美国的能源转型是我们努力的方向。美国在电力规划工作中的做法不能完全照办，但完全可以学习、参考和借鉴。

中国电力工业的一大特点是煤炭的基础地位，煤炭发电虽然近些年在持续下降，根据国家统计局 2016 年 1—6 月数据全国绝对发电量 27595 亿 kWh，同比增长 1%。其中，全国火力绝对发电量 20579 亿 kWh，占比 74.58%；水力绝对发电量 4811 亿 kWh，占比 17.43%；核能发电量 964 亿 kWh，占比 3.49%；风力绝对发电量 1065 亿 kWh，占比 3.86%；太阳能绝对发电量 175 亿 kWh，占比 0.64%。而美国 2016 年 4 月各资源发电量占比为：煤炭 25%、天然气 35%、核电 21%、可再生能源 19%。

中国电力工业的第二大特点是资源分布与经济发展的不均衡，"北电南送"和"西电东送"是现实也是未来一段时期内规划必须考虑的问题，而诸多国家是不存在这个问题的。

但我们国家同世界各国之间电力规划方面也存在着更大的共同背景：一是电力市场化的改革方向。党的十八届三中全会提出，要使市场在资源配置中起决定性作用，电力体制改革速度不断加快。二是共同面临能源革命的机遇和挑战，而且，中国面临的挑战更大，无论在市场化改革还是能源转型，美国的许多做法都值得我们学习、参考和借鉴。

4.1.2　国内外电网规划发展情况

随着城市建设速度和规模的加快，城市电网的覆盖面积也在不断地扩大，这不符合城市总体规划的目标。目前我国的城市人口在不断地增多，影响了城市的整体规划和建设，也严重影响电网在规划过程中的不确定性，电网在规划中应随着城市规划的不断变化进行相应的调整，因此电网的布局就发生了很多变化，造成最终结果就是影响了电网设计的速度，难以保证在预定的时间内完成，从而影响我国经济的发展。目前城市电网规划与城市建设发展无论是从出发点还是最终目标上都存在的千丝万缕的关联与影响。

发达国家根据各自基础条件的不同，电网规划的特点也有所差异。以美国为例，其电力系统的特点是系统规模庞大，电力市场相对成熟，电网运行及工程设备的投资有一定的优化配置能力。美国电网结构早在 20 世纪中期就已定性，时至今日变化仍然不大。近年来，随着美国经济的逐渐放缓，对电力的需求也趋于平稳，增速缓慢，城市电力设施的建设与改造也相应停滞不前。自 20 世纪末至 2012 年的十余年间，其主干网架线路长度增加不到 30%，而相同时期我国的新建电网线路建设增长了近四倍。美国当前还没有建立一个无缝的、国家级的输电网络架构，而是由众多的局域输电网络组成，其中包括由东部联合电网、西部联合电网和得克萨斯联合电网三大相互联结的独立输电系统，由于早期美国电力公司的私有化影响以及中西部地区连绵不断的洛杉矶山脉阻隔，逐步形成了今天的不分层、不分区的自由联网网络构架。与此同时，由于年久，美国电力设施老化问题严重，专业技术条件也相对落后。根据美国能源部近年统计，六成断路器使用年限至少超过 30 年，70%以上的变压器及输电线路使用年限也超过 25 年，极大挑战城市的电网供电安全可靠性，薄弱的电网现状常常遭受自然灾害及恶劣天气的严重影响，多次发生电网安全事故。例如，2014 年 1 月，由于持续的寒冷天气，造成中西部地区大面积停电，居民生活遭遇磨难。2012 年，飓风"桑迪"造成美国七百多万居民停电影响。

国内经济正处于快速发展阶段，城市化进程稳中趋快，电力设施的规划建设与城市规划之间如何协调，也成为众多学者和研究机构所关注的。国内很多地区，如浙江省、广东省、江苏省、重庆市等，都已经开展了电力设施的布局规划研究。在研究的过程中，重点关注的是电力设施的容量框架和电力设施的布局问题，并且利用 GIS 等工具，对变电所所址的建设条件等进行分析和评价，以优化布点和线路廊道。

面对城区负荷密度不断增加，但因城市土地开发强度高，开发利用率高，难以找到合适的变电所所址和线路廊道的情况，因此国内有学者抛弃之前选定所址再确定进出线廊道，即"以点带网"式的规划方式，而采用"以网带点"的新规划方式是先确定主要输配电廊道再根据廊道选择变电所所址，所址尽量选择靠近廊道附近的位置，从而避免"有站址，无线行"的不利局面，使规划的可实施性和可操作性更强。

国外在选址变电所布点及高压线路安排时，也采用多种分析工具，比如 GIS 软件，对站址的合理性，线路的选择等进行分析。对电网接线模式，实际运用中仍采用成熟模式，在理论研究阶段，则有多种模式进行分析。同时，对配电网的发展趋势，也考虑了较多的分布式电源接入方面的问题。

国外的电网结构在保障整体安全可靠的前提下，比较注重简单化。比如英国的电网规划，实行输电网和配电网分开，但服务用户的目标是一致的，都是为用户提供可靠、安全和稳定的电能。国内的电网结构为"输电—高压配电—中低压配电"逐级变弱的"倒金字塔"型结构。因此，发达国家现状的电网结构类型，可以作为目前中国电网发展的趋势做参考。

中国经济仍处于快速发展阶段，因此，电网的发展也可以参考国外类似阶段的规划和建设思路。

20 世纪 80 年代初，中国电力工业在上海成立，自建立以来，历经曲折磨难，时至 1949 年，全国发电装机容量仅为 185 万 kW，发电量为 43 亿 kWh，分别居世界第 21 位和第 25 位。建国之后，我国的电力工业得到了迅猛发展。1978 年发电装机容量达到 5712 万 kW，发电量达到 2566 亿 kWh，分别跃居世界第 8 位和第 7 位。改革开放之后，电力工业体制不断改革，从 1996 年底开始一直稳居世界第 2 位。进入新世纪，随着我国经济的不断提升，电网规模也相应增大。2009 年，电网建设步伐加快，全年全国基建新增 220kV 及以上输电线路回路长度 41457km，变电设备容量 27756 万 kVA。2009 年年底，全国 220kV 及以上输电线路回路长度 39.94 万 km，比上年增长 11.29%；220kV 及以上变电设备容量 17.62 亿 kVA，比上年增长 19.40%。其中 500kV 及以上交、直流电压等级的跨区、跨省、省内骨干电网规模增长较快，其回路长度和变电容量分别比上年增长了 16.64% 和 25.97%。

目前，我国电网规模已超过美国，跃居世界首位。全国第三产业及居民生活用电平均增长 18%，预计到 2020 年，我国部分大中城市居民用电量将趋近于经济发达国家的水平。用电结构的快速变化，会对电网技术条件及安全运行有更严格的要求。目前，我国已经发展成形了西北电网、华北电网、东北电网、华东电网、华中电网和南方电网 6 个跨省的大型区域电网，建成了较为完整的远距离输电线路网架。电网建设特别是配电网建设已成为我国电力发展的趋势，电网投资建设前景乐观。为建设世界一流电网的目标，计划到 2020 年，我国将全面建成统一且稳固的智能电网。然而，城市发展和电网规划工作的不断深入，伴随着的是一系列的困难和挑战：城市电网规划受不合理的电源组合和布局影响；短路电流超标情况在随着电网规模的逐渐扩大而日益严重；国家对环境保护的管理力度的强化以及民众环保意识的提升，增加了电网规划项目建设难度；城市电网规划与城市规划衔接不足，矛盾与冲突不断等。

4.1.3　城市规划与电网规划的基本关联

毫无疑问，城市电网规划应是城市规划中的一个必备内容。但同时，我们也必须认识到，由于城市电网规划专业性非常强，是城市规划所难以全盘包容的。那么，应如何协调二者之间的关系，如何正确处理城市电网规划与城市规划的衔接呢？本文拟从特点和任务来探讨这一问题。

首先，就这两个规划的性质特点来讲，二者涉及的范围与深度是不同的。城市规划的内容涉及面广泛，是电网规划所不能比的。同时，因为城市规划是一个城市的总体规划，所以在深度上不可能也没有必要做到像各种建设工程专业规划那样具体，只能对其中涉及城市结构、形态、用地等有关内容做一些安排。而城市电网是为城市社会经济发展和人民生活提供"充足、可靠、合格、廉价"的电力，它的发展规模直接取决于城市建设的进展和人民生活水平的提高。同时城市电网规划会受到城市规模、性质、形态、风貌等条件的制约，因此城市电网规划中有关规模容量、电力设施建设的位置、面积、线路等涉及城市土地、空间资源开发利用的内容应在城市规划中作出相应的规划安排。

其次，城市规划和城市电网规划间存在互相支持的关系。城市的发展和规划要求应有与之相配套的城市电网支持，而城市电网建设也离不开城市规划的建设规模、性质、形态、发展速度等方面的资料数据，也需要城市规划为其安排必要的变电、配电设施和供电、配电线路建设的用地和空间，两个规划互为基础条件又互相服务。城市规划和城市电网规划工作需要穿插进行，而它们的编制、管理、实施又是以两个不同的部门分头执行的，这对城市规划和城市电网规划工作带来了一定的难度。因为要做好任何一个规划都离不开收集基础资料，处理各种相关数据，研究其发展规律，设想几种可行的方案，分析其建设的经济性，这都需要较长的时间方可完成。而城市电网规划又必须是在城市规划的最终方案基本确定时才可能进入实质性的规划程序，所以要达到同步完成需要两个部门间的完全默契的配合与合作。

然而，随着城市的发展，城市电网的电力、电量急剧增加，其规模、容量及结构都日益庞大复杂，电网建设中新技术、新设备的应用也日新月异，规划的专业技术含量越来越高，城市电网规划工作是其他非电力部门所不能替代的，具有很强的专业技术性。再者城市发展既有其自身规律的作用，也受到政策因素，人们的习惯势力，外界社会自然环境等影响，它的发展速度，建设秩序都在不断地变化，城市电网要经济合理地服务于城市建设，就必须具有实施过程中较强的适应性和可操作性。因此应保持其规划的相对独立性，对与城市建设关系相对不很密切的专业技术内容不一定要纳入城市规划之中，以便于规划的编制和随后实施过程中的灵活性和可操作性。

国家城市规划法明确指出，城市电网规划是城市规划的重要组成部分，应与城市各项发展规划相互配合，同步实施。

参考国外发达国家的经历，随着城市化进程的不断变化，城市的电力负荷增长随之表现出不同的特点。当一个城市的人口规模达到一定的峰值，与此伴随着土地面积减少，环境状况恶化以及地区经济发展长期处于停滞等诸多方面因素时，城市电力消费就会达到一个相对的峰值，电网负荷进入缓慢增长期甚至停滞，表现为稳定且饱和状态。对城市饱和负荷预测的研究，有助于判断城市电网的终期规模，有助于促进城市与电网的协调发展。

城市规划与城市电网规划二者相互支持，又相互制约，各有特点。

（1）城市规划和城市电网规划深度要求及规划范围不同。城市规划包含土地、交通、环保、商业、医疗、水系、绿地、文化、建筑、电力、地下空间等，涉及范围广；但在深度上不等同于各类基础工程专业（如电网）规划那样深入具体。而城市电网的发展与城市的经济发展以及民居日常生活需要密切相关，另外，城市电网规划受城市发展规模、特点等因素限制，因此，城市电网规划中有关规模容量、电力负荷、电力设施建设的具体位置、面积、线路走廊等涉及城市土地、空间资源开发的内容应在城市规划中作出相应的规划安排。

（2）城市规划和城市电网规划存在相互支持的关系。城市规划因为其具有整体性的特点，所以需要城市电网规划的支撑；与此同时，城市电网基础设施建设也需要城市规划相应的原始数据，例如规划建设规模、目标等。另外，城市规划需要为城市电网建设预留相应的土地。两个规划相互依存、相互服务，彼此需要提供对方的基础信息，因此，两个规划的关联度很高，需要交叉开展。而现实是，两个规划的组织编制、规划管理、项目实施均隶属于不同的主管部门牵头执行，且不同的主管部门之间相互的往来缺乏密切交流和信任，这就给设计企业的规划编制工作带来一定的困难。最好一项规划编制报告，首先是尽力全面收集设计所需的基础资料，通过认真分析相关信息数据、发展特点，研究城市或电网发展趋势和规律，假设几种相对具有可操作性的方案，最后深入分析其建设的必要性、经济性等。做好这些工作，都需要较长的时间和努力才能完成。此外，在规划工作次序安排上，通常只有在城市规划的最终方案基本确定后才能进入实质性的城市电网规划程序，因此即使负责两个规划的部门配合得相当默契，要达到同步完成规划设计也是相当困难的，这样将会延迟规划编制工作的进度，直接影响城市建设和经济发展。

（3）城市电网规划具有很强的专业技术性，非城市规划所能完全包含。随着城市的全面发展，城市电网的电力需求快速增加，其规模、结构和容量都随之增大而复杂，日新月异的技术装备在城市电网建设过程中不断应用，对电网规划的设计要求也在逐步提高。因此，城市电网规划工作具有很强的专业技术特点，是其他非电力部门所无法代替的。另外，城市的发展虽有自身的变化规律，也容易受政策原因，自然环境以及人文因素等影响，受其变化，城市电网也要随之进行调整，以便满足社会的发展以及居民的日常生活，要达到这一目的，城市电网规划必须适时调整或修编，使城市电网在建设实施过程中具有很强的适应性和可操作性。

城市电网规划不应被全盘放至城市规划考虑，而是充分合理的安排城市电网规划中提及的包括地下及地上空间的建设用地，在城市规划相关法律规定及规程依托下，保证城市电网建设有序推进。这就需要有一种编制方法，一方面能够协调二者关系，另一方面能够解决二者相互约束的矛盾。城市电网规划与城市规划的宗旨是服务于社会、服务于人民，以提升社会经济发展和人民生活水平为目标，二者编制工作联系密切又相互制约。因此，需要有政府部门牵头，协调城市电网规划设计单位与城市规划设计单位相互写作，共同制定统筹兼顾、布局合理、技术突出的城市电网建设和城市发展的总体规划，努力为我国城市现代化建设作出应有贡献。

4.1.4　电力负荷高速增长，城市电网规划用地日益减少

随着经济的发展和社会的进步，我国的城市化进程不断加快，城市规划也在逐步展开，城市总体规划和电网规划都以城市社会经济发展和人民群众生活服务为目标，两者间既紧密联系又相互牵制，既要有安全可靠的电力满足生活用电的需要，又不能因为电力设施影响周围的环境。但因早期在电网规划建设中对电力设施给环境带来的影响考虑不足，致使居民对电力设施给环境造成影响的投诉非常多。另外，城市电网建设与城市其他基础设施建设之间的矛盾也是困扰着城市电网健康发展的重要因素之一。虽然我国在 1996 年颁布的《中华人民共和国电力法》中已明确规定城市电网建设应当纳入城市建设的总体规划中，但在实际操作中各地区没有依据《中华人民共和国电力法》的规定，这是导致城市电网规划建设困难重重的根本原因。

因此，需要城市总体规划设计部门和城市电网规划设计部门共同合作，制定整体协调、技术先进、结构合理的城市建设和城市电网发展的战略蓝图，以推动现代化城市建设的进程。按城市发展远景的电力需求进行变电站布点，做好这些远景规划后，建设进度可根据实际的电力负荷发展状况有计划地分步进行，电缆线路走廊可与道路建设同步进行。

近年来经济的持续稳定发展，电力负荷不断攀升。近年来珠江三角洲、长江三角洲的电力负荷增长速度都在两位数以上，有些地方甚至年增长速度超过了20%。以广州市电力负荷发展水平为例，从1999—2005年的最高电力负荷记录见表4-1。

表4-1 广州市近年电力负荷水平

年份	最高电力负荷（GW）	增长幅度（%）
1999 年	3.291	18.00
2000 年	4.021	22.18
2001 年	4.510	12.16
2002 年	4.962	10.02
2003 年	5.817	17.23
2004 年	6.377	19.63
2005 年	7.280	14.16

从表4-1中可以看出，广州市2005年的最高电力负荷是1999年的2.21倍，并且7.28GW的电力负荷是在自觉错峰的基础上，加强制错峰0.3GW情况下的最高电力负荷，实际最高电力负荷应该已达7.8GW左右。而与广州市毗邻的深圳市的电力负荷增长更为惊人，2005年的最高电力负荷已达7.45GW，深圳市提出3年之内要使深圳电网规模翻番才能满足电力负荷发展的需要。

按照我国目前经济发展状况和形势，以及到2020年经济总量在2000年的基础上再翻两番的经济发展蓝图，即使国家调整产业结构，走集约型经济发展的道路，电力需求的增长也不会低于经济增长的速度。因为在我国除了工农业、第三产业的用电需求，随着人民生活水平的改善，居民用电需求的增长将会是电力负荷增长中的重要因素之一。综合各种因素，我国在未来几十年内，电力需求仍然会保持高位增长率。

我国虽然幅员辽阔，但可利用的土地资源十分有限，人均耕地面积不到世界平均水平的一半。为了合理利用有限的土地资源，近年来，我国已经强化了对土地的管理。大多数的城市都建在地势比较平坦的地方，城市发展用地大部分都是可耕作的土地，为了减少对土地的侵占，必须进行城市建设总体规划。因此，如果不在郊区城市化之前做好城市电网规划，一旦城市规模初具，再进行城市电网规划建设就会举步维艰。

但在我国大多数城市中，与经济高速发展相对应的却是电网规划缺乏整体性与前瞻性。往往是等哪些地方的电力负荷增长了，需要进行电网建设时才将电网建设用地的需求报到城市建设规划部门，而此时城市建设规划部门可支配的空地已经十分有限，往往是巧妇难为无米之炊。

4.1.5 城市电网建设与城市基础建设的规划

随着我国国民经济的快速发展，人们的生活水平得到了大幅度的提高，对生活质量的要求也逐渐增加，要求电力既要安全可靠，以满足生活需要，又不能对环境造成不利的影响。目前，城市电网建设与城市规划中其他的设施之间的矛盾一直是困扰城市电网发展的重要原因，因此在经济发展的同时，要求城市电网建设规划要与城市总体规划协调一致。对于城市基础建设规划和城市电网建设规划之间的关系，在我国的城乡规划法和城市电网规划设计相关文件中均有明确的意见：城市电网建设规划是城市基础建设规划的重要组成部分，应纳入至城市基础建设规划当中，应与城市各项发展规划相互配合，同步实施或适当超前。由于城市电网建设规划属高度专业性的规划，在城市基础建设规划难以做到全面考虑，现状情况是城市基础建设规划和城市电网建设规划分别由城市规划部门和供电部门分别负责。如何正确处理城市电网建设规划与城市基础建设规划的关系，达到两者之间的协调统一，必须对两者之间的关系进行较深入的了解。

1. 城市基础建设规划与城市电网建设规划的定义

城市基础建设规划是为了实现一定时期内城市的经济和社会发展目标，确定城市性质、规模和发展方向，合理利用城市土地，协调城市空间布局和各项建设所做的综合部署和具体安排。城市规划是建设城市和管理城市的基本依据，在确保城市空间资源的有效配置和土地合理利用的前提和基础上，实现城市经济和社会发展目标是重要手段之一。城市电网建设规划又称输电系统规划，以负荷预测和电源规划为基础。城市电网建设规划确定在何时、何地投建何种类型的输电线路及其回路数，以达到规划周期内所需要的输电能力，在满足各项技术指标的前提下使输电系统的费用最小。

2. 城市基础建设规划与城市电网建设规划的关系

在城市基础设施规划中具有十分重要的作用的部分就在于对城市电网建设进行规划，城市电网建设规划的好坏极大地影响着居民生活质量的好坏，也会对我国地区经济的发展有着重要的影响。因此，这两者的关系是相互影响相互包含的关系，我们对二者进行简单的分析。

（1）城市基础建设规划与城市电网建设规划，由于两者的侧重点和工作范围不同，因此，两者的性质特点、涉及的范围与深度都是各不相同的。对于城市基础建设规划来说，它所涉及的内容非常的广泛；而城市电网为人民生活和城市经济发展提供能源，它依附于城市的发展，是城市发展的一部分。

（2）城市基础建设规划与城市电网建设规划是彼此支持的关系。城市电网建设规划是城市基础建设规划的一部分和重要内容，它随着城市的发展而发展。但是，反过来城市电网建设的发展又会反过来促进城市基础建设的发展，它为城市的经济发展和人民生活提供能源和动力，为城市基础建设的发展提供服务。

（3）随着城市经济的发展及人民生活水平的不断提高，会给城市电网产生巨大电力需求压力。城市的发展需要电网不断地发展，同时城市电网的发展也需要具有理性和经济性特征。因此，对于城市电网建设规划来说需要具备相对独立性、灵活性以及可操作性。

4.2　城市电网建设规划与城市基础建设规划的矛盾

电力工业是国民经济发展的基础产业，与国家的经济发展和人民生活息息相关，城市电网作为国家电力系统的重要组成部分。在经济、电网快速发展的环境中，面对城市电网规划建设中越来越突出的用地和空间的矛盾，实现城市电网规划与城市基础建设规划两个规划的相互协调、有机结合，已经成为加快城市电网建设、推进城市电网快速发展的首要任务。

电力作为关系国计民生的事业如今已与人们的生活休戚相关。但是随着近几年城市建设的飞速扩张以及经济的迅猛发展，城市电网建设的滞后性已经凸现出来了，并且由于城市的日益繁荣，要解决城市电网的输送瓶颈问题的难度越来越大。随着国民经济的发展，人民生活水平的提高，人们对生活质量的要求越来越高，既要有安全可靠的电力满足生活用电的需要，又不能因为电力设施影响周围的环境。但是因为先前对环境因素的不重视，导致对周围居民的正常生活造成了影响。另外，如何处理好城市电网建设与城市其他基础设施之间的关系，关系到城市电网能否健康发展。

4.2.1 两个规划不协调的原因分析

1. 两个规划编制出发点不同

城市电网建设规划以负荷预测和电源规划为基础，确定城市电网建设类型与时间，以达到规划周期内所需要的输电能力，在满足各项技术指标的前提下使输电系统的费用最小；城市电网规划从城市用电需要出发，重在解决城市供电和电网布局问题，以满足国民经济增长和社会发展的需要为原则。城市基础建设规划是综合研究分析城市的性质、规模和空间发展形态，规划的目的，是要促进城市协调发展，全面提高城市的素质，取得经济、社会、环境三者的综合效益；按照市场经济条件下城市发展的客观规律编制，从城市需要出发，着眼于发展，重在解决城市空间布局问题，统筹安排城市各项建设用地和空间走廊。

2. 两个规划编制起点不同

城市基础建设规划在我国产生较早，在长期的实践中，积累了丰富的经验，吸收借鉴了许多优秀的规划理论和方法，规划的科学性、可操作性比较强，城市基础建设规划大都具有较高专业资质的机构进行编制。城市电网建设规划 20 世纪 80 年代才在电力系统范围内开展编制工作，大部分规划由企业自行编制，企业站在自身的角度，视野不够广阔，信息也有限，且过去城市电网建设考虑比较多的是与发电资源规划结合问题，忽视与城市规划相协调，往往由于对地方经济发展考虑不充分，城市建设较快，造成城市电网建设滞后于城市总体规划。

3. 两个规划所处层面不同

城市总体规划按照国家法律政策的要求编制，是指导城市建设、加强城市管理的重要手段，是城市综合发展的依据，具有一定的延续性、严肃性和法律保障性；城市电网规划是一个行业性的规划，与城市规划相比，应属专项规划范畴，城市电网规划应以城市总体规划统领，做好规划的有机衔接。

4. 两个规划编审程序不同

城市电网规划的编制、审批原则上说是电力企业行为，具有"行业性"特点，地市级电网规划编制主要由地市电网企业负责，经专家评审后报省电力公司审批；而城市基础建设规划的编制、审批都是政府行为，经专家评审后报批，在评审报批前，城市基础建设规划要有方案论证、政府会议研究、人大审议等环节，同时地市级城市总体规划需报省政府审批。

4.2.2　城市电网建设规划与城市基础建设规划主要矛盾

1. 电力专项规划工作难以满足城市电网建设需求

目前，我国城市基础建设规划与城市电网建设规划报告分别由城市规划单位和供电企业分别组织电力设计公司编制，二者侧重点有所不同，因此难以达到理想的统一协调。当前，随着我国经济的"常态化"发展，将增加城市未来发展的不确定性条件，因此，城市电网规划工作对于中期、远期发展规划缺乏详尽的研究和分析，主要偏重于近期方案的设计和建设，对城市电网建设与土地、环境等资源的中长期协调持续发展缺乏统筹规划。由于城市规划、国家政策等发生调整，电网规划项目因此经常被迫做出较大的调整，造成预留的电网资源如变电站站址、线路通道紧张或不足，不能满足城市电网建设的需要，这对于城市的长远发展非常不利。因此，需要科学地研究城市远期发展对城市电网建设的需求。

2. 城市电网建设规划建设用地不断减少与用电负荷持续增加的矛盾突出

随着城市用电需求不断增加。几年前，一些城市年用电量增长速度超过20%，令人吃惊；近几年，随着经济增速的放缓，虽然工业用电增速减少，但居民用电却持续攀升。目前，我国经济正处于大力改革与转型的时期，国家在产业结构升级改造方面的投入和力度巨大，社会经济将从劳动密集型向集约型方向发展，按此预测，未来我国城市电力需求的增长速度依然会持续超过经济的增长速度。当前，随着城市的继续增容扩张、人口持续输入与增加以及居民生活水平的不断提升，城市居民用电消费已经成为我国电网负荷持续增长的重要组成部分。鉴于此，不难推算，我未来对电力的需求仍将保持较高的增长速度。

随着城市问题的不断暴露，合理利用有限的土地资源逐步成为政府部门的共识，有关主管单位已加强对土地资源的监管。长远来看，仅做好土地管理工作还不够，政府部门还需组织开展城市总体规划设计，在规划中统筹安排，明确土地资源的未来利用情况。与之相反，若未做好城市总体规划编制工作，等到城市的建设情况初具雏形，此时再补充完善城市电网建设规划部分，那电网未来建设将会受制于土地资源的分配矛盾变得非常困难、举步维艰，不但效果不佳，而且耗人、耗物、耗资，入不敷出。因此，建议在开展城市有关建设之前，首先做好城市电网建设规划的设计工作。

3. 城市电网建设对城市环境影响问题严重

目前，城市电网建设规划与城市基础建设规划因体制原因，基本处于独立编制、独立审查的情况，由于二者未搭建互通协作桥梁，不能有效融通，多年的"各自为政"，造成城市电力设施建设与城市其他基础设施建设之间的矛盾日益突出，对城市环境的影响问题严重。主要表现在以下几个方面：第一，在城市电网设施建设过程中，市区高空的高架线路随处可见，特别是在居民楼前屡屡出现，这不但影响居民正常生活，具有潜在的高压电力风险，同时也影响城市的景观；第二，电网在运行时产生电磁辐射，居民长期处在电磁辐射周围，或多或少都存在一定的危害；第三，部分变电站建设在居民区附近，因为变电站在工作运行过程中会产生较大噪声，噪声污染也会影响居民的正常生活，也产生辐射。综上，城市环境和城市电网设施建设密切相关，在城市电网规划建设中需要考虑到城市电网建设对城市环境的影响。

4. 城市基础建设规划与城市电网建设规划之间衔接不够

城市基础建设规划一般由地方政府牵头组织编制，而城市电网建设规划一般由电力企业主导完成，二者虽然有联系和参照，但未能形成有效沟通机制，这也是我国现行体制下存在的一些问题。城市基础建设规划是地方政府牵头组织、各部门参与，要求编制单位按照国家有关法律法规、结合各行业特点、便于城市整体协调发展的综合性规划；而城市电网建设规划属于行业规划，更倾向于根据电力行业特点，分析自身存在的问题以及电力市场需求，明确提出城市电网发展的目标，城市基础建设规划与城市电网建设规划相比之下，前者更注重城市结构的布局和发展。另外，电力企业缺乏向地方政府汇报规划进展情况的主动性，与此同时，部分地方政府片面地认为企业要服从政府，其城市电网规划也应服从地方政府主导的城市基础建设规划，在规划编制过程中不能有效聆听和吸纳电网企业的规划理念，甚至对城市电网建设规划错误的指手画脚，从而弱化了两个规划之间的有机衔接。

5. 大电网与地方电网之间的矛盾日益突出

2012 年 4 月 25 日，陕西地方某电力公司之间发生武斗。这让拥有不同背景的地方电网与大电网之间的矛盾冲突再次甚嚣尘上，进入公众视野。当日，陕西地方公司超过两百多名员工使用暴力，强行拉线穿越了所属国家电网公司的 330kV 输电线路走廊。让人不可思议的是，地方政府出动多名警方人员参与暴力事件。

在国家极力推动电力体制改革的大背景下，大小电网联网是客观要求。大小电网之间的矛盾在全国普遍存在，过去有，现在有，将来还会有。争取对待和妥善处理两者之间的矛盾，是推动电力工业发展和城市建设的重要动力。矛盾的核心是经济权益，焦点是电网和供电区域市场，关键是做好集权与分权、中央与地方的关系，实质是垄断和反垄断的竞争。

在这些主要矛盾中，最为凸显的还是城市道路改扩建之间的矛盾。目前来看，电力企业线路走廊建设与城市道路建设（包括改扩建）不能同步进行，往往会在已有的线路走廊上进行新建或者改扩建道路，或者在已经建好的道路上需要新增线路走廊。由于缺乏全面的统筹，对于前一个问题，经常出现供电部门要求道路扩建办公室负责所有的线路迁改费用，而如果迁改方案是要将架空线以电缆下地，这笔费用非常庞大，道路扩建办公室无力承担；而对于后者，市政部门则要求供电部门支付 3~5 倍的道路开挖赔偿金，这笔费用比供电部门在线路走廊建设以及电缆材料方面的投资还大。这使得供电部门与市政建设部门之间的关系剪不断、理还乱，对双方的工作开展都带来了十分不利的影响。另外，道路反复开挖给市内交通、市容市貌等都会造成一定的影响。

由于城市电网规划没有与城市建设总体规划相结合，使城市电网对环境的影响问题突出，线路走廊以及室外变电站毕竟会对环境产生一定的影响。前些年，由于成本方面的原因，城市电网 110kV 及以上电压等级的线路走廊一般是以架空线为主，而如果在用地许可的情况下都是建成室外变电站的，这就导致了电网对环境有如下影响：

（1）架空线在市区频繁穿越，居民楼前架空线屡次出现，这有碍观瞻，而且安全风险较大。

（2）电网运行时必然会有电磁辐射，虽然比起其他高频辐射危害小，但它毕竟存在。

（3）变电站运行过程中会产生一定的噪声，如果室外变电站建在居民楼附近，对居民生活会带来一定的影响，由于周围都是高压线路及电力设备，令老百姓多少有些畏惧。所以，随着人们对环境越来越重视，现在国内一些城市尤其是在沿海较为发达的城市，因电网建设对环境影响，造成民众将规划部门和供电企业告上法庭或集体上访阻挠电网建设。这些都给当地政府部门、供电企业带来了不少麻烦。

4.3 城市电网建设规划与城市基础建设的矛盾与解决方法

按照我国目前经济发展状况和形势，以及到 2020 年经济总量在 2000 年的基础上再翻两番的经济发展蓝图，即使国家调整产业结构，走集约型经济发展的道路，电力需求的增长也不会低于经济增长的速度。因为在我国除了工农业、第三产业的用电需求，随着人民生活水平的改善，居民用电需求的增长将会是电力负荷增长中的重要因素之一。综合各种因素，我国在未来几十年内，电力需求仍然会保持高位增长率。我国虽然幅员辽阔，但可利用的土地资源十分有限，人均耕地面积不到世界平均水平的一半，为了合理利用有限的土地资源，近年来，我国已经强化了对土地的管理。大多数城市都建在地势比较平坦的地方，城市发展用地大部分都是可耕作的土地，为了减少对土地的侵占，必须进行城市建设总体规划。因此，如果不在郊区城市化之前做好城市电网建设规划，一旦城市规模初具，再进行城市电网建设规划就会举步维艰。但在我国大多数城市中，与经济高速发展相对应的却是电网规划缺乏整体性与前瞻性。

4.3.1 城市电网建设规划与城市远景规划相结合

目前我国的能源主要是以化石能源为主、其他能源为补充的能源结构形式，即主要还是以煤、油、气作为一次能源，水能、核能以及新开发的风能、太阳能等作为补充能源。虽然将来水能、核能、风能等一次能源可能会超过化石能源成为我国的第一大能源，但无论哪种形式的能源，其输送过程主要还是以电能为主。城市的发展给电力部门重新进行变电站布点及新增线路走廊的空间十分有限，即使勉强安排了新的电源点以及线路走廊，也会因约束因素太多导致布局不合理。况且越是到后来，在市区进行开挖建设电缆沟的代价会越大，并且会对市容造成影响，从而增大了建设线路走廊的难度。目前，我国已经有城市出现电源点布点不足、电力线路走廊有限，而由于空间的限制，周围几乎没有再建电源点或新线路走廊的可能。

城市发展的特殊性决定了政府及电力企业必须把眼光放得更长远。除非遇到毁灭性的灾难,城市的发展将永远不会间断,而随着城市繁荣程度的加深以及人类需求的不断提高,除非将来有可以替代电能的其他形式的能源被有效地采用,否则,城市的用电密度只会越来越大。如果不在城市发展之初(或者郊区城市化之前)解决好城市电网建设规划与城市基础建设规划的问题,将会制约整个城市的发展,甚至会导致城市发展基本停滞。

电力企业应该与城市规划部门一起提前做好这些变电站的选址及线路走廊的规划工作,在郊区城市化之前就规划好变电站红线以及线路走廊。做好这些远景规划后,建设进度可根据实际的电力负荷发展状况有计划地分步进行,电缆沟型的线路走廊可与道路建设同步进行。而对于尚未建设的规划用地,可由规划部门作为一些临时用地处理,这样既不至于使有限的土地资源浪费,又可以满足将来城市发展对城市电网建设的需求。

4.3.2 统筹兼顾,使公共事业健康发展

从某种意义上讲,城市电网建设与城市道路建设同属公共事业。为了解决道路改扩建与城市电网建设之间的矛盾,作为政府职能部门规划局应该把好关,将道路规划与输配电线路走廊规划(主要指电缆走廊)进行统筹安排。同时,政府应该牵头使供电部门和市政建设部门就道路改扩建与城市电网建设问题签订协议,明确以下一些内容:

(1)对于没有输配电线路迁改需求的改扩建或新建道路工程,在规划时市政建设部门有责任知照供电部门,先了解供电部门在新建道路上是否有建设输配电线路走廊(主要是电缆沟)的需要。如有需要,则由供电部门提出具体的建设需求与设计,将线路走廊规划与道路建设规划同时报规划部门审批,并由市政建设部门在道路建设时同时进行线路走廊的敷设。建电缆沟所需费用按双方的约定由供电部门支付,电缆沟的资产所有权归供电部门所有。

(2)对于有输配电线路迁改需求的改扩建或新建道路工程,在规划时市政建设部门应联系供电部门落实线路迁改方案。对于架空线路需要以电缆下地的,由市政建设部门按供电部门提出的要求,在道路建设时同时建好电缆沟,建议建设电缆沟的费用由市政部门按照国家的有关规定承担,而对于电缆本身的投入以及迁改的工程费用则由供电部门承担;而在已经是电缆走廊上的道路改扩新建工程,建议市政部门按照国家的有关规定承担建设电缆沟的费用,而迁改的工程费用则由供电部门承担。注重人文关怀,减少电网对环境的影响要减少电网对环境的影响,必须将电网规划完全纳入城市规划中。目前,我国许多城市环城高速公路从居民楼前穿过,高压线路频繁出现在人们的视野中,有些市内火车轨道也会横亘在繁华的市区。这些不但破坏了城市的整体协调性,而且由于火车在运行中的噪声很大,环城高速公路不但噪声大而且汽车的尾气对空气的污染也非常严重,而高压线路走廊则因为其高电压的安全问题及所谓的电磁辐射等问题使居民产生本能的畏惧心理,因此,这些公共设施都对环境造成了较大的影响。由于前期缺乏统一规划,这些不协调的因素并没有相对进行集中,而是随意遍布在整个城市之中。为了减少高压架空线路、环城高速公路以及火车线路等对环境的影响,应尽可能将500kV、

220kV、110kV 甚至 10kV 高压架空线路走廊与火车轨道线、环城高速路线等集中在一起并行排列，努力将它们对环境的影响降到最低。变电站尽可能建在靠近铁路、公路等本身噪声污染比较重的地方，可建成室外变电站。此外，为了节约用地，减少对环境的影响，在其他地方布点的变电站应该优先采用室内变电站。由于 500kV 的高压线路一般都在城市的外围，且 500kV 的电缆成本过高，因此该电压等级的线路走廊以架空线为宜，但应尽可能避开人群聚居区。市内其他高压线路走廊包括 220kV、110kV、10kV/20kV 等电压等级的线路建设，除了在铁路沿线、公路沿线可采用架空线路外，在其他地方应先考虑电缆线路，将电缆走廊的建设与城市道路建设同步进行考虑。

（3）搭建城市发展规划与城市电网规划沟通平台。由政府职能管理部门、城市发展规划部门、土地管理部门和电力规划部门等参加的城市发展与城市电网规划的定期对接，就城市公共设施用电、工商业用电、居民生活用电所需要的用电指标、用电负荷密度、用地情况、所处地理位置等方面做好数据互换，搭建沟通平台，形成机制，同时将电力规划作为一项重要内容纳入城市发展规划中，以保障各类用电负荷增长有相对应的供电能力。

（4）建立立法约束机制，提高城市发展规划的准确性、前瞻性、严肃性。扎实细致科学地开展城市建设规划和城市电网建设规划工作，提高规划的前瞻性、准确性，对于城市各类用电增长需求，应进行认真分析、计算、校核，对于已经制定的规划，应严肃执行，不可随意变更。出台城市经济社会发展与城市电网规划有机衔接的管理规章制度，建立方法、目标、机制，对规划的修改过程做出明确要求，做到科学、可持续发展。各级地方政府，特别是政府一把手要带头遵守规划。

（5）城市建设需要为城市电网发展预留适度发展的土地空间。《中华人民共和国城乡规划法》明确提出：应优先安排城市供水、供电、供气、道路等公用基础设施建设。在城市快速发展过程中，要从城市建设与发展的需要和长远的经济利益考虑，认真做好基础设施建设。优先适度预留变电站、输电线路走廊用地，彻底解决城市电网发展中的"瓶颈"。

4.3.3 协调解决城市电网建设规划与城市基础建设规划

1. 建立以地方政府为主导的统一规划体系

目前，城市基础建设规划与城市电网建设规划之间不能有效衔接也成为普遍现象，多年来，两个规划因为沟通信息缺乏、资料不能共享，造成城市基础建设规划与城市电网建设规划建设之间的布局矛盾等时有发生，造成严重后果的案例也是屡见不鲜。就市级规划而言，应建立以市政府为主导和有关部门及规划编制单位分工负责的工作机制，形成推动城市各环节整体有机发展建设的合力。在层次上要与城市规划、大电网、省级电网规划相衔接，在技术上需考虑与特高压输电网规划、电源规划、城市配电网规划以及农网规划相衔接。在政府牵头统一组织协调、各部门积极配合下，两个规划之间的衔接问题就能够提升到一定的高度，才能将城市电网建设规划与城市基础建设规划建立一个统一的空间规划体系。

2. 建立城市基础建设规划与城市电网建设规划相协调的机制

地方政府有关部门与电网企业要保持长期良性沟通，将双方的资源共享，保持信息交流畅通无阻，形成城市电网建设规划与城市基础建设规划之间常态化的有效沟通机制，最终各方搭建起一个统一的规划信息平台。具体方法是，由政府牵头组织编制城市基础建设规划与城市电网建设规划的规划单位与电网公司加强沟通对接、相互融入、信息共享，搭建长期且有效的协调机制，共同探讨协商规划的主导思想、远期目标、规划范围和周期、技术策略以及实施方案等工作内容，达成一致意见并开展相关工作；从规划报告的编制、修编、校审等各个环节建立完善的组织协调体系，从用电负荷角度考虑，对变电站站址用地、线路走廊区域、电网布局等各方面采取相应的技术方法和管理措施，确保两个规划之间有效衔接、相互融通。城市电网协调规划流程如图 4-1 所示。

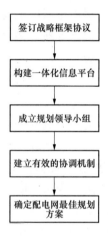

图 4-1　城市电网协调规划流程图

第5章

城市电网规划与建设风险

　　城市是人类社会、经济、文化活动的中心。随着我国城市化进程的加快，城市电网担负着保障城市经济发展的重要使命，加快城市电网发展是构建社会主义和谐社会的必然要求。但影响城市电网发展的因素不断增加，规划条件和实际运行差异较大，导致城市电网规划风险增加。如电网建设用地未得到完全保障、电网建设项目外部环境干扰因素增多、项目核准制使电网项目前期工作费用增加、城市建设与环境对电力设施的要求越来越高等。城市电网规划与建设将面临越来越多城市社会经济发展与市场化改革、经济全球化等带来的各种各样的风险。

　　未来中国电力发展的焦点之一将是城市电网的建设，要达成的主要目标是做到城市电网的"受得进、落得下、用得上"，要达成这一目标的关键就在于城市电网的规划。近年来，随着各地经济和用电负荷的快速增长，城市电网发展面临着一些突出问题：一是长期投入不足，发展滞后；二是电网结构薄弱，安全风险大；三是设备水平较低，供电可靠性差；四是城网建设和运行环境不宽松；五是电网规划与建设面对越来越多的不确定性因素，经济风险增大。为保证城市经济的可持续发展，未来将有大量的城市电网规划项目，作为追求企业长期价值最大化的电力公司对这些规划项目的投资合理性必须进行充分的论证，而正确合理地进行城市电网规划的风险分析并进行科学的成本效益评价是做好城市电网规划的关键。近年来，随着市场经济的发展，投资环境和条件发生了巨大的变化，城市电网建设面临越来越多的风险，尤其是建设用地的紧张、冰灾等自然灾害的出现等。人们开始认识到了城市电网风险管理的重要性，探讨城市电网规划风险识别、风险评价和风险规避具有重要的理论与实际意义。

　　城市电网规划风险的客观性，首先表现在风险事件是否发生、何时发生、何地发生、发生之后会造成什么样的后果等，他们都是不以个人的意志为转移的。从根本上说，这是因为决定城市电网规划风险的各种因素对规划人员是独立存在的，不管规划人员是否意识到风险的存在，在一定条件下仍有可能变为现实。其次，还表现在它是无时不有、无所不在的，它存在于城市电网规划的全过程中，存在于城市电网规划的各个方面。

　　城市电网规划风险的不确定性，即风险的程度有多大、风险何时何地有可能转变为现实均是不定的。风险发生后造成什么样的影响，多大的损失都是不确定的。这是由于人们对客观世界的认识受到各种条件的限制，不可能准确预测风险的发生及后果。

　　城市电网规划风险的可测定性，风险从总体上会表现出一定的统计规律，因此可以用概率论、数理统计等工具将风险发生的频率和损失的幅度计算出来，从统计规律上对风险加以量化。

城市电网规划方案风险从城市电网规划全寿命周期的角度考虑包括规划期、可行性研究设计期、建设期和运营期的各种不确定因素发生的可能性以及损失的程度。从城市电网规划风险的性质的角度又可分为政策风险、技术风险、市场风险、管理风险等。从城市电网规划风险是否可控性的角度又可分为可控风险与不可控风险等。按风险的不确定性可以将风险划分为随机风险、模糊风险、多种不确定性风险。

城市电网规划风险管理的过程是为了达到风险管理目标而必须进行的一系列管理过程，它反映了风险管理的基本规律和基本的工作步骤。对风险进行的是动态管理，是从目标确定、方法选择到实施的整个动态过程。城市电网规划风险管理主要包括以下三个步骤：

（1）城市电网规划风险识别。城市电网规划风险识别是指对城市电网规划过程中的各种潜在的不确定风险进行分析，以揭示潜在风险及其性质的过程。城市电网规划风险识别是风险评价与规避的前提，如果不对风险进行准确的识别，就不可能知道存在什么风险，可能发生什么风险，就会失去及时有效地控制这些风险的机会。

（2）城市电网规划风险评价。城市电网规划风险评价是在风险识别的基础上，对风险发生的可能性与可能导致的后果进行定量估计，这是进行风险管理的一项重要内容。城市电网规划风险识别需要利用数理统计规律的随机性原理等进行量化。进行城市电网规划风险识别，首先要有充分的信息资源，然后运用概率数理统计方法，并尽可能借助计算机技术，同时在一定程度上还要依靠管理人员的经验进行专业判断。

（3）城市电网规划风险规避。城市电网规划风险规避是在风险评价之后，对风险因素采取的处理方式，就是根据城市电网规划风险规避的目标运用合理的方法来有效地处理各种风险，这是风险管理过程的一个阶段，这一阶段的核心是风险规避策略的选择，即根据风险规避目标，选择合适的风险规避策略。

5.1　脆弱性评估

关键基础设施是基础设施和资产中的关键部分，对国家和社会的正常运行起到关键支撑作用，而电网作为一类关键基础设施影响着人民生活和经济发展，是关键基础设施的基础，一旦其遭受破坏会直接影响到全社会各方面的运行。本书中电网被抽象为复杂网络，研究中将实际电网中的发电站、变电站、杆塔等设施抽象为复杂网络中的节点，架空输电线路、地下线路等抽象为复杂网络的边，则电网可以看成是由大量节点单元和边单元组成的复杂网络。城市电网一般指的是配电网，包括高压配电网和低压配电网，是电力系统中从降压配电变电站（高压配电变电站）出口到用户端的这一段系统。研究聚焦于城市电网，没有考虑农村电网，主要出于以下几点考虑：第一，单一某个农村的电网较城市相比规模很小，网络较为简单；第二，单一某个农村的人口或产业聚集区域较小，面临的自然异动基本相同，一旦灾害发生，对农村小规模电网各部分影响基本一致；第三，农村人口、经济体量、文化机构、卫生机构和行政机构等规模较小，电网对社会的影响比较直观。因此，农村电网可以看作是城市电网的简化和缩小，以城市电网进行研究更具有更高的应用价值，可以通过简化的城市电网脆弱性的研究方式进行农村电网的研究。

5.1.1　关键基础设施脆弱性

关键基础设施脆弱性的定性和定量研究，最终目的是为提高基础设施运行的可靠程度和抗风险能力，即识别关键基础设施系统的脆弱点所在，将脆弱点消减至更少的状态，基础设施的运行就会更有保障。有研究认为对于脆弱性识别和减轻的能力正面临严峻的挑战，因为脆弱性由一些相互作用的复杂和动态的因素所导致，这些因素可能危害到社会、经济和基础设施系统。脆弱性研究需要以一定的标准为依据，即何为脆弱，有研究认为基础设施网络单元失效后，造成的经济损失越大，单元相对越脆弱；认为单元抗风险能力越低，相对来说越脆弱；认为某一单元失效后，基础设施网络传输效率改变越大，这一单元就越脆弱。这些都是对脆弱性内涵理解的一个方面，本书认为关键基础设施脆弱性评估是确定关键基础设施网络中的关键单元，这一单元既可以是网络中的节点，也可以是网络中的边。

这里重新阐明本文研究的一个基础：本书认为脆弱性评估包含两个方面内容，一是评价对象易损程度；二是整体中一部分发生损坏，对整体造成影响的大小。关键基础设施指的是基础设施和资产中的关键部分，对国家和社会的正常运行起到关键支撑作用，其失效或损毁将导致整个基础设施系统或社会功能的瘫痪，电网则是关键基础设施中的关键部分。

5.1.2　关键基础设施脆弱性评估

基于以往研究的总结，本书认为目前关键基础设施的脆弱性研究基础可以分为四类。

1. 基于经济性考虑的脆弱性评估

脆弱性评估的目的之一是将关键基础设施网络中的脆弱点减少至更少的状态，以使整个网络应对风险的能力提高，可以为社会发展提供稳定的保障和支持。其中需要重点考虑的一个因素就是经济因素，在脆弱性评估中关于经济性指标的应用主要体现在两个方面：一是关键基础设施投入的经济性；二是关键基础设施网络单元失效造成的经济损失。这两点与脆弱性评估密不可分。

（1）关键基础设施投入的经济性，相关研究主要集中于考察规划的合理性。这种规划是一个多目标多约束决策问题，其目标包括了可靠性、投资成本、社会效益、投资回报等。针对电网规划的多目标优化解决方法包括多目标权重法、模糊评价法、分层优化方法等，目的在于将多目标优化问题转变为单目标优化问题来解决基础设施在规划上安全性与经济性的合理分配问题。如关于电网脆弱性和经济性评估的电源管理单元（power management unit，PMU）最优配置求解，在这个过程中针对电网的脆弱单元布置 PMU 设备，一方面可以提高电网的整体安全性，另一方面也可以控制投入的经济成本；在配电网网架优化方面，综合考虑脆弱性和投入经济性因素，并将经济性指标减少率和结构脆弱性指标的增长率之和作为迭代过程的目标函数，来求解规划问题可以得到很好的规划方案。基于投入经济性角度，评估电网脆弱性问题，可以很好地解决成本和效益的矛盾。

（2）关键基础设施网络单元损失造成的经济性，其研究方式主要是关注关键基础设施损坏带来的经济影响。比如，采用整体运输网络和多区域贸易等模型评估地震或其他一些方式阻断道路网络给经济带来的影响；研究洪水和气候变化对波士顿市交通系统的影响；研究现有的与灾害相关的脆弱性评估方法，识别这些方法在实际实施中的困难和不同之处；以道路交通系统为例，详细分析道路网络构成结构中断情况下社会功能的损失等。在此基础上，研究识别脆弱性评估领域未来的需求，包括方法的易用性、相关指标的选择、方法的可转接性、灾害本身信息的抽取、GIS 技术的使用、诸如脆弱性地图和脆弱性模式等产品的供给等。此类研究主要关注物理脆弱性而不考虑社会、法律和文化方面的因素，其重点在于关注物理环境与自然灾害对实体环境及经济的影响、基础设施潜在的功能退化及其对社会的影响。因此脆弱性是使基础设施服务中断的潜在风险，将在某种程度上导致的社会功能水平的降低。

2. 基于网络结构考虑的脆弱性评估

基于网络结构考虑的脆弱性评估是以复杂网络理论为基础，从网络结构特性出发来研究脆弱性，比如网络的度数、介数、连接性等。采用优化方法，能够识别最有价值的最坏情景，但不能检验所有可能的情景，而采用网络结构的思考方法，则可以将各种场景下的关键基础设施都抽象为统一的复杂网络，将复杂的问题简单化，从网络本质上寻找原因。部分研究则通过研究网络脆弱性模型评估方法的发展，按照如何解释系统绩效的模式来评述各种模型研究方法，首先评述脆弱性的定义和描述，其次从最大流、最短路径、连通性、系统流、防御权限和组件属性等角度，对模型研究方法进行详细评述。就电力网络而言，电力网络脆弱性的本质就是评估能源可靠性和安全性的基础，大量的文献均采用拓扑模型（图论、复杂网络理论）评估电力系统的脆弱性，但研究发现使用拓扑度量方法和电力网模型都表现出相似的态势，即单次的模拟和脆弱性度量结果之间仅存在一种微弱的相关关系，单纯使用拓扑度量方法评估电力网络的脆弱性可能存在一些错误。

3. 基于重要性考虑的脆弱性评估

基于重要性考虑的脆弱性评估，本质上也是以复杂网络为基础，与上文中研究方法的区别在于其不是单纯的静态评估，不以网络评估的基本指标为准，而是将网络看成一个动态变化的对象，考察网络的节点或突然失效的情景。失效的原因包括随机偶然失效和直接攻击，随机偶然失效是以相同的概率去除拓扑网络中的节点；直接攻击作为智能攻击，包括攻击具有最大中间性的节点以及电能负荷最大或最小的节点等。重要性主要体现在两点上，一是节点在网络结构中具有重要位置，如通过典型路径长度、连通性损失和停电规模等三种脆弱性度量方法来研究电力网络对随机偶然失效和直接攻击的敏感性，其以美国东部 40 个区域的电力网和一个标准的 IEEE 测试用例为例，结果表明在三种脆弱性度量方法中直接攻击会导致更大的失效，而最坏情况要根据选择的度量方法来确定；二是节点在网络提供的功能上起主导作用，电网为社会提供电力保障，不同的电网节点负责区域的重要性各不相同，核心商业区的电网枢纽其重要性要远高于郊区节点，所以以社会功能衡量的电网节点脆弱性中，商业区枢纽相对来说更为脆弱。另外评估基础设施脆弱性需要考虑物理、地理和社会经济特征等一系列因素，可以通过识别基础设施脆弱性的重要元素，讨论基础设施固有的空间属性及其跨越空间的相互作用倾向，提出一个拓扑框架来划分基础设施脆弱性。如针对相互连接的网络拓扑复杂性研究中，评估了地理上关联的关键基础设施元素损坏的潜在影响，利用空间优化模型评估诸如电信交换中心等类型重要节点的损害情况。结果表明：一些特定基础设施的拓扑结构不能很好地应对重要节点的损害，而一些基础设施的拓扑结构能够抵抗那些节点的损害并维持一个充足水平的服务。

5.1.3　脆弱性评估方法的应用

对于脆弱性评估模型的研究，多是基于自然灾害和承灾体进行，尤以基础设施和城市脆弱性研究居多。根据研究对象的不同，脆弱性评价运用的模型、方法也不尽相同。

1. 基于数据包络分析模型的脆弱性评价研究

基于数据包络分析模型的脆弱性评价研究指应用数据包络分析模型对我国自然灾害的区域脆弱水平进行研究，从区域自然灾害危险性、区域承灾体暴露性和区域自然灾害损失三个方面构建了区域自然灾害系统的投入产出模型，对我国自然灾害脆弱性的区域差异特征进行分析。

2. 基于 GIS 的灾害脆弱性研究

基于 GIS 的灾害脆弱性研究指采用 GIS 技术对上海浦东新区开展了基于灾损率的脆弱性研究，利用 GIS 编制了基于不同重现期情景的上海浦东脆弱性图；论述了 RS 和 GIS 在滑坡敏感性分析、可能性分析、风险分析及在泥石流信息系统、泥石流危险度分析和泥石流预警等方面的应用。并展望了遥感技术（remote sensing，RS）、地理信息系统（geography information systems，GIS）和全球定位系统（global positioning systems，GPS），即 3S 技术支持下的滑坡泥石流的预测、干涉测量合成孔径雷达在滑坡监测中的应用和防灾减灾决策支持系统等方面的前景。

3. 模糊综合评判脆弱性理论模型

模糊综合评判脆弱性理论模型构建了模糊综合评判区域承灾体脆弱性的理论模型，确定了承灾体脆弱性评估指标体系的功能及建立原则，运用反推法、信息量法等多种方法构建了脆弱性评估指标体系，并且在层次分析法的基础上探讨了评价指标体系的量化方法。

5.1.4　电网脆弱性来源及表现形式

1. 电网脆弱性评估面临的问题

电网作为关键基础设施的重要部分，对其进行脆弱性评估同样需要考虑经济型、重要性、网络结构等问题，但是由于其本身的特殊性，需要对其进行电网脆弱性的研究主要聚焦于两点上，一是电网的网络结构脆弱性，二是电网的状态脆弱性。但现有研究中缺少对于电网脆弱性其他方面的分析和评估，也就是说用于分析关键基础设施脆弱性的评估标准和方法在当前的电网脆弱性评估中应用不多，本书认为出现这一问题的原因包括以下几个方面：

（1）电网脆弱性评估研究起步较晚，还没有形成一个全面的评估框架。

（2）电能作为一种战略资源，其脆弱性研究在一定程度上属于国家的机密范畴。

（3）电网其他多属性研究较少，提供研究支撑不足。

（4）脆弱性研究是一个大的范畴，不止局限于电力专业，需要多专业交叉融合。

本书对于脆弱性的研究不涉及电性状态脆弱性方面，只聚焦于电网单元（节点及边）和网络本身。

2. 电网脆弱性来源

电网是人类社会发展的产物，其脆弱性包括自身固有的脆弱性和来自外界影响而产生的脆弱性两个方面。

（1）自身固有脆弱性的一种极端体现的是，对象完全安全，不受外界环境任何因素影响，这种脆弱性与外界环境无关，是对象自身固有的、无法消除的脆弱性。从电网的网络结构角度看，电网自身固有的脆弱性来源于电网自身的网络结构和设备的设计问题，网络结构的设计使电网不可避免地产生了由于网络结构而导致的电网事故，如网络中关键电网节点的损毁造成网络中节点的连锁失效及大面积供电中断；同时，由于电网中节点单元的设计问题，其在电网运行过程中，随着时间推移和设备的不断使用、损耗而引发了电网事故。

（2）电网受外界影响而产生脆弱性，这种脆弱性的来源与电网事故来源类似。基于灾害学理论，本文将这些事故来源称为致灾因子。一般来说，致灾因子是指能够对人类生命、财产或各种活动产生不利影响，并达到造成灾害程度的事件。通常致灾因子包括四个方面，分别是自然致灾因子（暴雨、雷电、台风、地震等）、人为致灾因子（操作管理失误、人为破坏等）、技术致灾因子（机械故障、技术失误等）、政治经济致灾因子（能源危机、金融危机等）。针对电网，本文不需要考虑政治经济因素，因此，本文将电网脆弱性的外界影响分为自然、人为、技术三个方面。

一些情况下，人们很容易将致灾因子和灾害概念混淆。灾害指的是由致灾因子导致的与人类相关的社会、经济、环境的大面积损失，导致人类赖以生存的环境遭到破坏的情况。因此，可以说致灾因子是导致灾害发生的原因。

自然环境的异动作用于包括缓慢的异动及剧烈的异动，因此外界环境的影响作用于电网，其表现形式可分为两类，一是缓慢的作用而产生的脆弱性，这种脆弱性是潜在的，不会直接表现出来，当这种缓慢作用积累到一定的量级时才会表现；二是突发异动而产生的脆弱性，这种形式的脆弱性会直接体现出来，当异动发生时，设备会发生失效和损坏。

由于本书研究自然异动下电网的脆弱性，这里首先对自然异动进行界定，本文所指的自然异动是指：自然条件的改变带来的威胁，包括气候变化、地质问题等，其产生的结果可以是自然条件的缓慢地变化，如酸雨、环境污染等；也可以是急剧的自然、地质问题，包括暴雨、雷电、台风、洪水、地震、泥石流等。而当这些自然异动发生，并且导致人类生活、健康、环境和资产等遭受损失后，才可以称之为暴雨灾害、台风灾害、地震灾害等。对于自然异动的衡量，则需要从其导致的灾害表象入手，通过对灾害程度、规模的衡量来评估异动情况。

各种不同类型的自然异动给电网带来的影响是：台风往往引发大规模的输电、配电线路跳闸，表现为大量的群发性故障，这些故障可能是瞬时故障或永久性故障，其中后者的比例较高；雷电一般会引发线路闪络跳闸，由于空气绝缘为自恢复绝缘，被击穿的空气绝缘强度迅速恢复，原来的导电通道又变成绝缘介质；严重积污的绝缘子在大雾或小雨等湿度比较大的天气下可能引发大面积的闪络跳闸，污闪跳闸多数是瞬时性故障，也有极少数永久性故障，甚至绝缘子掉串；覆冰最容易引发输电线路群发性跳闸，在电网覆冰过程的不同阶段，会发生不同的相继故障事故；地震对于局部电网的破坏巨大，引发地震区域输电线路的群发性跳闸，并且大多为永久性损坏，严重时可能引发系统解列，输电线路的损坏形式包括掉串、倒塌、断线以及其他形式；地震极易引发局部区域负荷不同程度的损失，引发厂站设备损坏甚至导致厂站全停，引发通信故障甚至通信瘫痪，并且往往影响到能量管理系统的正常运转；洪水会导致输电线路倒塌、断线并表现为永久性故障，损坏变电站设备，严重情况下导致受灾厂站全停。

与之对应，研究中将人为致灾因子称为人为异动，常见的人为因素包括驾驶员违章驾驶引起的车辆撞到电杆，造成倒杆、断杆等事故；基建或市政施工对配电网造成破坏，如基面开挖伤及地下敷设电缆，或施工机械、物料超高超长碰触带电部位或破坏杆塔；部分违章建筑物直接威胁线路的安全运行；导线悬挂异物类，如彩带、风筝、漂浮塑料等；盗窃引发的倒杆、倒塔等重大恶性事故；以及恐怖袭击等。

同样，研究中将技术致灾因子称为技术异动，包括操作失误和设计、制造或安装错误等。人是设备的调控者，不可避免地会发生操作失误的，如工人、技术员业务不熟、经验不足，在发生事故中的错误操作；技术监控人员由于疏忽、过失等原因未能及时发现设备运行异常，未能及时采取措施，导致事故发生；工作人员安全意识不强，自我防护观念淡薄，或对危险性估计不够，或情绪不稳定、心理状态不佳发生误碰误动误操作事故等。设计、制造或安装错误指的是在输电线路、变电站建设中，可能由于对某些特殊情况资料掌握的偏差，或承包商的经验不足等各种原因，在设计、制造或安装生产方面产生错误或偏差。这将导致线路、变电站投产营运期间，可能使设备发生一些不同程度的事故，从而造成损失。

3. 电网脆弱性表现形式

电网脆弱性来源于固有诱因、潜默诱发和异动诱发三个方面，这三个方面的诱因作用于电力网络，产生了电网的脆弱性。电网可以看成是由大量节点和边组成的一个复杂网络，因此，对其单元进行脆弱性评价即包含了个体视角下的脆弱性，也包含网络结构视角下的脆弱性。根据电网面临的环境特点，可以分为常态环境下的脆弱性和灾害环境下的脆弱性。

（1）常态环境。常态环境指从固有诱因角度看待电网单元的脆弱性，若是从个体视角进行，分析的是电网单元在没有外界条件影响下自身固有的脆弱性，可以称之为电网单元的内生脆弱性；若从网络结构视角来看，需要评估电网单元由于固有诱因导致的对整个网络结构的影响，可以称之为网络结构初始脆弱性。

从潜默诱发因素作用于电网来看，潜默诱发指的是那些缓慢作用于电网单元，不易被察觉，并且对电网单元、设备的影响随着时间推移逐渐显著的因素，例如酸雨、粉尘等因素。这些因素导致电网单元周围环境的缓慢变化，因此将这一类因素导致的脆弱性称之为环境诱发脆弱性，这也是从个体视角进行的评估异动诱发因素作用于电网单元和网络结构，不仅可能造成电网单元的失效，还可以由于级联效应导致电网失效范围进一步扩大而产生三个方面的影响，一是电网自身结构的损失，二是电网传输效率的损失，三是社会功能损失，这些后果均由电网结构遭到破坏而导致，可以称之为网络结构级联失效脆弱性；另外，由于自然异动的潜在影响或风险，导致电网设备、单元可能面对一定程度的损失，这些问题给电网带来的潜在影响可以称之为异动诱发脆弱性。

通过对以上脆弱性表现形式的整理，可以将电网脆弱性分为三个部分，一是网络单元脆弱性，其包含单元内生脆弱性和环境诱发脆弱性，是对电网拓扑结构中某一单元自身脆弱性的评估，是从个体视角进行的评估；二是网络结构脆弱性，其包含网络结构初始脆弱性和级联失效脆弱性，是从网络结构视角对电网单元进行的脆弱性评估；三是异动诱发脆弱性，是衡量电网在潜在异动条件下的电网单元脆弱性情况，衡量的是电网单元面临的潜在威胁，是从个体视角进行的评价。

（2）灾害环境。此时，由于自然环境异动引起的灾害已经发生或即将发生，并且直接作用于电网，则相对于常态脆弱性而言，此时的脆弱性评估是直接针对灾害进行的，不需考虑异动对环境的潜在影响而带来的异动诱发脆弱性，也不需考虑设备自身诱因而产生的网络单元脆弱性。此时，只需考虑灾害作用于电网，并对电网网络结构造成的影响，以及由于网络节点失效而造成的福利损失，及这个过程保护级联效应的分析。所以，此时的电网脆弱性可以转变为研究灾害风险下的电网结构脆弱性。

5.1.5　电网脆弱性构成

脆弱性是事物本身具有的一个属性，只是在受到外界其他因素的影响下，脆弱性的表现有所差别，即脆弱性本质上是内生的，外界的作用是制约其表现的因素。电网脆弱性大致包括三方面的属性内容：一是电网的状态脆弱性；二是电网网络中的单元脆弱性；三是研究对象的网络结构脆弱性。这是对脆弱性不同属性的脆弱性分解，三者都是脆弱性评价系统中的一部分。在外界环境和异动的影响下，脆弱性体现则更加明显。

脆弱性作为评价一个设备或设备组群的生存性指标，是对研究对象一个总体性的评述。但是，这里却存在一个难题，就是一些脆弱性只有在灾害发生之后才能被准确地衡量，而实际生活中对于还未发生过问题的设备及单元组群，不可能对其进行人为破坏实验来进行脆弱性分析，否则也就失去了脆弱性评估的意义。因此，脆弱性的研究多是集中在脆弱性的预测评估上。

电网状态脆弱性指的是电网的电力运行脆弱性，电网受到扰动后状态量发生变化，而造成失压、失负荷等损失，反映了电网从稳态过渡到临界失稳的过程；网络单元脆弱性是指由于线路、设备老化等原因而造成的性能变化；网络结构脆弱性指电网作为一个整体，在受到异动后由于结构的原因而产生的脆弱性。从整体上来看，后两种脆弱性研究以电网自身为切入点，而第一种脆弱性以电网的运行为切入点。本书的研究重点为后两种脆弱性，这两种脆弱性均为对电网物理设备的直接观察评价，而不是对电网设备内在运行状态的分析。因此，这里将本书的研究内容称为物理脆弱性，只是针对电网物理设备单元和网络本身进行研究。

脆弱性的构成目前并没有明确统一的界定，一般是将结构脆弱性与状态脆弱性单独说明，或是将物理脆弱定义为自身状态量的变化。考虑到目前脆弱性评价的研究范围及内容，以及前文对于电网脆弱性表现形式的分析，本书将物理脆弱性归纳为三个方面：一是网络单元脆弱性，即在没有任何异动条件下的脆弱性，包括缓慢的自然老化及环境缓慢影响等情况；二是结构脆弱性，即由于网络结构问题产生的脆弱性；三是异动诱发脆弱性，即在潜在外界条件作用下的脆弱性情况，这里的外界条件指人为破坏、自然环境变化、技术失误等产生的强烈作用。

本书涉及的三类脆弱性由于其属性不同，相互间区别较大，且不能直性分析，网络单元脆弱性是从对象自身角度进行评价，结构脆弱性是从整体关联角度进行评价，异动诱发脆弱性是从对象自身与外界作用角度进行评价。由于这三个不同属性的脆弱性分析不是在同一维度内进行的。因此，这三种脆弱性可以看作是整体脆弱性矢量的分量，需从三维坐标系进行脆弱性评估，这样能够避免单一属性评价的缺点，使评价更为全面。

5.1.6　电网脆弱性评估理论基础

由上节可以了解到，对于关键基础设施脆弱性的评估可以基于经济性、网络结构、重要性等方面进行，这为电网脆弱性评估提供了理论和方法的借鉴。通过对电网脆弱性来源和表现形式的分析，可以看到，电网物理脆弱性可分为单元内生脆弱性、环境诱发脆弱性、网络结构初始脆弱性、网络结构级联失效脆弱性和异动诱发脆弱性等五个方面。这些脆弱性均是电网及其构成部分在受到自身和外界影响而产生的，且其分别从不同的侧面对脆弱性进行评价。下面分别就电网脆弱性及其表现形式，对各种脆弱性评价进行分析。

1. 基于固有诱因诱发的脆弱性

电网固有诱因侧重于考虑电网设备单元本身，即不考虑任何外部环境因素，只考虑由电网设备出厂指标、设备质量、老化情况，以及由于初始电力网络结构而产生问题，这是来自电网内部原因导致的脆弱性产生，衡量的是在电网拓扑结构中单元（节点和边）和网络结构自然存在的脆弱性问题，这部分脆弱性可以分别称之为内生脆弱性和网络结构初始脆弱性。

对于电网单元和结构的研究，以往都是基于电力网络可靠性分析，即研究电网中设备的可靠程度，但这只是单独针对某一个单元而言。对于电网脆弱性的评估，是放眼整个电力网络，找出网络某一个单元相对于其他单元的相对脆弱性，这时可靠性就可以作为单元比较的一个依据，则基于可靠性分析的脆弱性评价在一定程度上是可以行的。如内生脆弱性评价，主要考虑的是电网拓扑结构中单元的相对脆弱性程度，可以采用单元的健康度指标进行评价，而健康度指标同样是可靠度评估的基础，则以健康度评价为基础，衡量电网内所有单元的脆弱程度，获得每个单元在评价阶段的实时数据，对其质量和发展趋势进行评估，比较评判出电网中的脆弱单元是可行的。关于网络结构初始脆弱性的评估，以往研究均是基于复杂网络理论。电网规模庞大，针对其特殊性，本研究将电网中的发电站、变电站、杆塔等抽象为复杂网络中的节点，架空输电线路等抽象为复杂网络中的边，则电网可以看成由很多的节点和边组成的复杂网络。针对复杂网络的研究，多是对网络的基本测度指标进行计算，如复杂网络的度、路径长度、聚类系数、介数、紧密度等。但是，这些基本指标只能简单的比较出网络中各部分的脆弱性，并不能很准确的衡量相似部分的脆弱性，以及网络中节点或边在整个网络中的脆弱度。在衡量复杂网络中各单元对于网络总体而言的相对指标中，网络效率和传输效率是很好的评价指标，但是传输效率指标一般应用在网络遭受破坏后的状态衡量，在单独考虑自身问题导致的脆弱性时，网络传输效率指标则是一个很好的衡量指标。此外，为了提高单元间脆弱性的辨识度，可以在结构脆弱性评估过程中引入可靠性权重，即以单元的可靠性为脆弱性赋权，能够更为清晰的体现相似脆弱性之间的差别。

2. 基于潜默诱发引起的脆弱性

这种脆弱性来源于外界对于电网设备或网络单元的缓慢作用，而不是突发性的破坏。这种影响大部分来自自然环境（酸雨作用归结为自然因素，不考虑人为间接作用），人为与技术的潜默影响较少，本文也主要针对自然影响进行分析，所以电网单元由潜默诱发引起的脆弱性可以称之为环境诱发脆弱性；其对电网结构的影响则可能会产生级联失效，这里称为网络结构级联失效脆弱性。这些影响中，如设备腐蚀、污闪等是经常发生的一类事故，这种事故的发生是外界环境缓慢作用于电网设备，长年累月处于一个特定环境中逐渐积累而造成的，对这部分脆弱性评价需要进行设备可靠性评估，以及采用气象学、灾害学资料对电网所处环境进行定量分析；针对网络结构，则需要在复杂网络理论的基础上，增加级联动力学分析。

5.1.7 电网脆弱性研究的基本理论方法

为了研究自然异动下的电网脆弱性，首先需要将电网结构拓扑化，构建一个抽象的、易于研究的网络，并依据复杂网络理论对电网的网络结构、以及网络中的节点和边进行深入研究；随后，根据前文对于电网脆弱性构成的分析，本书将脆弱性分解为几个不同属性的分量，以便能从多个角度综合展现电网结构中节点或边的脆弱内容，此时需要依靠多属性评价方法使研究进一步深化。在这个过程中，由于研究的内容是自然异动条件下的电网问题，电网面临的灾害和事故问题成为研究的一个核心，此时采用基于灾害学的研究方法可以很好丰富研究手段。

5.1.8　复杂网络理论方法

1. 复杂网络的基本测度指标

（1）度与度分布。网络中节点 i 的度 k_i 定义为与其相连的其他节点数。如果网络是有向的，还要区分为出度和入度，出度是指从该节点指向其他节点的边数，入度指从其他节点指向该节点的边数，在网络中度越大的节点越重要。网络的平均度（各个节点度的平均值）记为 k，网络的节点数记为 N，即

$$k = \frac{1}{N}\sum k_i \tag{5-1}$$

一般使用分布函数 $P(k)$ 来描述网络的度分布特征。$P(k)$ 表示随机选择某个节点，其度恰好为 k 的概率。可以根据度分布是否为泊松分布或幂律分布等，判断网络的类型。例如，完全随机网络（也称为均匀网络）的度分布为泊松分布，近些年的研究表明许多网络的分布近似于幂律分布（也称为无标度分布），其对应的网络也就被称为无标度网络，其中度很高的节点成为网络中的集线器。

（2）直径和平均路径长度。在一个网络中，取任意两个节点 i 和 j 之间存在的最短路径上的边数，记为两点之间的距离 d_{ij}。定义在网络中任意两个节点之间的最大距离为网络的直径记为 D。

$$D = \max d_{ij} \tag{5-2}$$

定义任意两个节点之间距离的平均值为网络的平均路径长度，也称为网络的特征路径长度，记为

$$L = \frac{1}{\frac{1}{2}N(N+1)}\sum_{i \geqslant j} d_{ij} \tag{5-3}$$

相关研究表明，实际中许多节点数目巨大的复杂网络的平均路径长度都很小。特别地，如果相对于网络固定的平均度 k，平均路径长度 L 增加的速度至多与 $\log N$ 成正比例，那么称该网络具有小世界效应。

（3）聚类系数。在网络中，与同一个点关系密切的两个点也可能具有密切的关系，这被称为网络的聚类特征。不失一般性，设节点 m 有 n 个邻居，即 m 与 n 个节点之间有边相连，那么在这 n 个节点之间最多可能存在 $n(n-1)/2$ 条边，假设在网络中的这 n 个节点之间实际存在的边数为 k_m，那么定义节点 m 的聚类系数 c_m 为

$$c_m = \frac{2k_m}{n(n-1)} \tag{5-4}$$

（4）介数。介数定义为网络中通过某个节点或边的最短路径的数目，一个节点或边的介数越大，在网络中的重要性也越高，因为移除该节点或边后，会使其他节点间的最短路径增加。

（5）紧密度。紧密度定义为网络中的顶点与所有其他节点距离之和，如果某个点与图形中所有其他点的最短距离之和最小，就说该点位于网络的中心。

2. 基本模型

通过目前对复杂网络的研究，人们得出了以下几种基本的复杂网络模型：

（1）规则网络。规则网络也称为全局耦合网络，是复杂网络的一种特殊形式。如果某个网络中的任意两个节点之间都有直接相连的边，称该网络为规则网络，此种网络具有最小的平均路径长度（$L=1$）和最大的聚类系数（$c=1$），在现实中一般很少有规则网络的存在。学者们通常用较为稀疏的最近邻耦合网络来拟合实际网络，在最近邻耦合网络中每个节点只与周围的邻居节点相连。需要注意的是，虽然最近邻耦合网络具有高聚类性质，但不是小世界网络。

（2）小世界网络。如上文所述，现实世界中的许多网络既不是完全随机网络，也不是完全规则网络，而是介于两者之间，既具有较短的平均路径长度又具有较高的聚类系数，这类网络称为小世界网络。典型的小世界网络模型有 Watts 和 Strogtz 创立的 WS 小世界模型以及 Newman 和 Watts 创立的 NW 小世界模型。现实世界中的朋友关系网络近似于 WS 小世界网络。

（3）无标度网络模型。ER 随机图和小世界网络的度分布可以近似用泊松分布表示，泊松分布的特点是在度平均值<k>处存在峰值，且绝大部分节点的度都在<k>附近，且随后呈现指数级快速递减，因此 ER 随机图和小世界网络也称为均匀网络。相关研究发现，现实世界中一些网络的度分布函数具有幂律形式，不具有明显的特征长度，因此将此类网络称为无标度网络。

5.2 城市电网规划的风险识别

风险识别是指在风险发生前，纵观各项活动的过程，运用各种方法系统地、连续地发现风险和不确定性的过程。关于城市电网规划风险识别来说主要依据是项目的有关规划、设计、建设等文件，项目后期评估报告、历史负荷、可靠性、工程造价等统计资料以及各环节的总结报告等专家意见与统计调查表等。

5.2.1 风险识别的方法

1. 头脑风暴法

头脑风暴法是一种定性的风险识别方法，通过召开小组讨论会议的形式，聘请相关专家，邀请有经验的有关人员等进行讨论，专家和经验丰富的工作人员之间通过讨论相互启发，最终形成风险识别报告。这种方法是让与会者敞开思想，使各种设想在相互碰撞中激起脑海的创造性风暴。头脑风暴法可分为直接头脑风暴法和质疑头脑风暴法，前者是在专家群体决策尽可能激发创造性，产生尽可能多的设想的方法；后者则是对前者提出的设想、方案逐一质疑，分析其现实可行性的方法。

2. 分解分析法

分解分析法是指将一复杂的事物分解为多个比较简单的事物，将大系统分解为具体的组成要素，从中分析可能存在的风险及潜在损失的威胁。失误树分解分析方法是以图解表示的方法来调查损失发生前种种失误事件的情况，或对各种引起事故的原因进行分解分析，具体判断哪些失误最可能导致损失风险发生。

3. 德尔菲法

德尔菲法是 20 世纪初期美国兰德公司研究美国受苏联核袭击风险时提出的，其依靠专家的直观能力对风险进行识别的方法。用德尔菲方法进行项目风险识别的过程是由项目风险小组选定项目相关领域的专家，并与这些适当数量的专家建立直接的函询联系，通过函询收集专家意见，然后加以综合整理，再匿名反馈给各位专家，再次征询意见。这样反复经过 4～5 轮，逐步使专家的意见趋向一致，作为最后识别的根据。

4. 核查表法

核查表法是按标准化工作程序制定，并具有标准作用的一种规范，具有一定的权威性。核查表是根据已经实施的项目建立一张核查表，核查表中一般包含城市电网规划风险管理项目成功或失败的原因，包含项目范围、成本、质量、进度、采购与合同、人力资源与沟通等情况，以及项目技术资料、项目管理成员技能、项目可用资源、项目经历过的风险事件与来源等。项目风险管理人员通过对照核查表，寻找本项目中可能存在的风险因素。

5. 流程图法

流程图法首先要绘制工程项目的总流程图和各分流程图，然后根据流程图对工程项目进行全面分析，对其中各个环节逐项分析可能遭遇的风险，找出各种潜在的风险因素。工程项目中一般使用工程进度图表等已经存在的工程流程图。

统计调查是城市电网规划风险源识别的主要方法。首先，要编制城市电网规划风险源识别问卷调查表，并开展国内外典型城市电网规划风险管理工作的调研与相关数据及文献资料的收集整理工作；然后，通过对城市电网规划项目的影响因素分析，确定城市电网规划项目的风险源；最后，通过对风险源识别与分析，建立城市电网规划的风险评价指标体系。

本部分将从城市电网全寿命周期角度来进行电网风险识别，从规划、可行性研究设计、建设、运行四个阶段来设计调查问卷，通过对专家的问卷调查来识别电网规划应该考虑的风险，并基于模糊隶属度理论对未来的风险进行量化分析，得出我国城市电网规划应该关注的关键风险。同时，从政策、技术、管理等角度对风险再进行系统识别与归类。

城市电网规划风险源识别的主要方法是统计调查。首先，要编制城市电网规划风险源识别问卷调查表，并开展国内外典型城市电网规划风险管理工作的调研与相关数据及文献资料的收集整理工作；然后，通过对城市电网规划项目的影响因素分析，确定城市电网规划项目的风险源；最后，通过对风险源识别与分析，建立城市电网规划的风险评价指标体系。

本书将从城市电网全寿命周期角度来进行电网风险识别，从规划、可行性研究设计、建设、运行四个阶段来设计调查问卷，通过对专家的问卷调查来识别电网规划应该考虑的风险，并基于模糊隶属度理论对未来的风险进行量化分析，得出我国城市电网规划应该关注的关键风险。同时，从政策、技术、管理等角度对风险再进行系统识别与归类。

该分析基于模糊理论与专家统计意见的调查进行分析，此次调查向中国典型城市共发放 160 份问卷，收回有效问卷 142 份，有效率为 88.75%。

5.2.2　基于模糊理论的城市电网规划风险识别与分析模型

通过对未来城市电网可能出现的各种风险因素进行系统分析后，设计了针对包括项风险因素集 $U=\{u_1,u_2,\cdots,u_n\}$ 在内的城市电网规划风险识别统计调查表。因素 U 又从发生的可能 $U_1=\{u_{11},u_{12},\cdots,u_{1n}\}$ 与发生后出现损失的大小 $U_2=\{u_{21},u_{22},\cdots,u_{2n}\}$ 进行分析，并确定了风险发生可能性及发生后损失大小的评语集 $V=\{v_1,v_2,v_3,v_4,v_5\}$，其中 v_1 很大，v_2 较大，v_3 一般，v_4 较小，v_5 很小。请若干专家与城市电网规划工作人员对各因素进行判断，基于模糊统计方法可获得从 u_1 和 u_2 到 V 的模糊映射 f_1 和 f_2，基于模糊映射 f_1 和 f_2 可诱导出模糊关系 $R^1\in\beta(U_1\times V)$ 和 $R^2\in\beta(U_2\times V)$，即

$$R_{\mathrm{f}}^1(u_{1i},V_j)=f(U_{1i},\ V_j)=r_{ij}^1 \tag{5-5}$$

$$r_{ij}^1=\frac{c_{ij}^1}{\sum_{j=1}^5 c_{ij}^1} \tag{5-6}$$

式中　c_{ij}^1——赞成第 i 项因素 U_{1i} 为第 j 种评价 V_j 的票数。

$$R_{\mathrm{f}}^2(u_{2i},V_j)=f(U_{2i},\ V_j)=r_{ij}^1 \tag{5-7}$$

其中，r_{ij}^2 的确定方法同式（5-7）。因此，R_{f}^1 和 R_{f}^2 可以由模糊矩阵 R^1 和 R^2 表示，即

$$R^1=\begin{bmatrix} r_{11}^1 & r_{12}^1 & \cdots & r_{15}^1 \\ r_{21}^1 & r_{22}^1 & \cdots & r_{25}^1 \\ \vdots & \vdots & & \vdots \\ T_{n1}^1 & r_{n2}^1 & \cdots & r_{n5}^1 \end{bmatrix} \tag{5-8}$$

$$R^2=\begin{bmatrix} r_{11}^2 & r_{12}^2 & \cdots & r_{15}^2 \\ r_{21}^2 & r_{22}^2 & \cdots & r_{25}^2 \\ \vdots & \vdots & & \vdots \\ r_{n1}^2 & r_{n2}^2 & \cdots & r_{n5}^2 \end{bmatrix} \tag{5-9}$$

式中，模糊矩阵 R_1 和 R_2 也为单因素判断矩阵。基于对各因素风险可能性及损失程度的模糊判断，可以综合评价出各因素风险的综合判断矩阵 B，即

$$B=R^1\cup R^2 \tag{5-10}$$

B 的元素 b_{ij} 的确定式为：

$$b_{ij}=r_{ij}^1\vee r_{ij}^2 \tag{5-11}$$

为满足归一化条件可以对 b_{ij} 进行归一化处理：

$$b_{ij}^*=\frac{b_{ij}}{\sum_{j=1}^5 b_{ij}} \tag{5-12}$$

可以根据 b_{ij}^* 的情况按照最大隶属度原则确定风险的类别，也可以采用打分的方法进行指标量化。基于单因素风险的模糊判断矩阵，对不同的评判标准 v_j 给予不同的打分 s_j，如 9 分制打分，"很大"等级为 9 分，"较大"等级为 7 分，"一般"等级为 5 分，"较小"等级为 3 分，"很小"等级为 1 分，即 $S=\{9,7,5,3,1\}$，从而可以对各风险发生可能性和损失程度进行量化描述。可能性得分、损失程度得分、重要性的评价如式（5-13）～式（5-15）所示。

$$P_i = \sum_{j=1}^{5} r_{ij}^1 s_j \qquad (5\text{-}13)$$

式中　P_i——第 i 种风险发生可能性的量化分值。

$$L_i = \sum_{j=1}^{5} r_{ij}^2 s_j \qquad (5\text{-}14)$$

式中　L_i——第 i 种风险发生损失的量化分值。

$$K_i = \sum_{j=1}^{5} b_{ij}^* s_j \qquad (5\text{-}15)$$

式中　K_i——第 i 种风险的风险度综合量化分值。

5.2.3　基于全寿命周期阶段的城市电网基础规划风险源识别

以下为从全寿命周期的角度对城市电网规划可能出现的风险进行风险识别与分析的结果。基于统计问卷调查结果及基于模糊理论的城市电网规划风险识别与分析模型，对城市电网全寿命周期风险发生可能性进行量化分析，按照式（5-9）计算出的可能性分值在前 10 位的评分情况见表 5-1。由表 5-1 可知，政府部门对规划方案是否支持、征地拆迁费用涨价、设计的变电站站址和线路走廊用地得不到保障、土地资源价格上涨，是城市电网规划阶段应着重考虑的风险源。基于统计调查结果，按照式（5-10）计算出损失分值，全寿命周期城市电网基础规划风险损失量化分值前 10 位风险因素的分值情况见表 5-2。由此可以看出，关键风险源包括负荷预测偏差较大，政府部门对规划方案是否支持，设计的变电站站址和线路走廊用地得不到保障，工程施工质量风险，基础数据不完整、不可靠，征地拆迁费用涨价几类风险源明显高于其他因素。

表 5-1　　　基于模糊理论的城市电网基础规划关键风险源可能性量化值

代号	风　险　源	可能性分值（分）
G12	政府部门对规划方案是否支持	7.34
J3	征地拆迁费用涨价	7.04
J6	设计的变电站站址和线路走廊用地得不到保障	6.68
J2	土地资源价格上涨	6.68
J1	土地政策风险	6.47
Y4	青苗补偿费用涨价	6.4

续表

代号	风 险 源	可能性分值（分）
Y8	盗窃、人为破坏造成电网故障风险	6.36
S2	基础数据不完整、不可靠	6.22
S9	不能适应未来分布式电源等接入电网带来的风险	6.19
G6	负荷预测偏差较大	6.15

表 5-2　　　　基于模糊理论的城市电网基础规划关键风险源风险损失量化值

代号	风 险 源	损失分值（分）
G6	负荷预测偏差较大	7.42
G12	政府部门对规划方案是否支持	7.39
J6	设计的变电站站址和线路走廊用地得不到保障	7.30
J11	工程施工质量风险	7.28
S2	基础数据不完整、不可靠	7.23
J3	征地拆迁费用涨价	7.04
S8	变电站、线路走廊选址未考虑施工的可能性	6.95
Y5	电网遭受恐怖袭击风险	6.93
S5	设计内容不完整，存在缺陷、错误、遗漏	6.84
S1	设计单位资质风险	6.82

　　按照式（5-11）计算出各风险源的风险度综合量化分值，电网全寿命周期风险度综合分值大于 6 分的各风险源分值计算结果见表 5-3。可以看出，政府部门对规划方案是否支持、征地拆迁费用涨价、设计的变电站站址和线路走廊用地得不到保障、负荷预测偏差较大和基础数据不完整、不可靠等略高于其他因素，可见是现阶段最关键的风险源。

　　城市电网建设规划是做好城市基础设施建设的基本保证，科学合理地进行电网规划，可以获得极大的经济效益和社会效益。而影响城市电网建设规划的不确定性因素很多，这些未来的不确定风险因素出现在全寿命周期的各个阶段。本书基于模糊评价理论，从全寿命周期的角度分阶段设计了风险源调查表，通过调查与模糊评价，得出各阶段的关键风险源及从全阶段考虑的核心风险源，主要有政府部门对城市电网规划方案是否支持、征地拆迁费用涨价、设计的变电站站址和线路走廊用地得不到保障、负荷预测偏差、基础数据不完善、土地资源价格上涨、青苗费上涨、输电价格风险等。城市电网建设规划过程中，应着重分析以上风险源，制定好风险防范措施。

表 5-3　　　　基于模糊理论的城市电网建设规划关键风险源风险度综合量化值

代号	风 险 源	风险度综合评分（分）
G12	政府部门对规划方案是否支持	7.26
J3	征地拆迁费用涨价	6.93
J6	设计的变电站站址和线路走廊用地得不到保障	6.73

代号	风　险　源	风险度综合评分（分）
G6	负荷预测偏差较大	6.71
S2	基础数据不完整、不可靠	6.71
J2	土地资源价格上涨	6.58
J8	工程设计变更带来的风险	6.52
J11	工程施工质量风险	6.51
J1	土地政策风险	6.49
S9	不能适应未来分布式电源和微电网接入带来的风险	6.40
J4	青苗补偿费用涨价	6.34
S1	设计单位资质风险	6.29
Y8	盗窃、人为破坏造成电网故障风险	6.27
G17	未考虑投资对输电价影响乃至用户的承受能力带来电价不能上调而导致电网公司亏损的风险	6.13
S8	变电站、线路走廊选址未考虑施工的可能性	6.05
G18	电网规划对未来分布式电源、微电网接入的风险考虑不足	6.03

基于风险源调研结果、关键风险源的结构解释模型与评价指标体系等，从规划、可行性研究设计、建设、运行的城市电网建设规划方案全寿命周期的角度建立风险评价指标体系见表 5-4。

表 5-4　　　　　基于全寿命周期的城市电网规划建设风险评价指标体系

阶段	风险评价指标
规划阶段	政府部门对规划方案是否支持
	负荷预测偏差较大
	未考虑投资对输电价影响乃至用户的承受能力带来电价不能上调而电网公司亏损的风险
	电网规划对未来分布式电源、微电网接入的风险考虑不足
	规划工作人员业务能力不够，未经系统教育与培训负责领导不重视
	环保政策风险
	没有规划应急预案
	电网规划与城市规划协调不足
	电网规划与电源规划协调风险
	基础数据不完整、不可靠
	不能适应未来分布式电源和微电网接入带来的风险
	设计单位资质风险
	变电站、线路走廊选址未考虑施工的可能性
	未充分考虑电网设备技术进步影响

阶段	风险评价指标
可行性研究设计阶段	设计内容不完整，存在缺陷、错误、遗漏
	未考虑用电性质变化带来的无功功率补偿风险
	负荷预测偏差较大
	规范、标准选择不当自然灾害、可靠性标准等
	设计方案未严格控制工程造价
	征地拆迁费用涨价
	设计的变电站站址和线路走廊用地得不到保障
	土地资源价格上涨
	工程设计变更带来的风险
建设阶段	工程施工质量风险 土地政策风险
	青苗补偿费用涨价
	工程审批手续拖延风险
	工程施工安全措施不当风险
	工程技术风险
	盗窃、人为破坏造成电网故障风险
	工作人员误操作造成电网故障风险
	电网遭受地震、冰灾、台风等自然灾害风险
运行阶段	无功功率负荷不确定性
	有功功率负荷不确定性
	电网遭受恐怖袭击风险
	变电站运行产生噪声与辐射引起居民法律起诉风险
	输配电价政策风险

5.2.4 基于风险特性的城市电网建设规划风险指标体系

基于5.1.2城市电网建设规划风险因素特性的城市电网建设规划风险识别，建立基于风险特性的城市电网建设规划的风险评价指标体系，见表5-5。

表5-5　　　　　基于风险特征的城市电网建设规划方案风险指标体系

城市电网建设规划方案风险		政府部门对电网规划建设的支持力度不够，变电站站址和线路走廊用地无法律保障风险
	政策风险	环保政策对变电站噪声、电磁环境的技术要求，以及由于附近居民反对，变电站建设受阻风险
		输配电价政策风险
		土地政策风险
		规划方案供电可靠性风险（满足"$N-1$"安全性程度，满足用户用电程度）

城市电网建设规划方案风险	技术风险	网架结构、接线模式合理性、适应性、可扩展性风险
		电网设计建设标准抵御自然灾害能力风险
		未来分布式电源和微电网接入带来的风险
		设备选型合理性、可靠性风险
		工程造价风险（设备等本体费用、征地拆迁赔偿等其他费用）
	经济风险	用电负荷需求不确定性风险
		输配电价不确定性风险
		贷款利率变化对电网公司财务影响风险
		与电源规划、城市规划协调管理风险
	管理风险	负荷预测管理风险
		变电站、线路走廊选址管理以及用地保障管理风险
		电网规划机构设置、专项工作管理风险
		电网规划后评估

5.2.5　城市电网建设规划关键风险源识别

解释结构模型化（interpretive structural modeling，ISM）技术由美国学者 J.Warfield 于 1973 年提出，主要用于分析组成复杂系统的大量元素之间存在的关系包括单向或双向的因果关系、大小关系、排斥关系、相关关系、从属或领属关系等，并以多级递阶结构的形式表示出来。这种系统结构建模的方法，在系统工程的实践中发挥着非常重要的作用。ISM 技术的研究步骤如下所示：

（1）提出问题，采用创造性方法搜集和整理系统的构成要素，设定某种必须考虑的二元关系，形成意识模型，并得到系统要素集。

（2）判断要素集中每两个要素之间是否存在直接二元关系，并用邻接矩阵 A 表示所有的直接二元关系。

（3）根据推移律特性计算可达矩阵 M。

（4）运用规范方法或实用方法，以可达矩阵为基础建立递阶结构模型，用多级递阶有向图来表示模型的结构。具体的建模过程如下步骤所示：

1）确定系统因素集。整理系统的构成因素，确定系统因素集，记为

$$N = \left\{ r_i \mid (i = 1, 2, \cdots, n) \right\} \tag{5-16}$$

2）形成意识模型。判断因素集中任意两个因素之间是否存在直接二元关系，任意两个因素 r_i 和 r_j 之间的直接二元关系可以表示为

$$a_{ij} = \begin{cases} 0(i \text{因素对} j \text{因素无影响}) \\ 1(i \text{因素对} j \text{因素无影响}) \end{cases} \tag{5-17}$$

3）生成邻接矩阵。所有直接二元关系的总和构成邻接矩阵 $A = (a_{ij})_{n \times n}$。

4）生成可达矩阵。根据推移律特性计算可达矩阵 M，计算公式如式（5-18）所示。

$$(A+I) \neq (A+I)^2 \neq \cdots \neq (A+I)^m = (A+I)^{m+1} = M \qquad (5\text{-}18)$$

式（5-18）中矩阵的乘法满足布尔代数运算法则，I 是单位矩阵。这一算法的本质是把 A 加上 I 后按布尔代数运算法则进行自乘，直到某一幂次后所有乘积都相等为止，此相等的乘积就是可达矩阵。

5）阶层划分。阶层划分就是将不同的因素划分为不同的层次。受因素 r_i 影响的集合定义为因素 r_i 的可达集合 $P(r_i)$，影响因素 r_i 的因素集合定义为因素 r_i 的先行集合 $Q(r_i)$。如果 $P(r_i) \cap Q(r_i) = P(r_i)$，则 r_i 为最高级因素，即满足该条件的因素为同一阶层 L_1。以此类推，得到不同的阶层 L_2 及 L_3 等。

6）生成层次结构图。层次结构图是指阶层划分结束后，用有向图的形式来表示系统的层次结构。

（5）将解释结构模型与已有的意识模型进行比较，如果不相符合，返回步骤（1）对有关要素及其二元关系和解释结构模型进行修正。

通过对解释结构模型的研究和学习，原有的意识模型得到修正；经过反馈、比较、修正、学习，最终得到一个令人满意、具有启发性和指导意义的结构分析结果。

在本文城市电网建设规划关键风险源识别的研究中，对于影响城市用电需求的风险因素，按风险来源分，主要有政策因素、经济因素、电价因素、重大活动影响因素等。从用电性质来分，主要是通过第一产业、第二产业、第三产业的用电需求和居民生活用电需求影响城市总用电需求。

基于上述解释结构模型的城市电力负荷风险源识别，采用研究影响城市用电需求的风险系统，首先要确定构成系统的要素集合。本文通过基于德尔菲法确定影响城市用电需求的风险因素。首先，通过查阅相关资料，初步确定可能影响城市用电需求的各种风险因素；然后，以调查问卷的方式，将这些风险因素发给电网企业规划人员，以及其他相关人员，请他们对这些风险因素进行修正；最后，对调查问卷进行汇总，最终得到 24 个影响城市电力需求的主要风险因素。

24 个影响城市电力需求的风险因素如下：

1）城市总用电需求。

2）第一产业用电需求。

3）第二产业用电需求。

4）第三产业用电需求。

5）居民生活用电需求。

6）节能降耗政策。节能降耗是国民经济发展的一项长远战略方针。这些政策措施会通过节能技术的广泛应用降低电力的消费量。

7）产业结构的调整。不同产业单位电耗差异很大，产业结构比例变化直接影响电力需求。

8）能源消费结构的变化。随着电气化水平的提高，电力在终端能源消费比例会提高，会影响电力需求。

9）电力需求侧管理。电力需求侧管理通过分时电价实现移峰填谷，节电技术应用对电力需求产生影响。

10）高能耗行业在工业经济中的比例。钢铁、有色金属、化工、建材等高耗能行业是耗电大户，其在工业经济中的比重变化对用电总量将产生重大影响。

11）单位产品电耗。科技进步促使单位产品电耗下降，进而对电力需求产生影响。

12）大用户直购电政策。大用户直购电政策会对部分符合国家产业政策的大型工业企业用电量产生比较大的影响。

13）国际经济形势。在全球经济一体化的背景下，国际经济形势对国内经济尤其是外贸型经济的发展产生很大的影响进而影响用电需求。

14）城市经济发展速度。城市经济发展速度是决定用电负荷的主要因素，城市经济的快速发展将导致电力需求的快速增长。

15）工业各行业周期性波动。工业是城市用电大户，工业行业受国内外经济形势和自身行业周期性波动对用电产生影响。

16）电价政策。电价政策是影响电力需求的重要因素，在一定范围内，电价高时，负荷下降；电价低时，负荷上升。

17）地方政府优惠电价政策。地方政府的优惠电价政策会促进当地的电力消费总量。

18）其他能源价格。其他能源煤炭、石油、天然气等价格越低，在一定程度上会对电力需求产生替代作用。

19）重大活动。奥林匹克运动会、世界博览会等重大活动会推动城市经济的发展进而影响城市用电需求。

20）气候气温。干旱等气候对农业灌溉用电、夏季高温对商业、居民生活空调用电影响大。

21）城市人口数量。城市人口数量直接影响着居民生活用电量。

22）居民收入水平。居民生活水平的提高，使得生活当中的用电设备增加，从而使得用电量和年最大负荷都增大。

23）人均住房面积。住房面积越大，用电设备越多，用电量越大。

24）家用电器拥有量。每户家庭家用电器越多，电力消费就会越多。

5.2.6　城市电网建设规划电价风险识别与风险评价指标体系

电网公司的收入主要是受到售电量和电价两个因素的影响。对于电价因素来说，未来电价的不确定性将会给电网公司带来很大的经营风险，而影响未来电价的主要包含电价政策不确定等因素。

1. 城市电网建设规划方案电价风险因素识别

在当前电力市场环境下，上网电价、输配电价的各自独立，共同影响销售电价。具体表现为城市规划项目电价风险源的影响受电力市场的改革与电价政策关联性的影响非常大，因此其是分析的背景及关键。

在目前阶段，合理的输配电价机制尚未形成，城市电网供电公司负责输变配供电网络的运营维护和电力的销售。城市电网供电公司的电价风险主要表现为销售电价与上网电价的价差风险，即价差能否消纳输配电成本同时带来合理利润。影响上网电价变动的主要因素是电源结构、燃料价格的波动、电力需求波动、环保政策及政府电价管制政策的变化等，具体有上网电价管制政策、上网电价与燃料价格的联动机制、电力市场交易机制、电煤价格、经济发展速度、电力需求等。在销售电价实行以市场定价模式前，由于实行政府定价，国家电价政策的变化直接影响销售电价水平，如销售电价管制机制、输配电价管制机制、输配电技术进步与输配电损耗等。在合理的输配电价机制建立后，国家的输配电价政策将是城市电网建设规划的主要风险源，即输配电有效成本的确定机制与利润回报机制将影响到未来电网的效益。所以影响销售电价和上网电价的风险因素都是影响城市电网规划方案的电价风险因素。

2. 城市电网建设规划方案电价风险评价指标体系

通过对影响电价的风险因素进行解释结构模型分析，确定了电价风险的层次结构图，根据层次结构图可建立城市电网建设规划方案电价风险评价指标体系，见表5-6。

表5-6　　　　　　　城市电网建设规划项目电价风险评价指标体系

电价风险	政策性风险	上网电价管制政策
		销售电价管制政策
		输配电价格管制政策
		上网电价与燃料价格的联动机制
		电力市场交易机制
	市场类风险	电煤价格
		经济发展速度
		电力需求
	技术类风险	用户的可靠性偏好
		输配电技术进步与输配电损耗
	管理类风险	供电管理成本

5.2.7　城市电网建设规划方案自然灾害风险识别与风险评价指标体系

据统计，每年我国电力系统故障原因中，自然灾害的影响往往占有很大比例。值得注意的是，电力系统因自然灾害所引发的故障呈现逐年递增的态势。近年来冰雪灾、地震、台风等自然灾害频繁殃及城市电网，因此迫切需要对自然灾害风险源进行识别。自然灾害风险源的识别主要是通过调查与统计分析国内外自然灾害出现的概率以及每次自然灾害所带来的损失进行的。基于调查与统计分析国内外城市电网建设规划方案的自然灾害损失情况，可建立城市电网建设规划方案的自然灾害风险指标体系见表5-7。

表5-7　　　　　　城市电网建设规划方案自然灾害风险评价指标体系

类别	一级指标	二级指标
自然灾害风险	冰雪灾害	冰灾
		雪灾

类别	一级指标	二级指标
自然灾害风险	大风灾害	台风
		龙卷风
	地震灾害	地震

5.3　城市电网建设规划的风险评价

基于城市电网建设规划的风险评价指标体系，开展城市电网建设规划典型风险要素的评价方法研究，并形成城市电网建设规划方案风险综合评价方法。

5.3.1　城市电网建设规划方案的风险概率分布

城市电网建设规划方案的风险概率分布是指各种潜在的风险源事件发生的可能性从理论上所具有的概率分布情况，这可以通过理论推导和使用风险事件的模拟仿真等方法去获得。理论上，风险源事件发生的概率分布是由其各种影响因素的概率分布决定的，而各种影响因素的概率分布都是不同的，分布可能是连续的，也可能是离散的，还可能是模糊的。实际上，先确定所有影响因素的概率分布，再使用这些因素的概率分布去计算规划方案的风险源的概率分布是不现实的。因此，通常在确定风险源事件发生的概率分布的时候都是采用统一而又相对简单的办法，比如正态分布、三角分布或是模糊分布等。

1. 负荷电量不确定性风险概率分布

在电网规划中，对未来电力负荷电量预测的准确与否将会直接影响整个规划方案的质量。如果负荷电量需求预测低了，会因为电网规划投资不足，造成电网公司以及整个社会的缺电损失；如果负荷电量需求预测高了，会造成电网规划投资过度，电网设备无法充分利用，电网公司无法达到预期收益，从而产生风险。未来负荷电量需求主要受到国内外经济形势、产业结构政策、节能政策、能源消费结构、居民生活水平以及天气等因素的影响，整体上呈增长趋势，但具体到每一年的用电需求，是不确定的，其不确定性大致可以用三角分布表示。本书假设每一年的用电需求服从最小值为 a、最大值 b、最可能值为 c 的三角分布。这种分布的数据量大大减少，只需要未来负荷电量的最小值、最大值和最可能值三组数据，这些数据可以根据现有的信息专家经验判断分析来确定。

负荷电量三角形分布的密度函数为

$$f(x)\begin{cases} \dfrac{2(x-a)}{(c-a)(b-a)}, & a\leqslant x\leqslant c \\[2mm] \dfrac{2(b-x)}{(b-c)(b-a)}, & c\leqslant x\leqslant b \end{cases} \tag{5-19}$$

式中　a——最小值；

　　　b——最大值；

c ——最可能值。

2. 电价不确定风险概率分布

电价受国家政策影响比较大。在输配电价机制形成前，上网电价和销售电价都受到国家管制，电价波动相对较小。从历史上看，过去 10 多年里电价由国家统一调整，随着物价稳步上升，未来还将保持这一稳步上升趋势。因此，未来电价不确定概率大致可以用三角分布表示。

本文假定未来第 t 年的平均售电电价 p_1，服从最小值为 a，最大值 b，最可能值从为 c 的三角分布；平均购电电价 p_2，均服从最小值为 a，最大值 b，最可能值为 c 的三角分布。

3. 造价不确定风险概率分布

城市电网建设规划方案的工程造价主要包括本体费用和其他费用。本体费用主要由设备购置费、建筑工程费、安装工程费组成；其他费用主要指征地拆迁赔偿费、场地清理费、勘察设计费、环保评审等费用。因此，城市电网建设规划方案的工程造价风险主要由上述费用的不确定性构成的。城市电网建设规划方案的工程造价的不确定风险的概率分布是由这些费用风险的不确定概率分布决定的。尽管不同种类费用风险的概率分布都是不同的，但通过对以往相似规划方案的造价统计可以发现基本上都大致服从正态分布，其参数也可以通过统计确定。由于城市电网建设规划方案工程造价中的设备购置费、建筑工程费、安装工程费、其他费用征地拆迁费、场地清理费、勘察设计费、环保评审等费用等都是相互独立的变量，根据概率论的理论可以知道城市电网建设规划方案工程造价也大致服从正态分布，其参数均值 μ，标准差 β 可以通过对以往相似规划方案的造价统计确定。造价 x 的概率密度函数可以用式（5-20）表示。

$$f(x) = \frac{1}{\sqrt{2\pi}\beta} e^{\frac{(x-\mu)}{2\beta^2}} \tag{5-20}$$

4. 城市电网供电可靠性风险评价模型

评估城市电网供电可靠性的主要指标有停电频率、每次停电的持续时间以及用户在停电时自行供电所付出的代价等。城市电网供电可靠性风险源主要有设备故障风险、自然灾害风险、人员责任带来的风险和电源不足风险。城市电网的供电可靠性评价主要是通过蒙特卡洛模拟及各种风险概率分布模拟出整个城市电网可靠性的概率及期望失负荷电量，再通过供电可靠性的各种风险经济损失评价得出供电可靠性的风险停电成本。

传统方法用一些系统运行指标来定性地描述城市电网停电的损失程度。而随着电力市场化改革的推进，将会出现各种不同的市场成员，各成员更多关心的是自己的经济利益，因此对城市电网停电的后果进行经济性量化是非常有必要的。在目前我国的电力市场环境下，停电造成经济性损失可以从电网公司和用户的角度分别分析。

电网公司停电经济损失评价模型。在目前我国的电力市场环境下，停电对电网公司的经济损失可以用城市电网由于停电而减少的售电利润来表示，暂时不考虑对用户进行停电经济损失赔偿。其经济损失 I_{gd} 为

$$I_{\mathrm{gd}}=(p_{\mathrm{s}}-p_{\mathrm{p}})\times Q \tag{5-21}$$

式中　p_{s} ——电网公司的销售电价；

　　　p_{p} ——电网公司的购电价；

　　　Q ——停电量。

5.3.2　城市电网停电经济损失评价方法

一般而言，绝大多数情况下风险评估中的后果模型很难确定。根据前文所介绍的采用一些系统运行指标来定性地描述城市电网停电的损失程度的传统方法，在电力市场改革的推进进程中，其会造成利益分配不均匀。因此对城市电网停电的后果进行经济性量化是必要的。在目前我国的电力环境下，停电造成经济性损失可以从电网公司和用户两个角度分别分析。

（1）电网公司停电经济损失。在目前不需要考虑对用户进行停电经济损失赔偿的前提下，电网公司停电的经济损失如前文 5.3.1 中的 4. 城市电网供电可靠性风险评价模型所示，其经济损失为 I_{gd}。

（2）用户停电经济损失。用户的停电经济损失主要受用户的类别、停电发生的时间、停电频率、停电持续时间以及停电前是否接到通知等因素的影响。用户的停电经济损失可以通过对各类用户的单位时间停电损失统计，来计算用户的停电经济损失。

5.3.3　城市电网建设规划方案风险综合评价方法

本节在城市电网建设规划方案风险识别和关键风险源评价的基础上对城市电网建设规划方案进行风险综合评价。提出了基于物元和可拓分析理论的规划方案风险综合评价模型和全寿命周期风险利润综合评价。全寿命周期风险利润综合评价以规划方案投资风险利润最大化为目标，通过蒙特卡罗方法对不同方案的不确定风险成本和风险收益进行模拟。

（1）评价指标体系的建立。本文采用专家调查咨询等方法，构建了城市电网规划方案风险评价的指标体系。整个指标体系共有 m 个二级指标，n 个三级指标。

（2）评价系统等级的划分。本文将城市电网规划风险分为个等级很大、较大、一般、较小、很小。

（3）物元评价模型的建立。上述评价指标体系中指标通过专家调查研究或专家经验确定出风险很大物元评价模型经典域 R_1、风险较大物元评价模型经典域 R_2、风险一般物元评价模型经典域 R_3、风险较小物元评价模型经典域 R_4、风险很小物元评价模型经典域 R_5；确定城市电网规划风险的节域，各指标的节域为各指标个等级总的取值范围；确定待评物元；各指标的数值通过城市电网建设规划风险指标数据或分析结果确定。

（4）确定权重系数。对于各指标权重的确定，采用模糊层次分析法将这些因素按照政策、技术、经济、管理分层，形成有序的递阶层次结构，通过各层次的因素相对重要性的两两比较来构造各个层级的互补矩阵，根据每个层级的互补矩阵计算出各个层级不同指标之间的权重系数，然后在递阶层次结构内进行合成，得到各因素相对总目标的重要性，即权重。

由模糊互补矩阵构造模糊一致矩阵如果对模糊互补一矩阵按行求和，记为 $r_i = \sum_{k=1}^{m} f_{ik}(i=1,2,\cdots,m)$，实施如下数学变换 $r_{ij} = \dfrac{r_i - r_j}{2m} + 0.5$，则由此建立的矩阵 $R = (r_{ij})_{m \times n}$ 是模糊一致矩阵。

1）构造各层级的互补矩阵。

2）构造各层级的模糊一致矩阵。

3）确定各层级指标的权重。

基于模糊一致矩阵，各层级指标权重采用式（5-17）确定。

$$\omega_i = \frac{T_i}{\sum_{i=1}^{m} T_i} \tag{5-22}$$

$$T_i = \left(\prod_{j=1}^{n} r_{ij} \right)^{1/n}$$

式中　　ω_i ——各模糊一致矩阵指标权重；

r_{ij} ——各模糊一致矩阵 n 表示各矩阵的阶层数；

m ——各模糊一致矩阵指标个数。

4）确定第 C 层指标相对于总目标层的权重。

5.3.4　城市电网建设规划方案的全寿命周期风险利润评价模型

1. 城市电网建设规划方案的全寿命周期风险成本收益分析

影响城市电网规划建设方案在全寿命周期内的成本和收益的不确定风险因素主要体现在以下几个方面：

（1）收益风险方面。城市电网建设规划方案的收益主要来自售电收益，由售电量和售电价格决定。因此，售电收益的风险主要来自售电量和售电价格的不确定性。

（2）成本风险方面。城市电网建设规划方案的成本主要由以下几方面构成。

1）初投资与方案确定、建设标准、设备选型和土地成本相关。

2）运行维护费用与初投资、损耗成本、设备选型和环保成本相关。

3）购电成本与初投资、设备选型和线损成本相关。

4）可靠性成本与方案确定、可靠性投资、设备选型相关。

5）后续投资与方案确定、初投资、设备选型相关。

2. 城市电网建设规划方案的全寿命周期风险利润静态评价模型

城市电网建设规划方案的风险综合评价模型可以用式（5-23）表示，即

$$\max L_i = \sum_{t=1}^{T} B_{i,t} - \left(C_i + \sum_{t=1}^{T} S_{i,t} + \sum_{t=1}^{T} O_{i,t} + \sum_{t=1}^{T} R_{i,t} + \sum_{t=1}^{T} F_{i,t} \right) \tag{5-23}$$

式中　　L_i ——规划方案 i 的风险利润；

$B_{i,t}$ ——规划方案 i 第 t 年的风险收益；

C_i ——规划方案初始投入成本；

$S_{i,t}$ ——规划方案 i 第 t 年的购电成本；

$O_{i,t}$ ——规划方案 i 第 t 年的运行维护成本；

$R_{i,t}$ ——规划方案 i 第 t 年的可靠性风险成本；

$F_{i,t}$ ——规划方案 i 第 t 年的后续投资成本。

　　城市电网建设规划方案 i 第 t 年的售电收益 $B_{i,t}$ 由售电量 $Q_{1i,t}$ 和平均售电价格 $P_{1i,t}$ 决定，因此，售电收益的风险主要来自售电量和平均售电价格的不确定性。城市电网建设规划方案 i 第 t 年的售电量和平均售电电价大致服从三角分布。

　　城市电网建设规划方案 i 的初始投入成本 C_i 与建设标准、设备选型、土地成本有关。提高城市电网建设标准、应用地下电缆、大截面导线、紧凑型高可靠性设备会增加城市电网工程造价，但会减少城市电网运行维护成本、线损成本以及灾害损失成本。城市电网建设规划方案造价不确定风险的概率分布可以通过对以往相似建设规划方案的造价统计情况进行分析，大致可以用正态分布表示。正态分布的均值和方差可以根据历史统计数据得到。

　　城市电网建设规划方案 i 第 t 年的购电成本 $S_{i,t}$ 由购电量 $Q_{2i,t}$ 和平均购电价 $P_{2i,t}$ 决定，因此购电成本的风险主要来自购电量和平均购电价格的不确定性。假定方案 i 第 t 年平均购电电价服从三角分布，$\varphi_t(p_{2i})$ 为其三角分布密度函数。

　　在售电量 $Q_{1i,t}$ 一定时，决定购电量 $Q_{2i,t}$ 的主要因素是线损率 $r_{i,t}$，三者之间的关系为

$$Q_{2i,t}=\frac{Q_{1i,t}}{1-r_{i,t}} \tag{5-24}$$

　　城市电网建设规划方案 i 第 t 年的运行维护成本 $O_{i,t}$ 主要与方案初投资、损耗成本、设备选型和环保成本相关。城市电网建设规划方案 i 第 t 年的可靠性停电损失成本 $R_{i,t}$ 与方案初始投资、建设标准、设备选型以及自然灾害等因素有关。对上述等因素造成的损失成本可以分为两大类：一类是因自然灾害、设备故障、外力破坏等原因引起的电网设备损失，包括灾后电网重建所需费用，另一类是包括自然灾害、设备故障、外力破坏等原因引起的电网停电损失。对电网公司而言，停电经济损失就是电网减少的售电量收益，当然如果从社会的角度，电网停电给用户和社会造成的直接和间接经济损失远远超过电网企业的损失。

5.4　城市电网建设规划的风险规避方法

　　我国城市电网建设规划工作已经开展多年，相对比较成熟，但是城市电网建设规划的风险规避方法理论研究工作还不够成熟与完善，城市电网的发展迫切需要研究出系统的风险规避方法以提高城市电网建设规划的适应性与可持续性。

5.4.1　城市电网建设规划的负荷不确定性风险规避方法研究

　　提高负荷预测的精度，是城市电网建设规划风险规避的首要方法。本书从负荷预

测常规方法的不足入手，基于负荷风险源识别的研究结果，考虑影响负荷预测的各种不确定风险因素后，对常规负荷预测方法进行改进，以减少负荷不确定性带来的规划风险。

城市电力负荷预测的常规方法主要有：①增长率法；②时间序列法；③产值或产品单耗法；④空间负荷预测法；⑤回归分析法；⑥人工智能法；⑦综合方法等，对负荷分布的预测多采用基于负荷密度的空间负荷预测法。空间负荷预测得到的结果不但有将来的负荷值，还有这些负荷在地理上的分布，这些信息对于变电站布局的确定等有很大的优势。

城市电网负荷的预测，要把握负荷成长特性，即从起步期、开发期、成熟期、饱和期等增长过程，要考虑土地功能的变迁及饱和负荷的预测。

5.4.2 城市电网建设规划的项目成本风险规避方法研究

城市电网建设规划项目的成本风险主要是城市电网建设项目的投资风险，即造价风险、电网运行成本风险、电力供应停运成本风险。

1. 造价风险规避方法研究

从电网企业内部控制、寻求政府政策支持两大方面寻找应对城市电网建设工程造价风险规避的方法。

（1）基于城市电网建设规划的全寿命周期经济效益角度，建立城市电网建设规划方案的全寿命周期造价分析体系。城市电网建设规划的技术方案、配置标准、设备选型不仅影响基建费用，同时也决定了未来生产运行维修等费用，所以必须对不同方案的建设造价、供电可靠性、生产运行费用等因素进行技术经济分析和效果评价，提出一套技术与经济一体化的优选标准，同时必须合理确定输变电工程的主要设备参数、规范设备选型，把控制工程造价观念渗透到各个阶段中，建立全寿命周期造价分析体系。

（2）做深做细前期规划方案、路径优化比选。在工程设计阶段，工程设计人员应对整个电力工程进行充分的论证、比较，加强优化设计。大力推行公司输变电工程典型设计，严控限额设计控制指标。通过推行典型设计，统一建设标准、规范工程量、严格控制土建及装修等标准，从而有效降低造价。并不断完善典型设计，进一步统一完善建设标准与工程量。同时大力推行设计、设备、材料的招投标制度，引入设计竞争，建立设计优化激励制度，鼓励设计单位积极参与造价控制。同时深化设计深度，降低对微气象条件、地质条件等外部条件的勘查，避免线路与变电站按照全线与全站区统一的最高标准建设，降低建设工程量，并进一步加强对可行性研究、初步设计、施工图设计等关键环节的控制与评审，合理控制造价。

（3）在施工阶段，应组织专家对整个工程图纸全面会审，尽量减少施工时因图纸错误引起的返工。项目结束后，还应积极开展城市电网建设规划项目的造价控制后评价工作。

（4）建立规划、设计、工程建设协调常态机制，努力抑制建场费的大幅攀升。高度重视征地、拆迁、赔偿等地方政策性处理工作，加强与国家有关部门的沟通协调，努力争取政策支持，使征地拆迁赔偿费、青苗赔偿费、场地清理费等电网建设工程前期政策性取费有法律保障。

2. 运行成本风险规避方法研究

运行成本风险可以从降低线损，加强管理来规避风险。在城市电网建设规划阶段，应加强统一规划，优化电网结构，使潮流合理并有效降低电网网损。同时，加强内部成本控制，提高经营管理水平，减少经营成本。

3. 停运成本风险规避方法研究

停运成本风险规避主要是提高供电可靠性，其前提是在供电可靠性成本与停运成本进行均衡分析，从全寿命周期利润的角度确定可靠性水平。

城市电网结构是由输送、分配和供应电能的各类电压等级电力线路、变压器和相应配电装置连接构成。从电网功能上进行划分，城市电网由高压输电网、高压配电网、中压配电网和低压配电网构成。为减少停运成本，首先应基于饱和负荷做好城市电网结构规划。

城市电网结构规划的任务是以未来城市负荷及饱和负荷预测水平和电源扩展状况为前提，确定扩建的输电线路及其回路数，使电网结构满足指定规划年度内所需要的输电能力，保证负荷用电，使运行性能达到应有的技术标准，减少停运成本，同时使建设和运行费最小，经济效益最佳。在满足电网安全准则前提下，追求电网网络接线最简洁，供电能力最大化，实现电网设备利用率最大，提高设备的负载率，同时达到事故停电范围最小，恢复供电时间最短，体现电网的安全性、经济性。

以下是不同电压等级电网的推荐结构与过渡模式：

（1）城市高压输电网。城市高压输电网推荐的网络结构为双环网、C 形（U 形）环网，见表 5-8。

表 5-8　　　　　　　　　　　各类城市高压输电网推荐网架结构

城市类别	推荐网架结构	可靠性	经济性
特大型城市	双环网	高	中
重要城市、省会城市	双环网、C 形（U 形）环网	高、中	中、高
地级城市	C 形（U 形）环网	中	高

根据不同电网在采用电网结构时的可靠性、灵活性和经济性的差异，结合变电站的座数、位置和大电厂的情况，建议对城市高压输电网的电网结构采用由双链、单环结构，逐步过渡到不完全双环网、C 形（U 形）环网、双环网的过渡模式，如图 5-1 所示。

（2）城市高压配电网。城市高压配电网推荐的网络结构为链式、环式、T 接（三 T、双 T）、放射式。过渡网架结构为链式（双链、不完全双链）、环式（单环、双环）、T 接（三 T、双 T）、多线多变（两线两变、三线两变、四线三变）、双辐射。各类城市高压配电网推荐网架结构见表 5-9。

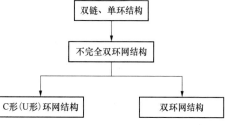

图 5-1　高压输电网结构的过渡模式

表 5-9   各类城市高压配电网推荐网架结构

城市类别	推荐网架结构	可靠性	经济性
特大型城市	链式、环式	高	低
重要城市、省会城市	链式、环式、T接（三T、双T）	高、中	低、中
地级城市	环式、T接（双T、单T）	中	中
县级城市	T接（双T、单T）、放射式	中	高

根据 220kV 变电站的座数和位置，结合远景目标网架和布点，建议城市高压配电网的电网结构采用由单放射结构到单环网和双放射结构，再发展到链式结构和 T 接结构模式。城市高压配电网网架结构过渡模式如图 5-2 所示。

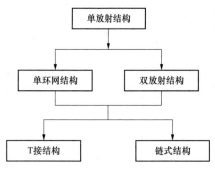

图 5-2　城市高压配电网网架结构过渡模式

（3）城市中压配电网。城市中压配电网推荐网络结构如下，每条线路正常运行时的线路负载率均能达到 67%。

推荐网架结构：①电缆网：三供一备、网格式（电缆群）、环网（双环网、单环网）；②架空网：三分段三联络。

过渡网架结构：①电缆网单放射、双放射、单环网（含三回馈线的环式）、双环网；②架空网：单辐射、单环网。

各类城市中压配电网推荐网架结构电缆网（电缆网）见表 5-10，各类城市中压配电网推荐网架结构架空网见表 5-11。

表 5-10   各类城市中压配电网推荐网架结构电缆网

城市类别	推荐网架结构	负载率	可靠性	经济性
特大型城市	三供一备	75%	高	低
重要城市、省会城市	三供一备、网格式（电缆群）	75%	高、中	低、中
地级城市	环网（双环网、单环网）	50%	中	中
县级城市	环网（单环网）	50%	中	高

表 5-11   各类城市中压配电网推荐网架结构架空网

城市类别	推荐网架结构	负载率	可靠性	经济性
特大型城市	三分段三联络	75%	高	低
重要城市、省会城市	三分段三联络	75%	高、中	低、中
地级城市	三分段三联络、单环网	50%	中	中
县级城市	单环网	50%	中	中

根据目前电缆网络中主要的单辐射、手拉手（单环网）结构，随着负荷的逐步发展，最终发展演变为推荐的双环网、三供一备结构、网格式结构。城市中压电缆网网架结构

过渡模式如图 5-3 所示。

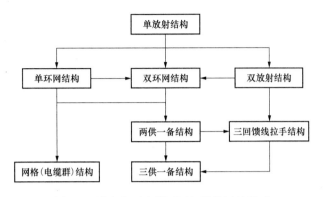

图 5-3　城市中压电缆网网架结构过渡模式

因为开闭所的造价较高，一般带变电所的电缆网结构建议主要用于变电站线路困难的地方和大用户集中、高负荷密度地区。这种城市电网结构的建设应该结合城市规划和道路建设，规划和预埋目标网架所需的管道，随着用户的增加，逐渐由单放射结构发展到可靠性高的单环网和双放射结构，之后再发展为双环网结构和网格式结构。开闭所网结构的过渡模式如图 5-4 所示。

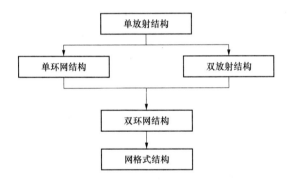

图 5-4　开闭所网结构的过渡模式

架空网的过渡结构和电缆网类似，应该结合城市规划和道路建设，结合能用的线路廊道规划目标网架的结构，随着用户的增加，逐渐由单放射结构发展到可靠性高的单环网，之后再发展为可靠性和经济性均好的"三供一备"结构和三分段三联络结构。架空网结构的过渡模式如图 5-5 所示。

4. 城市电网建设规划应对恐怖袭击风险规避方法研究

恐怖袭击是小概率事件，但其对电网的破坏性依然很大，城市电网建设规划应将城市电网建设规划与城市规划相结合，做好电网设施的入地与隐蔽工作，政府并给予资金的支持，将风险降到最小。

5. 城市电网建设规划应对电源不足带来停运的风险规避方法

应对城市电网电源不足风险的规避政策主要是加强需求侧管理与智能电网建设，通过用户的参与将电源不足的风险降到最低。

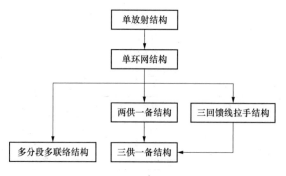

图 5-5　架空网结构的过渡模式

5.4.3　城市电网变电站选址风险控制方法研究

1. 变电站选址的基本条件分析

变电站选址应该满足以下基本条件：①靠近负荷中心，减少低压侧线路投资成本与网损成本；②远离铁路枢纽站、大型桥梁、大型储油库、重要军事工程、飞机场等战略目标；③满足地形地质条件，避开熔岩、断层、煤炭采空区、滑坡、泥石流、土崩、八级以上地震区等；④避开基本农田、保护区、人文遗址、矿藏，减少破坏林木和环境自然地貌风险；⑤满足气象条件，考虑高温、高湿、云雾、风沙、暴风、落雷、滚雷地区对变电站的影响；⑥考虑冰冻线对建构筑物基础和地下管线敷设的影响；⑦满足大型设备的运输要求，满足变电站出线条件，避免或减少架空线路相互交叉跨越；⑧占地面积满足变电站最终规模要求靠近水源，满足变电站用水各项要求。

2. 变电站选址的风险因素分析

传统的变电站选址规划方法是以各方案比较为基础,由有关专家指定若干可行方案,通过技术经济比较进行决策。然而参加比较的方案往往由规划人员凭经验提出,不可避免地包含着很多主观因素,带来了一定局限性。因此为了提高变电站选址规划的规范性,减少风险,提出了一种基于优化理论与综合评价相结合的变电站选址两阶段优化规划方法,其主要步骤为：首先,在不考虑地理信息的条件下通过优化算法大范围搜索自动寻优得到变电站布点位置,确定出变电站初始规划方案;其次,详细计及初选变电站站址的周边地理条件,采用综合评价方法对变电站站址地理适应度进行判断,结合经济适应度目标,全面评估各组合方案的综合适应度,最终获取更为合理的变电站优化方案。无论是传统的变电站选址规划方法还是优化规划方法,都对变电站选址的风险因素考虑不足。随着城市电网的不断发展,进行变电站规划时涉及的不确定风险因素也越来越多,主要包括变电站负荷不确定性风险。变电站负荷不确定性风险是指由于城市用地规划调整、用地性质发生变化或者由于经济环境等因素导致负荷需求变化导致变电站选址存在不确定性的风险,可分为两类：①变电站征地费用不确定性风险。随着城市土地资源的日益紧张,变电站征地等非本体成本费用在变电工程总投资中的比例越来越高。选择不同的地块作为变电站的站址,征地费用成本差异可能会很大,因此变电站占地费用的不确定性直接影响变电工程的投资成本。②居民阻挠变电站选址的社会风险。随着居民环

保意识的增强，近年来，各地都出现了变电站选址附近居民由于担心变电站运行产生电磁辐射危害人体健康而阻挠变电站建设的群众事件，产生了不良的社会影响，也给城市变电站选址带来了新的社会风险。

5.4.4　城市电网建设规划与城市发展协调风险规避方法

为解决城市规划电网设施的用地和走廊控制预留问题，电力相关部门应联合城市规划部门，深化城市电网规划，尽快开展城市电网设施地理布局规划。可采取电网设施标准化、分块负荷预测、设施地理布局、适应性策略等方法将规划电网设施的地理位置代入到各片区的详细控制性规划或分区规划中，并经政府审批成为城市的控制性规划使规划中的电网设施建设用地和走廊得到法规保护，使地理布局规划上升为城市控制性规划。其主要过程是在城市电网设施地理布局规划完成后，使电网规划从总体规划阶段深化成详细规划阶段，并通过市政府的审查批准将其上升为城市控制性规划，从而使电网设施的地理信息列入城市的规划地理信息系统，受到法规保护的同时，城市的其他规划和建设必须将预留电网设施的建设用地和走廊作为控制条件。合理规划流程是一个闭环反馈的全过程管理和不断调整与改进的流程，城市电网与市政协调规划流程如图 5-6 所示。

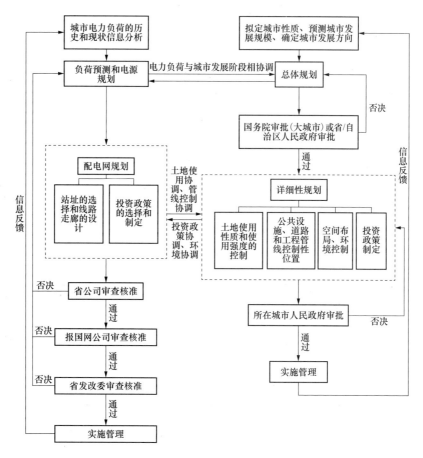

图 5-6　城市电网与市政协调规划流程图

由图 5-6 可知，城市电网规划与城市规划的协调风险规避主要应做好如下工作：

（1）建立城市电网规划与城市规划的协调机制，将城市电网规划纳入城市总体规划和土地利用规划，切实维护规划的严肃性。加强电网建设项目用地管理，在土地规划、用地预审和用地计划中要给予支持，及时做好审批工作，努力保障电网建设项目的建设用地需要。同时，城市电网规划推广采用大截面、大容量、同杆并架及紧凑型线路，节约线路走廊推广采用高可靠性、小型化和节能型设备建设与环境相协调的节约型变电站，进一步协调取得城市规划的理解与支持。但是上述做法首先应提高各专业部门的协调性。现有的基础设施监管部门都相对独立并有一定的垄断性。因此在规划中的基础资料搜集阶段、编制阶段到最后市批阶段各部门都应积极配合，必要时需要各级政府来统一协调，带动规划编制工作顺利进行。同时还可以结合城市管网 GIS 系统、智能居民区等发展规划，做好城市的智能电网规划，做到城市智能电网规划与城市智能规划的结合。

（2）适应城市经济发展需要，及时做好电网规划和市政规划的修编、衔接和互动工作。随着城市化进程的不断推进，电网规划和市政规划受各种因素的影响会不断调整，供电部门和规划部门应保持常态性联系，努力做到电网规划和市政规划之间的良好契合，使城市电网更好为城市发展服务。城市规划调整将直接影响城市电网设施布局规划，电力部门和规划部门必须建立及时联合修编的机制，一旦城市规划调整、深化或负荷预测发生较大偏差，双方必须互通信息，及时采取修编措施。

（3）建立长期概念规划或体系规划，以解决发展方向、土地利用等城市规划与电网规划的长期协调问题。同时，以城市长期概念规划为依据，做好城市饱和负荷预测及目标网架设计，为近期远景预留充足的电力设施用地，做到"源、站、线"的空间落实。

（4）积极开展城市地下空间的电网布局规划。电网地下空间布局规划有条件时其深度达到目标网架规划，变电站做到工程选所，明确电缆通道的布局。电网项目中充分考虑管孔预埋项目，节约投资，减少二次开挖建议加强地下电力通道的经营性开发。

（5）加快电网建设项目的审批工作，减少审批环节，优先为电网建设项目办理相关审批手续，原则上以打捆的方式进行项目审核或审批。

（6）实施控制决策，进行有功功率和无功功率的平衡分析、自动控制和恢复。

（7）把市场政策和风险分析整合到系统模型中去，同时把它们对系统安全性和可靠性的影响定量化。

5.4.5 城市电网规划投资风险控制方法

通过前几节的分析可以得出，随着城市经济的发展，城市电网规划面临着越来越多的不确定性风险因素，从而增加了城市电网规划项目的投资风险和决策难度。因此，科学评价城市电网项目投资风险并进行投资决策就显得尤为重要了。本节主要是从考虑风险的城市电网规划投资评价理论进行研究与实证分析。

常用的经济评价方法在考虑未来风险方面有很多不足，以净现值（net present value，NPV）法为例，NPV 法的贴现率的确定带有较大的主观性，不会随着时间、信息量的变化而变化，无法正确反映投资风险。同时，NPV 法忽略了环境的随机性，静态认为投资回报是确定的，无视竞争对手、国家财政货币政策、税收、通货膨胀等外部不可控因素对决策的影响。

而实物期权理论则充分考虑到了未来风险因素，弥补了传统投资评价理论的不足，得到了广泛的应用。实物期权方法是将期权的思想和方法应用于金融期权市场以外的实物资产的投资与管理，可以根据不同阶段的最新信息更为灵活地分析、量化评价投资项目的当前价值，使决策者可以实时、动态和客观地把握投资决策，从而规避和降低投资风险。实物期权理论一般研究的思路主要集中于将 Black-scholes 定价理论、二叉树定价理论、复合期权的 Geske 定价理论等应用到项目决策中。由于电网项目投资规模大、建设周期长，尤其在电力工业市场化改革后，不确定性因素增多，面临着很多投资风险，因此可以把实物期权的经济评价方法应用到电网项目的投资中去。

1. 基于实物期权的城市电网规划投资评价模型

由于经济、负荷等发展的不确定性及投资规模大等特性，城市电网规划项目一般分阶段进行，具有多阶段投资的特点。一般来说，多阶段投资具有以下特点：

（1）多阶段的投资需要对每个阶段做出一份详尽的规划，另外也要考虑到每个阶段投资过程中所面临的不确定性。

（2）投资决策一经实施，就要占用大量资金，并且对项目未来的现金流量产生重大影响。

（3）很多投资的回收在投资发生时是不可确知的。积极的决策者每天面对大量不确定性条件进行决策，所有这些决策都可归于"管理柔性"。

（4）一旦做出某个投资决策，一般不可能收回该决策，即投资具有不可逆性。

由于电力市场的波动性和信息方面的不确定性，投资者在进行城市电网项投资时，要考虑进入市场的时机，当市场条件有利时，通过追加投资来扩大投资规模而在市场条件不利时，要考虑缩减投资规模，在未来售电收益低于投资成本时，甚至需要考虑暂时停止投资。城市电网规划项目的投资多阶段特征为复合实物期权在电网规划投资决策中的应用提供了现实基础。

复合实物期权对应于若干价值相互关联的投资项目，它是若干实物期权的组合，这些实物期权按时间顺序构成了一个单向的因果链，其中后一个实物期权的生效以前一个实物期权的执行为前提。这意味着如果不采纳前一个项目的话，就谈不上后续项目或投资机会的存在。因此，由于复合实物期权所对应的项目构成一个价值链，对这类实物期权的评价更多地应侧重于其对未来增长战略的贡献。

城市电网规划项目的收益受售电量和电价等风险的影响，具有很大的不确定性。二叉树模型是解决期权定价的一种有效的方法，直观且容易理解。假设表示购买期权的成本，项目的净收益是 S，设上升因子 u，下降因子 d，假设 $u = \mathrm{e}^{\sigma\sqrt{\Delta t}}$，$\Delta t$ 为期数的时间，未来现金流对数收益的隐含波动率是 σ，未来无风险利率是 r。

第一期，项目利润变动有两种可能，一种是上升到 uS，另一种就是下降至 dS。在第二期，项目的净收益有三种可能 u^2S，udS，d^2S，在跨越 N 期的整个期权有效期里，项目收益变动情况都是以此类推。如果假定升与降之间存在着 $u = 1/d$ 的关系，项目收益上升后紧随着项目利润下跌与项目利润值下跌后紧随着项目收益上升是一样的，即 $udS = duS$，由此二叉树模型上所要计算的节点大大减少。以 j 表示上升的次数，以 $n-j$ 表示下降的次数，在第 t 期期权到期日可能出现的项目收益 S_t 为

$$S_t = u^j d^{n-j} S(j=0,1,2,...,n) \qquad (5\text{-}25)$$

第 t 期的期权价值 C_t 可表示为

$$C_t = \max(u^j d^{n-j} S - I_t, 0) \qquad (5\text{-}26)$$

基于实物期权的城市电网规划项目经济评价的步骤如下：

（1）对城市电网规划项目的风险进行识别。对城市电网规划项目的风险识别是指分析在城市电网规划项目实施各阶段中存在哪些风险，并对各种风险因素进行分类，一般分为技术风险、经济风险、组织风险、市场风险、自然风险、政策风险、行为风险等，进而得出未来城市电网规划项目不同阶段的风险收益。

（2）基于实物期权定价模型分析城市电网规划项目的期权价值与经济评价值。在拟订投资方案后，基于式（5-27）对城市电网规划项目的经济性进行评价。

$$V = NPV + C \qquad (5\text{-}27)$$

式中　V——城市电网规划项目的价值；

NPV——不考虑风险的项目风险价值；

C——为考虑风险的项目风险价值。

（3）模型评价结果的比较与检验。实物期权的应用并非具体载明于契约之上，需要通过分析与判断进行确认。因此，必须进行期权数值处理、检查结果，如发现定量分析的结果与定性分析的结果相差很大时，需要再次回到最初的应用框架对各项内容进行修正设计，直到计算结果与理论分析没有很大的出入为止。这是因为，实物期权的评价方法属于定量分析方法，而在现实的经济活动中，一个投资项目的价值往往是难以运用一种评价方法就能够准确地评估出来的。因此，在实际操作过程中，可以采用定量计算实物期权方法和定性分析相结合的方法，才能比较全面地反映项目投资的价值。因此，在完成实物期权的定价后，有必要运用定性方法对计算结果进行检验。当定量分析的结果与定性分析的结果一致时，表明实物期权的评价结果可信度高，否则，就需要对分析过程进行评判和修正，评价结构的重新设计。

（4）最后在应用期权评价模型分析以及重新探讨产生的结果之后，需要回到最初的框架下去考虑，是否有方法可以增加阶段数或模块数而创造更多期权价值、是否有方法可以更积极地塑造出所需的结果以及是否能找到具有相同潜力的替代投资方案。

2. 算例分析

本文以新建的某经济开发区为例进行分析，对某地区未来 20 年的电力负荷进行预测并进行电力电量平衡分析，分析得出原有的 110kV 变电站将难以满足该地区快速上升的用电需求。因此，为了保证该地区经济的持续发展，满足当地用电水平不断快速增长的需要，确保电网的安全、稳定运行，优化该地区的 110kV 电网结构，依照传统的投资决策方法，某电网公司规划未来 3 年内新建变电站 6 座，每年新建 110kV 变电站 2 座，分三年建完，设每年有关投资为 6270 万元。

通过投资、贷款偿还、成本费用的分析得出本项目寿命周期的损益表、未来的现金流见表 5-12、表 5-13。

表 5-12　　　　　　　　　　　某小区规划项目损益表

序号	项目	单位	第 1 年	第 2 年	第 3 年	第 4 年	第 5 年	第 6～20 年
1	销售收入	万元	0	71723	81938	133095	204903	271456
1.1	增售电量新增销售收入	万元	0	71723	81938	133095	204903	271456
1.1.1	增售电量	亿 kWh	0.00	13.31	15.22	24.71	38.12	50.33
1.1.2	售电利润	元/kWh	96	96	96	96	96	96
2	销售税金及附加	万元	0	706	805	1314	2018	2679
2.1	新增增值税	万元	0	638	727	1183	1819	2405
2.2	新增城市建设税	万元	0	45	51	83	127	169
2.3	新增教育附加税	万元	0	25	29	47	73	96
3	总成本费用	万元	5664	64035	69045	113399	175496	233155
4	节能降耗收益	万元	0	621	711	1154	1774	2351
5	销售利润	万元	−5664	7591	12817	19628	29157	38010

表 5-13　　　　　　　　　　某经济小区电网规划项目现金流量表

序号	项目	第 1 年	第 2 年	第 3 年	第 4 年	第 5 年	第 6～20 年
1	现金流入（万元）	0	71714	81956	133182	204896	271487
1.1	销售收入	0	71714	81956	133182	204869	271487
1.2	回收流动资金	0	0	0	0	0	0
1.3	回收固定资产余值	0	0	0	0	0	0
1.4	回收折旧、摊销费	0	0	0	0	0	0
1.5	回收余留公积金	0	0	0	0	0	0
1.6	其他	0	0	0	0	0	0
2	现金流出	0	0	0	0	0	0
2.1	建设投资（万元）	79220	80900	81740	0	0	0
2.2	流动资金	0	4045	0	0	0	0
2.3	经营成本	5664	64044	69052	113410	175511	233177
2.4	销售税金	0	706	807	807	1311	2017
2.5	税前现金流出合计	84884	149689	151592	114206	176806	235172
2.6	所得税	0	1898	3204	4906	7290	9503
2.7	税后现金流出合计	84884	149689	151592	114206	176806	235172

净现值法是对项目进行经济评价非常重要的一种方法，也是较为常用的方法。净现值是对特定方案未来现金流入的现值与未来现金流出的现值之间的差额。全部投资净现

值法就是指在计算期内，按一定的折现率计算的各年净现金流量现值，然后求出它们的代数和，记为 NPV，表达式为

$$NPV = \sum_{t=0}^{n} \frac{I_t - O_t}{(I+i)^t} \tag{5-28}$$

式中　n——投资涉及的年限；

　　　I_t——第 t 年的现金流入量；

　　　O_t——第 t 年现金流出量；

　　　i——贴现率。

5.5　自愈控制研究

5.5.1　自愈控制的基本概念

自愈是智能配电网的重要特征和建成的重要标志。配电网自愈是指配电网的自我预防、自我恢复的能力，这种能力来源于对电网重要参数的监测和有效的控制策略。自我预防是通过系统正常运行时对电网进行实时运行评价和持续优化来完成的；自我恢复是电网经受扰动或故障时，自动进行故障检测、隔离、恢复供电来实现的。

配电网自愈控制，通过共享和调用一切可用电网资源，实时预测电网存在的各种安全隐患和即将发生的扰动事件，采取配电网在正常运行下的优化控制策略和非正常情况下的预防校正、紧急恢复、检修维护等控制策略，使得电网尽快从非正常运行状态转化为正常运行状态，应对电网可能发生的各种事件及组合，防止或遏制电力供应的重大干扰，以减少配电网运行时的人为干预，降低配电网经受扰动或故障时对电网和用户的影响，具有：①正常运行时，有选择性、有目的地进行优化控制，改善电网运行性能，提高电网稳定裕度和抵御扰动的能力；②把预防控制作为主要控制手段，及时发现、诊断和消除故障隐患；③具有故障情况下维持系统连续运行的能力，不造成系统运行损失，并且通过自治修复功能从故障中恢复。

配电网自愈的控制原则是不间断供电，目标是：①通过配电网运行优化和预防校正控制，来避免故障发生；②如果故障发生，通过紧急恢复控制和检修维护控制，使得故障后不失去负荷或失去尽可能少的负荷。如果发生了电网连锁停电或瘫痪事故，意味着电网自愈控制失败。在控制逻辑和结构设计上，配电网自愈控制应该坚持分布自治、广域协调、工况适应、重视预防的基本原则。配电网自愈控制的重要意义包括：

（1）配电网自愈控制是应对以下需求的有效解决方案：负荷的持续增长、市场驱动下的电网运行环境、智能装置和设备的大量应用、高供电可靠性、电网快速响应、分布式电源大量接入配电网和需求侧管理及其响应。

（2）配电网自愈控制是预防和避免大停电事故发生的有效控制手段。因为以往的一些大停电事故具有以下共同特征：对电力系统运行状态和条件的识别不够、缺乏决策支持手段、稳态运行超出系统极限、缺乏及时的控制、保护设置不正确、对电压和暂态稳

定问题进行控制来避免连锁故障。而配电网自愈控制也正是预防大停电事故发生有效控制方式。

配电网自愈控制涵盖了自动控制、继电保护、计算机和软件、应用数学等领域的很多新技术、新进展，是一种集成了软件和智能装置的综合控制技术，其基本组成包括基于自愈理论的高级可视化实时预测和快速仿真软件工具，坚强而灵活的配电网物理架构，分布而相互协调的智能装置和设备，标准而一体化的智能配调中心。特别地，要实现配电网的自愈控制，至少需要满足如下条件：

（1）配电网系统具备各种智能化的开关设备和配电终端设备。配电网中的智能开关设备具有高性能、高可靠性、免维护、硬件软件化特点和在线监测、功能自适应、自诊断等功能，提供网络化远动接口配电终端设备应具有故障自动检测与识别功能，提供可靠的不间断电源，满足户外工作环境和电磁兼容性要求，支持多种通信方式和通信协议，具有远程维护、诊断和自诊断功能。配电网系统中的开关设备和配电终端设备同时具有遥信、遥测、遥控和遥调的"四遥"功能。

（2）配电网系统中拥有双电源或多电源，具有灵活可靠的拓扑结构。坚强的物理架构是配电网进行自愈的物理基础，适应是自愈控制的基本原则之一。智能配电网要实现"手拉手供电"，网络当中要兼容分布式发电、可再生能源和储能装置，并能灵活调度同时，网架结构要灵活、坚强、可靠，既能实现正常运行下的拓扑结构优化，又能实现故障控制中的拓扑结构快速重构。

（3）基于可靠的通信网络的智能配电网自愈控制。通过在控制或调度中心自适应地在线、实时、连续分析和远方遥控实现的，要求配电通信网络必须可靠，要考虑主通信网络瘫痪情况下的备用通信网络或备用通信方案。同时，还要求通信速度要快，信息处理能力要强。

（4）自动化处理软件系统。要实现配电网的自愈，离不开自动化软件处理系统，需要最终嵌入到配调监控中心系统来实现。届时，将会在很大程度上提高配电网的整体自动化水平、优化能力和自愈控制能力，为配电网的智能化增加有力的砝码，具有以下主要优点：①连续实时预测系统状态；②实时系统状态评估，算法的自适应，实时优化和自愈控制，系统的整体性和统一性，巨大的经济价值和社会效益。

5.5.2　配电网快速仿真与模拟技术

快速仿真与模拟（fast simulation and modeling，FSM）技术的发展是为了给自网自愈提供数学支撑和预测能力，最终形成一个强大的软件平台，为操作人员在复杂电网环境下，提供管理决策方面的支持。FSM 包括输电网快速仿真和模拟（TFSM）、配电网快速仿真和模拟（DFSM）。

FSM 技术能够为电网的运行和决策控制提供支持，它通过利用实时监测数据来对电力系统的行为做出仿真；自动优化系统的运行和控制；在动态条件下自动预测电网的运行；在系统受到干扰或故障时能够做出快速反应，包括事故预防、控制、恢复支持等。FSM 技术通过高级软件平台来实现，它根据精确状态估计的结果，为电力系统运行人员提供了一个最优决策工具，使得系统运行人员更加安全、可靠、高效地进行电网控制和优化，以期达到改善电网的稳定性、安全性、可靠性和运行效率的目的。

FSM 相当于智能电网的大脑，分析和诊断系统运行状态，以便自动或辅助电力系统运行人员做出正确的决策。FSM 技术能够提升系统运行操作水平和把握系统运行操作状态，满足系统在现代互联电网复杂的运行环境和不同控制级别下的运行要求，不中断地为全网提供运行条件识别、预测、预防、控制事故，执行运行计划、满足运行裕度的要求，支持系统恢复。FSM 技术需要数据管理技术、通信、网络安全、可视化技术的支持，是在现有的系统高级应用上发展而来，包括了现有的 EMS 高级应用的许多功能，同时为了整个电网的协调工作，还支持许多新的功能。

（1）数据采集与维护分布式数据库的维护、数据采集与获取、数据储存，运行条件监视电压安全极限、潮流极限等和稳定裕度计算，提供超实时预测仿真和动态安全分析，以期能够通过自愈功能避免可能对系统造成较大影响的预想事故的发生。

（2）系统运行条件和方式的识别及告知（系统拓扑结构、负荷水平、控制设置或状态、运行裕度、预防控制等）、系统运行质量分析。

（3）应用集成各级智能报警处理装置进行系统不安全运行条件和状态的识别和报警，从运行和规划的观点对电网进行线性规划分析，并为运行人员推荐最优决策方案。

（4）运行性能和可靠性监视仪表监视、状态估计、广域潮流分析、实时安全管理、预测，提供实时的状态估计，供安全监视、评估与优化使用。

（5）可靠性提高和效率增强（纠正和预防行为、发电的最优化、潮流优化、集成市场建模和优化）；提供系统性能（能量、需求功率、效率、可靠性、电能质量等）的连续优化；实施控制决策（进行有功功率和无功功率的平衡分析、自动控制及恢复），把市场、政策和风险分析整合到系统模型中去，同时对它们的系统安全性和可靠性的影响定量化。

5.5.3 高级配电自动化技术

高级配电自动化技术（advanced distribution automation，ADA）是配电网革命性的管理与控制方法，是电能进行智能化分配的技术核心，是智能配电网中的配电自动化。ADA 是一个庞大复杂的、综合性很高的系统性工程，包含电力企业与配电系统有关的全部功能数据流和控制，旨在建立未来配电系统所需要的技术和功能，它是实现配电网自愈的关键技术。与 DA 相比，ADA 具有以下特点：①支持接入并与配电网有机集成；②实现柔性配电设备的协调控制；③满足有源配电网的监控需要；④具有良好的开放性与可扩展性；⑤各种自动化系统之间无缝集成，信息高度共享，功能深度融合。

在未来的高级配电系统在数据采集与配电运行建模和分析的基础上，实现高级配电自动化的功能，会具有以下优点：提高供电可靠性，提高配电系统效率，电能质量和资源管理水平，提高资产管理水平和设备诊断能力，通过和需求响应以更好地利用发电和配电资产。

从保证对用户的供电质量、提高服务水平、减少运行费用的观点来看，ADA 是一个统一的整体。同时有助于 ADA 监测和控制的开放式通信体系与柔性电力体系和保护系统是 ADA 在配电自动化系统中两个相互关联的组件，其共同支持智能配电网的实现。通过柔性电力体系和开放式通信系统，并结合 ADA 的功能，即可组成未来的智能配电系统。而对于 ADA 包含的许多独立的功能和应用程序，要实现为一个完整、一体化系统，需要从以下五个重要方面着手：通信与控制设施、所有可控的配电设备实现自动化功能、先进电力电子技术的应用、分布式发电和储能的集成、配电网快速建模和实时仿真系统。

基于协调控制模式的配电网自愈控制方法可以满足以上需求。基于协调控制模式的配电网自愈控制方法采用基于一体化协调控制模式，信号的处理和控制策略的产生具有自适应性，无须外界干预、自动完成控制过程，协调继电保护装置、各种自动调节装置及其参数进行智能控制，从而实现城市电网的稳定、安全、可靠、经济运行，是属于电力系统理论、控制理论和人工智能的交叉技术应用领域。

基于协调控制模式的配电网自愈控制方法把城市电网的运行状态分为正常运行状态和非正常运行状态。其中，正常运行状态又可以分为隐性安全状态、显性安全状态、经济运行状态和强壮运行状态，对应地，电网的非正常运行状态又可以分为紧急状态、恢复状态、异常运行状态，通过对在异常运行状态的电网施加校正控制，可以回到正常运行状态。

对于电网所处运行状态是由基于协调控制模式的城市电网自愈控制方法进行数据采集，从而自动判别电网当前所处的运行状态，并根据实际条件运用智能方法进行控制决策，从而对继电保护、开关、安全自动装置、自动调节装置进行自动控制，协调紧急情况与非紧急情况、异常情况与正常情况下的电网控制，形成分散控制与集中控制、局部控制与整个电网的综合控制相协调的控制模式，在期望时间内促使城市电网顺利度过紧急情况、及时恢复供电，满足运行时的安全约束。此类方法对于负荷变化等扰动具有很强的适应能力，具有较高的一体化与智能化决策、自治性与协调性、冗余性与可靠性、经济性与适应性的优点。

配电网自愈控制的分层框架体系是实现配电网自愈控制的分布自治、广域协调、工况适应、重视预防的基础组织架构。

目前，作为电网自愈控制的一般理论和方法在有智能微网组成的配电网中，当自愈控制手段包括储能装置的充放电、负荷需求侧管理时，配电网的局部控制可以是慢速的，也可以是快速的。而随着配电网通信网络的不断完善和 IEEE1588 精确对时协议在配电网通信网络中的广泛应用，配电网的全局控制同样可以做到快速控制。这与以往的网络通信延时相比，可谓是质的飞跃。从这个角度来讲，"2-3-6"框架把两个控制环锁定在全局慢速控制环和局部快速控制环有其不尽合理的地方。同样，电网自愈控制方案不仅仅包含基于全局量测量的控制方式，还包含基于局部量测量的控制方式。另外，"2-3-6"框架的 6 个控制环节中，监视协调位于协调层的说法也不太合理，而部署协调也应该在高级应用层面，而不应该在协调层。况且，该 6 个环节中忽略了配电网实现自愈的几个最重要因素，如电网实时预测、快速仿真与模拟、电网优化等。再者，考虑到智能装置本身就具有部分决策能力，将决策层作为最高层也有其不完善之处，因此配电网自愈控制的分层框架体系可以分为系统层、过程层及高级应用层。

系统层由配电网智能装置组成，是配电网的物理层，其智能化程度越高，则支持配电网实现自愈的能力就越强。

过程层是中间层，由地方智能体组成，包括双向通信、预定义控制、局部监视、数据集中、条件优先控制等。其中，预定义控制能够被事件所快速触发，不经过高级应用层控制，具有较快的执行速度，包括局部保护、微网自动形成与控制、DFACTS 装置自动投入等条件优先控制由用户设定，具有最高优先级，且不经过高级应用层控制，在满足一定的条件下，能够快速执行，保证电网和人员的安全和重要用户的可靠供电局部监视用来监视区域配电网或重要装置的运行状态数据集中收集系统层的各种数字量和模拟量，进行预处理，由过程层共享，并通过双向通信把高级应用层和系统层联系起来。

高级应用层由决策支持智能体和控制应用智能体组成。决策支持智能体通过利用来自过程层的数据，对配电网存在的安全隐患和即将发生的事件进行实时预测，并进行持续工况评价。快速仿真是基于数据应用的高级软件平台，为配电网提供决策支持，并将结果进行可视化展现。控制智能体包括控制方案的形成、最佳控制方案的确定、进行局部和全局控制协调、进行配电网优化和安全控制协调等。一般采取的控制手段可以采取以下形式或部分形式的组合，但并不局限于此潮流控制或优化、变压器分接头调整、负荷需求侧管理、储能装置投入、分布式发电单元或可再生能源投入、保护动作、FACTS装置投入、电网拓扑重构、储能装置充放电控制、电动汽车充放电、为用户提供最佳用能建议等。

根据上文所述，可以得到电网自愈控制的分层框架体系包含但不限定于"2-3-6"框架的内容的结论，并且它能够很好地协调局部和全局控制、电网优化和安全控制（预防校正、紧急恢复、检修维护控制）等，其既能通过高级应用层实现集中控制，又能通过过程层实现局部控制。

配电网自愈控制依托先进的信息技术，以配电网坚强的物理架构和合理的运行方式为基础，基于测量、面向保护，以适应性和协调性为基本原则，强调对电网的实时预测、运行评价、快速仿真，重视电网优化和安全控制、预定义与全局形成控制方案之间的结合，以配电网的不间断运行和不损失负荷为基本控制目标，旨在增强配电网安全防御能力和提高可靠供电能力，使得配电网将逐步成为安全、健壮和可靠运行的电力集成设施系统。

5.5.4 基于电网运行评价和快速仿真的城市电网自愈控制方法

基于电网运行评价和快速仿真的城市电网自愈控制方法将电网的运行分为优化运行区、正常运行区、异常脆弱区、故障扰动区、检修维护区；将电网的控制分为优化控制、预防校正控制、紧急恢复控制、检修维护控制；根据电网采集到的状态参数，应用指标评价体系对电网的运行状态进行实时评价，并预测电网存在的安全隐患和即将发生的异常，识别电网的运行区域；然后根据不同的运行区域实施相应的预定义控制和或事后控制方案，结合快速仿真技术，最终使得电网快速回到正常运行区或优化运行区运行，以减少电网运行时的人为干预，使得电网具有自预测、自预防、自优化、自恢复、自适应能力。基于电网运行评价和快速仿真的城市电网自愈控制方法提高城市电网应对各种扰动的能力，增强电网运行的安全性和可靠性，属于电力系统、自动控制、计算机技术交叉应用领域。

为了便于电网的运行、分析和自愈控制，在综合考虑电网各种运行工况后，可以把智能电网分为优化运行区（optimized operation zone，OOZ）、正常运行区（rgular operation zone，ROZ）、异常脆弱区（abnormal vulnerable zone，AVZ）、故障扰动区（fault disturbance zone，FDZ）、检修维护区（access maintain zone，AMZ）。

对各个运行区域的具体描述如下：

（1）优化运行区：着重强调电网运行的经济高效，电网在此区间运行的经济性最好、效率最高、清洁环保、注重友好开放类指标、其他优化指标以及电网运行的目标函数，注重电网运行的坚强可靠、灵活互动类指标，满足电网运行的各种约束条件和不等约束条件；能够在电网稳定、可靠的基础之上运行，具有很强的抵抗扰动与故障的能力；并且能够为用户提供优质供电服务时考虑电网运行策略，如若进行潮流优化控制，在系统运行条件允许的情况下，尽量让可再生能源优先发电，增加分布式资源发电在系统中发电的比例，或经过网络重构从而使得网络运行裕度最大。

（2）正常运行区：着重强调系统运行的坚强可靠和灵活互动类指标，注重经济高效、清洁环保和友好开放类指标，完全满足电网运行时的各种约束和不等约束条件，能够进行一般的稳定、可靠、持续运行；二次系统不存在隐患，运行满足电力系统安全导则要求，在受到任意一个合理的预想事故或扰动之后，都能够可靠地抵御扰动，具有一定的安全运行裕度；为用户提供一般的、正常的供电服务，需要根据系统运行条件，决定是否进行优化控制。

（3）异常脆弱区：满足系统运行的约束条件，不满足部分不等约束条件；电网一次和二次侧存在安全隐患，如保护设定不合理、有电磁环网存在、电压越限有失稳的趋势，但尚未失稳、设备运行异常、过负荷等；当系统运行安全裕度不足时系统也能够持续运行一段时间，但是抵抗扰动或故障的能力明显减弱，急需各种预防、校正控制手段，如保护重新整定、消除电磁环网、变压器分接头调整、潮流控制等能够为用户提供普通的供电服务，否则可能达不到优质的要求。

（4）故障扰动区：指的是系统已经发生扰动或故障，运行参数严重超标，电网运行很不稳定，可能会出现负荷突然增大、低频振荡、单相接地等现象，其对系统的运行已经造成一定的影响，部分用户可能会供电中断，如不采取紧急控制手段，系统运行状况就会恶化、形成一个或多个供电孤岛，可能导致电网崩溃。如果只是一般性扰动，在系统运行裕度较大、且不采取专门控制措施的情况下，可以有效地抵御扰动，不会导致用户供电中断现象发生；如果电网自身不能抵御扰动，则需通过电力系统第一道防线或实施局部快速控制手段，迅速消除故障，从而使用户停电不会中断，不会造成大面积停电；如若扰动或故障未消除，则需要通过电力系统第二道防线或第三道防线，采取紧急控制或恢复控制手段，保证重要用户的优先供电，尽量减少供电中断对用户的影响，并尽快使得系统回到正常运行区域运行。在故障扰动区运行的电网，坚强可靠性受到严重考验，可能导致其不再强调经济高效、清洁环保、友好开放、灵活互动运行，而是着重强调用户供电不中断或减少扰动对电力用户的影响，同时要通过采取紧急控制或恢复控制时段，尽快恢复用户正常供电。

（5）检修维护区：设备运行异常或发生故障，需要检修维护人员的现场作业。带电检修强调检修不停电，不会对用户供电造成影响，不强调各项指标停电检修强调检修时间和检修质量，对各项指标不做要求。

基于之前的智能电网运行指标评价体系和"2-3-6"一种较为新颖、且实用的基于电网运行评价和快速仿真的城市电网自愈控制方法如图 5-7 所示。基于电网运行评价和快速仿真的城市电网自愈控制方法具体包括如下步骤：

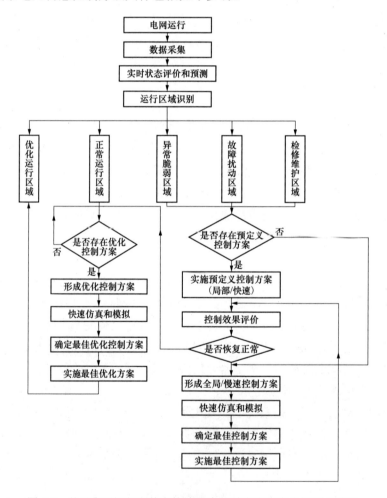

图 5-7　基于电网运行评价和快速仿真的城市电网自愈控制方法图

（1）数据采集装置采集电网的运行状态量。

（2）根据电网的运行指标评价体系，对电网的运行状态进行实时评价，并预测电网可能存在的隐患或异常，将结果反馈给电网运行人员，并作为形成及实施电网自愈控制的依据。

（3）根据指标评价的结果，对电网进行运行区域识别，判断电网当前所处的运行区域，并实施相应的控制方案。

（4）电网在正常运行区，则判断是否存在优化控制方案。

（5）如果不存在优化控制方案，则电网继续运行在正常运行区。

（6）如果存在优化控制方案，则转移到步骤（13）。

（7）电网在异常脆弱区，则转移到步骤（14）。

（8）电网在故障扰动区，则转移到步骤（15）。

（9）电网在检修维护区，则转移到步骤（16）。

（10）对所实施的控制进行效果评价，判断电网是否恢复正常运行。

（11）电网恢复正常运行，则回到正常运行区运行。

（12）电网尚未恢复正常运行，则返回到步骤，直到电网恢复到正常运行区或优化运行区运行为止。

（13）实施优化控制，使得电网转移到优化运行区运行。

（14）实施预防校正控制，电网转移到正常运行区运行。

（15）实施紧急恢复控制，电网转移到正常运行区运行。

（16）实施检修维护控制，电网转移到正常运行区运行。

5.5.5 电网自愈控制的新理论新方法

1. 基于 PIS 的电网自愈控制功能

电力系统中的免疫是指免除预防扰动或故障的发生，它是电网在识别并应答扰动的过程效应总和，是维持电网稳定运行的一种人为培育功能，充当电网稳定运行的保护伞。基于 PIS 的电网自愈控制具有如下主要功能：

（1）免疫防御功能：预防外界对电网运行的所施加的扰动或袭击，及时清除电网内部的扰动，保护电网不受影响；对电网正常稳定运行造成干扰的一切影响因素，在尚未使得电网的运行恶化之前，及时清除，使得电网能够健康运行。

（2）免疫监视功能：监视电网运行中发生的各种突变并及时产生抗体予以清除。

（3）免疫耐受：区别电网本身的装置或系统故障与影响电网安全运行的扰动和故障，对电网装置或系统故障，则进行保护，使其不受破坏；而对影响电网安全运行的扰动和故障，则予以清除。

（4）调节功能：自动参与调节与其他系统之间的关系，通过自身动态调节，不断地适应整个电力系统，成为电力系统抵御各种扰动的有效武器。

2. 电网自愈控制的免疫应答

免疫应答即所谓的免疫系统对故障和扰动所作出的反应。电力系统的免疫细胞相当于用户预定义的控制手段和方案及在故障和扰动的处理过程中所记忆的自适应控制手段或方案。电力系统的免疫细胞通常处于静止状态，细胞必须被触发活化，经免疫应答过程，产生免疫效应细胞，才能执行免疫功能，电网才能够实现自愈。电网自愈控制的免疫应答分为两类：

（1）固有免疫应答。固有免疫应答指电力系统的保护机制和系统本地控制装置等，能够被一般发生的特定异常和扰动所触发，快速执行免疫效应，在故障和扰动尚未恶化时，在本地就将故障和扰动清除，其不产生应答记忆，不经历应答克隆扩增。

固有免疫也称为非特异性免疫，是电网自愈控制的基础，也是电网自愈控制的第一道防线，需要电网的智能化硬件支持，不随特异病原体变化，具有与病原体第一次遭遇就能消灭它们的能力，它还能够识别病原体的性质，起到促进适应性免疫的重要作用。

（2）适应性免疫应答。适应性免疫应答指故障和扰动（抗原）激发电力免疫细胞，电力免疫细胞发生自然克隆扩增，适应并逐步消除抗原。适应性应答免疫细胞具有记忆性，能够对再次发生的相同性质的故障或扰动产生免疫，迅速消除抗原，使得电网健康运行，但其缺点是在初期响应于抗原时，速度较慢。

适应性免疫应答使用两种类型的电力免疫细胞（淋巴细胞：T细胞和B细胞）。适应性免疫应答只有在接触特定抗原时才产生，仅针对该特定抗原而发生反应，亦称为特异性免疫。

自适应免疫应答能完成固有免疫应答所不能完成的更加复杂的免疫功能，清除固有免疫系统不能清除的病原体，支持电网具备更高更强的自愈能力，其免疫应答的基本过程是：T细胞和B细胞特异性识别抗原并被活化，继而分化为效应细胞，最终促成发生免疫效应。

适应性免疫应答是由抗原刺激电网免疫系统所致，包括对抗原的识别活化、增殖、分化及产生免疫效应的全过程。适应性免疫应答有两种应答方法：初次免疫应答和二次免疫应答。

（1）初次免疫应答。初次免疫应答发生在免疫系统遭遇某种病原体第一次入侵时，是对以前未曾见过的病原体的应答过程，初次应答学习过程很慢，只能应答于电网的非紧急扰动或事件。

（2）二次免疫应答。二次免疫应答指在初次免疫应答后，免疫系统首次遭遇异体物质并将其清除外，但免疫系统中仍保留一定数量的B细胞作为免疫记忆细胞，这使得免疫系统能够在再次遭遇相同异物后快速反应并反击抗原。二次免疫应答更迅速，无须重新学习。

由于电网本身的物理结构及二次系统就在一定程度上支持固有免疫应答，而要实现适应性免疫应答，需要有更多的高级软件和先进算法支持，固有免疫应答更容易实现，它是电网自愈控制的基础；而适应性免疫应答具有更好的扰动适应性，智能性和学习性，它更加支持电网实现自愈控制。

3. 基于序贯博弈的电网自愈控制

博弈论为评价竞争环境中不同参与者的交叉作用以及参与者间存在交叉作用时的冲突分析提供了有效的概念、模型和方法，广泛应用于经济学管理学、社会学、政治学、军事学等领域，在电力系统中的应用主要集中在电为市场方面，有应用于电网连锁故障预防的研究。

如果赋予电网一定的理性，电网的实时运行，则可看成是扰动与自愈控制系统之间的博弈，扰动为进攻方（attacker，简称 A 方），自愈控制系统为防守方（defender，简称 D 方）。对于 A 方的进攻，D 方要采取不同的博弈策略，才能维持电网的正常运行。D 方采取的博弈策略的实质就是电网的自愈控制。

博弈是指一些个人、团队或其他物理实体，面对一定的环境条件，在一定的约束条件下，依靠所掌握的信息，同时或先后、一次或多次，从各自可能的行为或策略集合中进行选择并实施，并从中取得相应结果或收益的过程。一个完整的博弈过程应当包括博弈方、行为、信息、策略、次序、收益、结果、均衡八个要素，其中博弈方、策略、收益称为博弈的三要素。

理性决定了博弈方的行为逻辑，关系到博弈方是否能够做出正确的策略选择和对博弈的结果做出准确的判断。博弈论关于理性的假设包括两个方面：一是博弈决策的根本目标；二是博弈方追求目标的能力，即认为博弈方都是以个体利益最大化为目标，且有准确的判断选择能力，也不会"犯错误"。有完美的分析判断能力和不会犯选择行为的错误称为"完全理性"；否则，称为"有限理性"。

在某个博弈中，如果不管其他博弈方所选择的策略，一个博弈方的某个策略选择给他带来的收益始终高于或不低于其他策略选择，那么，只要这个博弈方是一个理性的局中人，他必定愿意会选择这个策略，这样的策略即为优势策略。

优势策略有严格优势策略和弱优势策略之分。严格优势策略是指无论其他博弈方选择什么策略，这个博弈方的某个策略选择给他带来的收益总是高于其他策略选择。

一般在分析一个博弈方的决策行为时，可以首先把一个严格劣势策略从该博弈方的策略集中去掉，然后在剩下的策略范围内，试图再找出这个博弈方或其他博弈方的一个严格劣势策略，并将它去掉。不断重复这一过程，直到对每一个博弈方而言，再也找不出严格劣势策略为止。这种分析方法在博弈论中被称为严格劣势策略逐次消去法。

如果某个博弈过程分为多个阶段，且博弈方的决策有先有后，则称为动态博弈，或序贯博弈、多阶段博弈。序贯博弈是博弈方先后采取策略或行动的一类博弈，后行动或决策的博弈方可以观察到先行动的博弈方已经采取的策略或行动。博弈树是序贯博弈常用的一种形象表示方式，描述了所有博弈方可以采取的所有可能的博弈策略及博弈的所有可能结果，其突出的优点是便于描述序贯博弈过程。博弈树由节点和树枝组成，节点又分为决策节点和末端节点，博弈方的决策都在博弈树的决策节点上作出；博弈树以树枝把节点连接起来。决策节点是博弈方作出决策的地方，每一个决策节点都与一个在该决策节点上进行决策的博弈方相对应。每棵博弈树都有一个初始决策节点，初始决策节点也叫作博弈树的根，它是博弈开始的地方；末端节点是博弈结束的地方，一个末端节点就是博弈的一个（可能的）结果。每一个末端节点，都与一个收益向量相对应，这个向量按分量次序排列所有博弈方"走此条博弈道路"的时候，每个博弈方能够获得的收益。博弈的参与人的数目，就是收益向量的维数，参与的博弈方越多，博弈方可以进行的策略就会越多，博弈树的末端节点也就越多。

4. 电网自愈控制过程的序贯博弈描述

在电网扰动和自愈控制系统之间的博弈中，把电网经受的扰动定义为博弈方 A，把自愈控制系统定义为博弈方 D。显然，该博弈过程属于双方博弈。A 方的策略表现为对电网施加不同类型、不同性质的扰动，具有一定的随机性；D 方的策略表现为对 A 方施加的扰动进行自愈控制。A 方博弈的收益可以定义为迫使电网运行评价指标下降；D 方博弈的收益可以定义为保持或提升电网运行评价指标。可以看出 A 方的目标是阻止、反抗电网自愈；而 D 方的目标是促进、支持电网自愈。因此，把这种博弈过程称为电网自愈博弈。同时，对电网自愈博弈做出如下假设：

（1）理性 0 的不对称假设：假设 D 方是具有完理理性的，能够制定出完美的博弈策略，即 D 方所实施的自愈控制策略始终是最佳的；同时假设 A 方具有有限理性，即 A 方知道自己的目标与利益，但不清楚哪些策略能够对电网稳定运行造成威胁或使得电网崩溃。

（2）信息 0 的不对称假设：假设博弈方 D 具有完全信息，在做决策时完全清楚以往发生的所有事件；同时假设 A 方不知道任何博弈信息。该不对称假设与实际电网的运行及自愈控制过程是相符的，故 A 方具有有限理性，它所实施的博弈策略具有随机性，而 D 方进行自愈控制的前提是知道电网的运行状态。

（3）序贯假设：假定 A 方采取行动与 D 方采取行动是交替进行的，在 A 方实施博弈策略以后，D 方在分析决策后进行自愈控制。这样，一个博弈回合即为一个阶段，此过程反复进行，直到博弈结束。对于 A 方所实施的快速博弈策略，当 D 方来来不及博弈而 A 方又实施的博弈策略，可以将 A 方的先后博弈行为合并为一次博弈行为。这样，A 方和 D 方的博弈就具有了序贯博弈的特征和内涵。

根据 A 方和 D 方之间博弈的描述及以上假设可知，电网自愈博弈具有以下特点：

（1）博弈方 A 与博弈方 D 的收益之和为零，也就是说博弈双方的根本利益是完全对抗的，所以电网自愈博弈属于二人非合作零和博弈。

（2）电网自愈博弈过程总是 A 方先行动，即先实施博弈策略，只要电网扰动不断，则电网自愈博弈过程将持续进行，博弈的最终结果取决于 D 方的策略。

（3）电网自愈博弈过程将有多个阶段，在一个阶段内包含了博弈方 A 和博弈方 D 各一次行动；从收益来看，二者一攻一防，A 方始终是进攻方，D 方始终是防守方。

5. 基于智能多代理的自愈控制理论及其方法

代理技术源于分布式人工智能（distributed artificial intelligence，DAI），是一个松散耦合的代理网络，这些代理通过交互解决超出单个代理能力或知识的问题。其中，每一个代理是自主的，不同的使用者可以采用不同的设计方法和计算机语言开发出完全异质的代理。一个多代理系统（multi-agent system，MAS）由大量自治的软件或硬件实体组成，单个代理完全有能力解决局部问题，但不能独自实现全局目。每个代理有自己的输入输出数据通道，整个系统的数据分散在多代理系统中，没有系统全局控制，但存在代理之间的协调，以解决代理间的决策冲突，代理做出决策过程是异步的。因而多代理系统中的单个代理具有以下特征：

（1）独立性：代理具有脱离人和其他代理，直接参与通过自身掌握的知识或者对外部环境的感知而独立完成一定任务控制的能力；或者对自身状态有一定程度的认知与控制能力。

（2）社会性：在适当的时候，代理具有与其他代理相互作用以协助其完成任务的能力，以及在需要的时候向其他代理提供信息的能力。

（3）学习能力：代理能够感知周围环境的改变，并在一定时限内对变化做出反应。

（4）自发性：代理不只是被动地做出反应，还具有自发完成目标任务的能力。

（5）连续性：代理程序在启动后，能够在相当长的一段时间内维持运行。履行代理职责，不随运算的停止而结束运行。

（6）开放性：代理不仅能够感知环境、对变化做出反应，而且能够把新建立的代理规则集成到系统中去，而无须对系统中原有的多代理系统进行重新设计，因而具有很强的适应性和可扩展性。

（7）分布性：在物理上和逻辑上分布的异构代理，在多代理体系中具有分布式结构，便于技术集成、资源共享、性能优化和系统整合。

一种基于多代理技术的三层控制结构系统如图 5-8 所示，根据网络的复杂程度每层都有从微秒级到秒级不同的响应时间。其中，系统层是电网的物理层，获取电网各种信息，并接受控制信号执行控制命令；过程层收集电力系统运行的状态信息，对电网的运行进行监视，向系统层发出控制执行命令，与其他代理进行信息交换，并收集和发送来自规则库代理和优化代理的控制

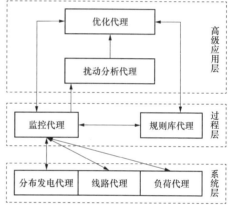

图 5-8　基于多代理技术的控制结构系统图

信号，同时，规则库代理还收集、保存、转发来自优化代理的信息；高级应用代理包括扰动分析代理和优化代理，扰动分析代理提供电网停电和故障信息，对最有可能发生的故障或扰动进行可靠性和后果分析，然后把异常脆弱运行工况下的信息发送给优化代理；优化代理能够实施电网在正常和事故后的优化控制，再把结果信息发送给规则库代理或监控代理。

多代理控制系统具有很好的自治性、协调性和学习性能，能够很好地解决电网自愈控制存在的分布自治性和广域协调性的问题，是电网实现自愈的重要技术。基于多代理的电网分层自愈控制系统图如图 5-9 所示。

基于多代理的电网自愈控制系统如上图所示，该方案将整个电网自愈控制系统分为控制层、应用层、系统层。其中，控制层负责整个电网控制方案的形成和最佳控制方案的确定，同时进行预定义控制（局部、快速）、优化控制、全局控制（慢速）之间的选择和协调，并与应用层进行信息交换，以进行控制方案的快速仿真和传送最终控制指令。应用层是中间层，一方面要获取电网监控数据，进行电网运行状态评价和运行区域识别、

实时预测，并且要传达各种控制命令；另一方面，应用层要进行控制方案的快速仿真、控制效果评价。最底层是系统层，亦是电网的物理层，用来感知电网物理设备，包括设备代理、负荷代理、分布式发电代理、集中发电代理和线路代理，通过电网监控代理与应用层进行数据交换。

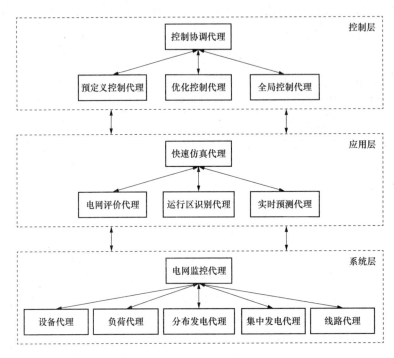

图 5-9　基于多代理的电网分层自愈控制系统图

而对于基于电网运行评价和快速仿真的城市电网自愈控制方法，其具有如下主要特点：

（1）通常情况下，用户预定义的控制方案具有毫秒/秒级较快的响应速度，于配电网区域、变电站、保护和控制装置中，以局部量测量为基础，不考虑整个电力网络，以快速排除扰动或故障，使得电网恢复正常运行为目的；而事后形成的控制方案具有秒级/分钟级相对较慢的响应速度，位于电网调度控制中心，以全局量测量为基础，考虑控制措施对整个电网的影响。

（2）电网的运行指标评价体系包括衡量坚强可靠类指标、经济高效类指标、环保类指标、友好开放类指标、灵活互动类指标等，每一类指标下又有若干细化的指标，各个细化的指标均可根据电网量测量进行计算。

（3）基于电网运行评价和快速仿真的城市电网自愈控制方法，可以把电网的运行区域分为优化运行区、正常运行区、异常脆弱区、故障扰动区、检修维护区。在不同的运行区域下，对电网运行指标的侧重点是不同的，需要分别对待，并定义电网在采用权系数后的每个运行区域下的综合评价指标及其范围来识别、衡量和评价电网在各个运行区域下的不同状态，综合评价指标的形成包括如下步骤：

1）根据电网运行时数据采集装置采集到的数据，计算各类评价指标，包括各个细化的评价指标。

2）根据用户对电网运行在不同区域下的侧重点和要求定义权系数。

3）根据已计算的各个细化的评价指标、权系数计算得到电网运行的综合评价指标。

（4）上文（3）中所述的综合评价指标需要对电网所运作的区域进行判别，而电网运行区域的参数与特征识别的主要依据是电网运行状态是否发生突变，其判别的主要步骤如下所示：

1）根据电网数据采集，判断电网运行状态是否发生突变。

2）如果电网的运行状态未发生突变，则计算当前综合评价指标时采取电网前一时刻的权系数，且根据计算得到的综合评价指标及范围来识别电网当前的运行区域。

3）如果电网的运行状态发生突变，则根据电网运行状态的特征量或突变量来判断电网所处的运行区域。

（5）对于数据采集与电网自愈后所要形成的控制方案进行计算机快速仿真和模拟，其特征是预先通过采用计算机软件编程的形式和快速数值计算方法，形成快速仿真软件模块，能够自适应于电网的各个运行区域，自动判别控制方案是否合理、是否可行，筛选出最优控制方案，并将最佳控制方案及其实施结果以可视化图形或界面的形式反馈给电网运行人员。

（6）而对于处在不同运行区域电网，其自愈控制有着不同的形式与方法，即电网在各个运行区域下的控制可以采取以下形式或部分形式的组合，但并不局限于此：潮流控制或优化、变压器分接头调整、负荷控制、储能装置投入、分布式发电单元或可再生能源投入、保护动作、DFACTS 装置投入、电网拓扑重构、储能装置充放电控制、电动汽车充放电、负荷需求侧管理、为用户提供最佳用能建议等都可以相互组合并对电网进行控制来达到预期的目标。

（7）而对于不同层次的电网控制有着不同的特点，他们各个层次的控制具有如下特点：

1）优化控制是在电网正常运行的情况下、且满足优化条件时实施。

2）预防校正控制在电网异常脆弱状态下实施，以提高电网运行裕度和可靠性，使得电网回到正常运行状态。

3）电网经受扰动时，如果只是一般性扰动，用户停电没有中断，或系统运行裕度较大，有效防御了扰动，没有导致用户供电中断现象发生，则实施紧急控制，使得系统回到正常状态运行；如果扰动导致故障发生，故障又进一步导致用户供电中断，则实施紧急恢复控制，至少恢复非故障区域供电，尽快恢复故障区域的供电。

4）当电网状态监测数据显示需要进行电网资产在线检修或维护时，实施检修维护。基于电网运行评价和快速仿真的城市电网自愈控制方法较易实现，可融入城市电网调度中心，借助新的诸如传感器、光电互感器、智能表计、智能开关等智能化装置和设备，结合高级测量技术、自动控制技术、计算机快速仿真和模拟技术、集成通信等技术，可以使得城市电网在正常运行时，持续进行实时状态预测、自动进行优化控制，提高电网运行的稳定性、可靠性、经济性（或其他优化目标）。

5）而当电网在非正常运行状态时，自动实施预防校正控制、紧急恢复控制、检修维护控制的运作使得电网尽快回到正常状态运行，该自愈控制方案具有较好的适应性，可以减少电网运行时的人为干预，提高电网抵御各种扰动和故障的能力，使得电网的运行具有自预测、自预防、自优化、自恢复、自适应等特征，可有效地提高城市电网的自动化和智能化水平，为国家的经济发展、政治稳定、社会和谐保驾护航。

考虑分布式发电接入的配电网规划

6.1 分布式发电准入功率

6.1.1 谐波影响的分布式电源准入功率

分布式电源接入系统大多通过电力电子功率变换器，会向系统注入谐波，影响电能质量。考虑谐波影响，提出了在满足谐波畸变约束下的分布式电源最大准入功率优化计算模型，并分析了分布式电源接入位置和接入功率对电网谐波电压、电流分布的影响。对于多个分布式电源的情况，提出了至少准入功率的双层优化模型和相应的优化问题求解算法，并结合杭州永宁变半山支线的算例，计算出了配电线路所能接入的分布式电源最大准入功率和至少准入功率。

我国华东地区特别是浙江省从 2002 年起出现大面积缺电情况，为此，负荷侧分布式发电以较快速度增长。分布式电源即分布式发电机（distributed generation，DG）的接入使得配电网络变成了环形网络，这给网络运行带来一系列困难。电压调整、保护配置、过电压、电能质量等技术问题都需要重新考虑。

为了在安全稳定前提下尽可能多地接入 DG，就需要考虑 DG 的准入功率问题。许多因素会影响准入功率，本文主要考虑谐波电流和电压畸变。从谐波建模和仿真的角度，一台 DG 通常是一种变换器-逆变器单元，可看作一种向配电馈线注入谐波的非线性负荷，如果 DG 贡献的谐波电流足够大，公共电网的电压或电流畸变会超过 GB/T 14549—1993《电能质量 公用电网谐波》的相关规定，国家电网有限公司会限制其准入功率或进行谐波抑制。本文只考虑给定一组经逆变器接入系统的 DG 的准入功率，而不考虑谐波抑制的问题。

计算准入功率的方法很多，提出了试探法，即给定一个 DG 的位置和容量，计算在各种负荷水平下电压分布和系统短路电流是否满足安全运行条件，若满足则增加 DG 容量，重复上述计算，直到 DG 容量不能再增加为止。对于优化方法，其数学模型考虑的因素主要是静态安全约束，计算出的是在某种特定运行方式下的最大准入功率。而实际上工程关心的是在各种运行方式下都能满足约束的准入功率，这就需要涉及本文提出的至少准入功率的概念。这种方法与解析法比较而言，该方法实质上是优化方法的特例，其特点是采用了若干较强的假设，应用范围受到限制。

试探法在实际问题中的应用可参考下述的步骤方法。首先基于链式配电网络、恒功率静态负荷模型和 PQ 形式分布式发电，结合仿真算例，分析了 DG 在配电网中接入位置、功率对电网谐波电压电流分布的影响；并在上述分析的前提下提出了计算最大准入功率以及至少准入功率的数学模型；最后结合杭州电力局配电网的算例，利用配电系统分析工具 PSS/ADEPT 中的谐波分析功能仿真，计算出了单个 DG 接入时馈线沿线各节点所能接入 DG 的最大准入功率，以及在多个 DG 接入位置给定的前提下 DG 的至少准入功率。

这里介绍电流注入法进行谐波分析，即假定 DG 由某些电力电子变流装置接入电网，并将这些装置视为内阻无穷大的谐波电流源，其注入节点的各次谐波电流的幅值和相角仅与流过该装置的基波电流的幅值和相角呈线性关系。在此假定下，可以分别计算出系统对各单一频次的谐波响应，这些响应的总和就是系统谐波分析的结果。目前 DG 推荐的接入方式是采用直流逆变器接入系统（如太阳能发电系统、燃料电池等）。由于本文主要分析 DG 注入谐波对系统的影响以及准入功率模型的建立，而并不是逆变器控制系统的设计，所以本文只考虑了 DG 通过典型的电力电子变流装置这种情形。

（1）DG 对电网谐波分布的影响。传统发电机节点在潮流计算中一般取 PQ 节点、PV 节点或平衡节电，而 DG 有特殊性，其节点是否能取为 3 种节点类型还未有定论。在本文中，考虑到配电网内的 DG 不应该主动参与电压调节，系统维持电压缺额的无功就地由电容器来提供，所以在潮流计算中将 DG 作为 PQ 节点处理，此时 DG 应尽可能维持在高功率因数，尽量减少无功出力。从电压调整和减少网损的角度，DG 应尽可能运行在功率因数 0.95~1.00 之间。此外，由于本文主要分析 DG 对电网谐波分布的影响，而不考虑 DG 运行中功率变化引起谐波大小、相位变化的随机因素，所以在计算中认为 DG 是恒功率运行，且功率因数均为 0.95。基于上述分析，现采用杭州电力局 10kV 永宁变半山支线（如图 6-1 所示）作为算例，该系统是一种典型链式配电网络，其负荷模型采用恒功率静态负荷模型，半山支线通过永宁变的 1 号主变压器接入 110kV 电网，其 10kV 侧的最小短路容量为 202.3MVA。

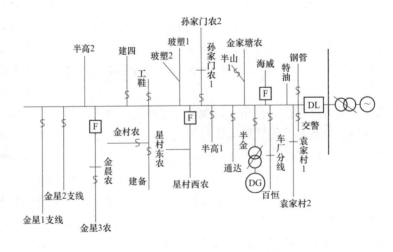

图 6-1　杭州电力局半山支线结构

假设 DG 均通过 12 脉波变流器接入电网，网络数据、负荷、DG 安装位置均不变，改变 DG 出力，使其随机变动（5 台 DG 分别位于交警支线、半金支线、半高 1 支线、建四支线和金星 1 支线）。几次试验结果如图 6-2 所示，其中，馈线沿线节点编号表示从系统母线到馈线末端各采样点编号。

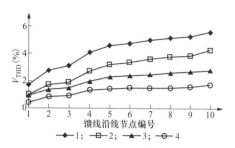

图 6-2　DG 出力改变对馈线沿线
谐波电压畸变率的影响

结果表明：在 DG 接入位置不变的情况下，馈线上由 DG 总出力决定，总出力占总负荷的比例越高，同一馈线沿线各负荷节点越大，某些畸变严重节点的谐波指标就有可能超过 GB/T 14549—1993 《电能质量　公用电网谐波》规定的谐波电压或电流畸变率限值。在这种情况下，就需要限制 DG 的准入容量。

假设仍然为 5 台 DG 接入系统，每个 DG 出力不变，改变它们的位置，可得馈线沿线各负荷节点的值（如图 6-3 所示）。

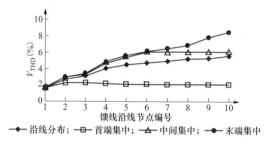

图 6-3　DG 位置改变对馈线沿线谐波
电压畸变率的影响

从图 6-3 可以看出，总出力相同的 DG 分布在不同的位置，得到的馈线沿线各节点的 V_{THD} 有着较大的差异。亦即：DG 位置越接近线路末端，馈线沿线各负荷节点的电压畸变越严重；反之，DG 越接近系统母线，对系统的谐波分布影响越小。因此，从减小谐波畸变率的角度来看，DG 并不适宜在馈线末端接入系统，而应选择线路接近系统母线处和馈线中间位置的组合。

（2）单电源考虑谐波畸变约束的最大准入功率模型。上文分析了 DG 接入系统后对电网谐波分布的影响。基于上述分析，为了保证电网的电能质量，就需要计算在满足谐波畸变率约束下，馈线沿线每一节点所能接入 DG 的最大准入功率。假设负荷水平给定，只有一个 DG，接于节点 α，功率因数为 f_a。模型的不等式约束分别表示 V_{THD} 约束、R_V^h 约束、注入 PCC 的谐波电流值约束。数学模型以 DG 的有功出力为目标函数，考虑各种等式约束和不等式约束，得出的结果即为最大准入功率。等式约束包括有功功率和无功功率平衡约束，不等式约束只考虑了谐波电压和谐波电流的约束，其他约束如线路过载，此处并未考虑。由于假设 DG 是通过 12 脉波变流器接入，其频谱中 11 次和 13 次谐波的含量较大，由表 6-1 可以看出，这 2 个频次的 I_{PCC}^h 最大。

表 6-1　　　　　　　　DG 出力为最大准入功率时的谐波畸变指标值

谐波次数	交警节点		车场节点		通达节点		国标规定允许值（10kV）	
	$R_V^h(\%)$	$I_{PCC}^h(A)$	$R_V^h(\%)$	$I_{PCC}^h(A)$	$R_V^h(\%)$	$I_{PCC}^h(A)$	$R_V^h(\%)$	$I_{PCC}^h(A)$
5	0.164	4.934	0.275	5.145	0.33	4.003	3.2	40.460

谐波次数	交警节点		车场节点		通达节点		国标规定允许值（10kV）	
	$R_V^h(\%)$	$I_{PCC}^h(A)$	$R_V^h(\%)$	$I_{PCC}^h(A)$	$R_V^h(\%)$	$I_{PCC}^h(A)$	$R_V^h(\%)$	$I_{PCC}^h(A)$
7	0.202	4.386	0.350	4.573	0.37	3.548	3.2	30.345
11	1.299	18.814	2.254	18.814	2.58	14.729	3.2	18.814
13	1.255	14.801	2.175	14.432	2.49	12.049	3.2	15.982
17	0.100	0.905	0.170	0.943	0.20	0.736	3.2	12.138
19	0.102	0.822	0.180	0.857	0.20	0.670	3.2	10.924
23	0.615	4.111	1.070	4.287	1.13	3.315	3.2	9.104
25	0.579	3.563	1.000	3.715	1.06	2.873	3.2	8.294
V_{THD}（%）	2.1		3.506		4		4	

表 6-1 中 V_{THD} 的值反应了波形畸变程度，当在系统母线附近的交警节点接入 DG 时，由于此时的 V_{THD} 值还小，此时限制 DG 准入功率的主要是 I_{PCC}^h。而当 DG 在远离系统母线的通达节点接入时，此时的 V_{THD} 已经达到国标规定 10kV 系统的限值 4%，所以此时限制 DG 准入功率的主要是 V_{THD}。根据上述分析可以得出结论，DG 接入位置越接近线路末端，其值越大，所以 DG 的最大准入功率将逐渐减小，计算结果如图 6-4 所示。

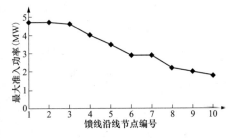

图 6-4 测试系统最大准入功率的计算结果

6.1.2 相间短路影响的分布式电源准入容量

在分布式发电的初期阶段，如何在保持现有保护协调性的前提下接入最大容量的分布式电源是面临的首要问题。针对此问题，建立了乐观和保守估计下的准入容量数学模型，介绍至少准入容量的计算方法。结合杭州电力局配电网数据，推算了一个配电线路所能接入的分布式电源的准入容量，以证明所述数学模型的有解性、合理性。

由于分布式电源（DG）的接入，使配电网中短路电流的流向及分布都发生了变化，从而影响到原有保护的配置，会引起保护误动或者由于灵敏度降低而拒动。不论重合闸前加速方式或重合闸后加速方式，为了确保保护的正确动作，对 DG 提供的短路电流加以限制，以速断保护或定时限过流保护整定值为约束条件，两者只是范围不同，在本质上没有区别。后文将介绍保持原有的保护协调性条件下的 DG 准入容量计算模型和算法。

（1）乐观估计下的准入容量。短路电流可基于式（6-1）计算，即

$$I = YV \tag{6-1}$$

式中　V——网络的电压矢量；

　　　Y——网络矩阵；

　　　I——节点的注入电流。

设 I_x、I_y 为 I 的实部、虚部，V_x、V_y 为 V 的实部、虚部，$x_d{}'$ 为电动机的暂态电抗，

可进一步表述为 g（I_x，I_y，V_x，V_y，x'_d）=0。由此进一步计算准入容量。首先假定系统只接入一台 DG，该发电机出力未知。发电机容量 S 和暂态电抗 x'_d 可近似用 $x'_d = f(S)$ 描述。

（2）实际算例。杭州电力局永宁变 10kV 半山线采用电流速断和定时限过电流保护，沿线支线采用高压熔丝保护或负荷开关，定时限过电流保护延时 0.5s，线路配备重合闸前加速装置。根据上文的分析，计算 DG 最大准入容量主要考虑当 DG 的接入改变短路电流的大小和分布，应不影响原有保护的配置和正确动作。对 DG 接入容量的约束条件有 3 个：

相邻线路故障，DG 提供的反向电流不应使 DL 定时限过流保护动作。线路末端两相短路故障时，由于 DG 的接入降低了 DL 检测到的故障电流，减小了的故障电流仍要保证电流速断保护能可靠动作。

DG 的接入保证电流速断保护跳开前不损伤支线熔丝。在以下的计算中以 10kV 半山线为例，其速断保护按保护线路全线瞬时跳闸方式整定，保护灵敏系数取 1.5，其定值为 2129A，过流保护按最大负荷电流整定，其值为 819A。选择分散电源分别装设在建备支线、车厂分线以及袁家村 2 分线为例进行计算，以 A、B、C 来表示。考虑 DG 的运行特性，其功率因数取为 0.9（滞后）且不参与调压。

（3）单电源接入方式下 DG 最大准入容量计算。在所选的 3 回支线中分别接入一台 DG，根据以上约束条件选定不同的故障点和故障类型，改变 DG 的容量，计算相应的故障电流，将求得的故障电流与相应的整定值比较，判断是否满足约束条件，从而得到单电源不同接入点下的最大准入容量。相邻线路故障时，DG 所产生的最大反向电流不应使 DL 定时限过流保护动作。根据此原则，在某一支线处接入不同容量的 DG，以永宁变 10kV 母线故障作为相邻线路故障，计算断路器 DL 所检测到的故障电流，只有故障电流小于整定值时，DG 的容量才是允许的。计算结果如图 6-5 所示。

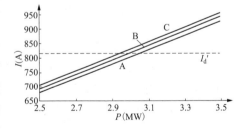

图 6-5　反向故障电流随 DG 容量和位置变化的轨迹

由图 6-6 可见，DG 的接入位置和容量大小影响反向短路电流的大小，随 DG 向系统母线的靠近，实质上是电气距离越近，所提供的反向故障电流越大，允许接入的容量越小。对算例中的 A、B、C 这 3 回支线，其能承受的最大准入容量分别为 3050、3000kW 和 2950kW。

线路末端两相短路故障时，DG 的接入降低了 DL 检测到的故障电流水平，要保证保护能可靠动作，DL 检测到的故障电流必须大于整定值 2129A。根据此原则，改变接入 DG 的容量，计算相应的故障电流，从而得到允许接入的 DG 的最大容量。计算结果如图 6-6 所示。

由图 6-6 可见：同一位置处，DL 的保护检测到的故障电流随着 DG 容量的增加而下降；DG 并接在线路的不同位置，DL 的保护检测到的故障电流也有相当大差异，即不同的接入位置，分散电源准入容量有着很大的不同；对算例中的 A、B、C 这 3 回支线，其

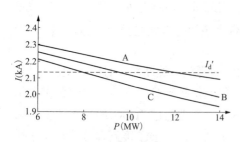

图 6-6 末端故障时故障电流随 DG
容量和位置变化的轨迹

能承受的最大准入容量分别为 12318、9517kW 和 8050kW。

获取各支线熔丝的特性曲线，考虑到电流速断保护的固有动作时延，此处取 0.1s，取各熔丝特性曲线上 0.1s 对应的电流值 I_d'。只有在 DG 接入后，任一支线发生故障时，熔丝和断路器 DL 依然能保持保护的协调性关系，DG 的接入才是被允许的。在系统电源和 DG 作用下的故障电流，其必须保证电流速断保护跳开断路器 DL 之前，不会损伤支线熔丝，这个最大的 DG 容量就是该点的最大准入容量。按照这种计算原则，得到如图 6-7 所示的曲线。

根据结果可以看出，随着熔丝特性曲线的不同，其所能允许接入的 DG 容量也发生很大的变化，其准入容量的变化趋势为随接入点向线路末端的靠近而增加。对算例中的 A、B、C 这 3 回支线，其能承受的最大准入容量分别为 3380、4250kW 和 4450kW。

随着分布式发电技术的不断发展，配电系统中将接入大量的 DG，这将使配电网原有的保护装置无法适应新的网络结构，如果不对保护系统做出一些必要的改进，将无法保证配电网的稳定运行和保护的可靠动作，也不能安全、充分地利用 DG 对发电、输电网和配电网容量的支撑作用。

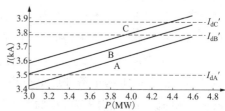

图 6-7 DG 对断路器-熔丝保护协调的影响

如何协调分布式发电对配电系统保护的影响，依然需要进行大量的研究。

6.1.3 基于灵敏度分析法的分布式电源准入功率

明确一个系统的分布式电源准入功率，是科学地规划该系统内分布式电源的前提，考虑节点电压约束的分布式电源准入功率计算是目前研究的热点。针对分布式电源接入后可能引起电压越限，基于线性化的节点功率方程，提出采用电压灵敏度分析法计算各个节点的分布式电源准入功率，减少了计算量，通过对 IEEE33 节点配电系统的仿真分析，验证了该方法的可行性和正确性。同时提出了系统准入功率薄弱节点的概念，并分析了这种节点的一些基本性质，并利用该方法分析不同负荷水平、分布式电源接入位置及功率因数对准入功率的影响，为规划配电网内的分布式电源提供参考。

目前，我国智能电网的建设蓬勃发展，越来越多的地方供电企业和用电客户计划在配电网内建设分布式电源（distributed generation，DG）作为集中式供电的有益补充。分布式电源通常安置在用户附近且运行方式灵活，具有提高配电网运行的经济性、可靠性及改善电压质量的潜力。此外，分布式电源大多采用可再生能源发电技术，对缓解能源供应紧张及节能减排有重要意义。但分布式电源的接入改变了传统配电网的运行方式，由此带来的电压调整、保护配置、过电压、电能质量等问题又决定了必须经过科学的规划后才能接入分布式电源，这样才能充分发挥分布式电源的正面效应，减轻分布式电源并网可能带来的不利影响。

国内外已有不少文献基于某一个约束条件，研究了分布式电源的准入功率问题。考虑节点电压约束（静态安全约束）采用一种两分法和枚举法相结合的算法（实际是一种改进的重复潮流算法）求解分布式电源的准入功率，并分析有载调压变压器分接头调压及分布式电源故障解列对准入功率的影响。此外，考虑谐波畸变率或非正常孤岛检测盲区等约束条件，研究了分布式电源的准入功率。事实上，保护装置的可靠性问题可以通过升级或重新整定保护装置解决，谐波问题可以通过加装谐波抑制装置缓解，是否采取这些措施以提高分布式电源的准入功率是需要考虑的经济性问题。

在配电网现有网架结构和负荷水平下保证分布式电源接入后节点稳态电压在合理范围内，是决定分布式电源准入功率的主要因素。本文基于节点电压约束，采用电压灵敏度分析法计算分布式电源的准入功率，只需一次潮流计算和简单的矩阵变换即可直接计算出某个节点的分布式电源的准入功率，克服已有方法计算量大、费时等缺点。利用该方法对 IEEE33 节点配电系统进行仿真分析，验证了该方的可行性和正确性。同时提出了系统准入功率薄弱节点的概念，并分析了这种节点的一些基本性质。并利用该方法分析了负荷水平及分布式电源功率因数对准入功率的影响，为规划配电网内的分布式电源提供参考。

基于线性化的节点功率方程，采用电压敏感度分析法计算考虑节点电压约束的分布式电源准入功率，克服了传统方法（重复潮流法、枚举法）计算量大、费时的缺点。对 IEEE33 节点配电系统进行仿真分析，验证了该方法的正确性和有效性。配电网对分布式电源的准入功率和系统的负荷水平、分布式电源的接入位置及功率因数相关：

（1）分布式电源接入一条馈线支路首端附近的节点时准入功率大，而接入馈线末端附近的节点时准入功率小。但综合考虑分布式电源减少网损和改善电压偏移的效果，接入首端附近的节点并不一定是最优方案。

（2）负荷高峰时各个节点的准入功率大，负荷低谷时各个节点的准入功率小，规划系统内的分布式电源时应考虑负荷低谷时准入功率的限制。

（3）功率因数滞后的分布式电源在输出有功功率的同时输出一定的无功功率，对节点电压的抬升更明显，因此准入功率也低。而功率因数超前的分布式电源在输出有功功率的同时吸收一定的无功功率，给配电网的无功管理带来负面影响。因此实际运行中分布式电源应尽量保持单位功率因数运行。

6.2　多目标规划模型

6.2.1　研究背景

目前配电网中的新能源发电主要是分布式电源（DG）的形式接入，主要包括可再生能源发电的太阳能发电（光伏电池、光热发电）、风能发电、水力发电、生物质能发电以及潮汐能发电等；还有利用非可再生能源发电的微型燃气轮机、内燃机、氯气燃料电池、电热联产等。由于 DG 经济、环保、灵活、可靠等优点，大电网结合 DG 的供电方式被认为是能降低投资、节能降耗、保证系统安全可靠稳定运行的重要方式，是未来电力行业的重要发展方向。

分布式发电技术具有传统发电技术所无法比拟的优势，其节能效果好、环境负面影响小、安全可靠性高、调峰性能好、能源结构多样、经济效益好，日益受到人们的关注，其应用也在逐步增多，在全球能源紧张和环境污染日益严重的大背景下，发展分布式发电技术已成为各国政府的首要目标。其主要优点如下：

（1）环保，对环境污染少。DG 通常采用氨气、天然气、太阳能、风能等各种清洁可再生能源和先进的能量转换技术，有很高的发电效率，可降低有害物质的排放量。大量就近供电使大容量、远距离的高电压输电线的建设减少了，因此减少了输电线路的征地面积、线路走廊以及电磁污染。

（2）节能，能量利用率高。合理地接入 DG，可改变系统潮流，改善电压分布水平，大幅度降低网损。DG 还可为用户提冷热电联产的能源巧用方式。所以 DG 是一种处理能源危机、安全问题和增加能源利用效率的好途径。

（3）提高系统运行可靠性。DG 容量小且采用先进的控制技术，停开机方便快速，有灵活的负荷调节能力，其出力可按小时调节，控制灵活。DG 技术可与大电网配合，在出现重大故障和意外灾害时，形成微电网对一级负荷用户供电，是集中式供电的重要填补方式。

（4）提高用户电能质量，跟随负荷变化。部分 DG 分布邻近负荷，可降低输配电损耗，及时随负荷的变化而调整发电，在一定程度上缓解系统的压力。分布式电源能为发展落后和无工业用电的偏远地区提供一种合理的经济型供电方式。

（5）促进电力市场的发展完善。随着 DG 渐渐渗透公用电网，供电方式将多元化。这将引起供电商的竞争模式，使电价更合理，可得到进一步提高供电可靠性。

目前，配电网规划的主要任务是在满足电网安全、可靠、稳定运行的前提下，合理地制定符合地区或城市电网发展的方案，满足负荷的发展需求。电力系统作为重工业，对环境污染大，故应担负起推进新能源发展的重大职责。为切实响应节能减排的号召，电力系统应当考虑 DG 的合理接入。在配电网中接入 DG，将原来单一的由输电网接收、分配电能的系统转变为集电能转化、分配和存储为一体的新型电力系统，是逐步实现这一网架结构转变的重要举措。

对于一个 DG 来说，它能承担一部分的高峰负荷，有效缓解部分线路的承载限制，延缓线路的改造升级；同时也可降低电能损耗、减少长线路的投入等。DG 如风电、光伏等，虽然有节约能源、减少环境污染、降低网络损耗、改善电压分布和增加系统稳定性等方面的优点，但由于气候环境的原因，其出力的随机、间接和波动的特性比较明显。然而，DG 大规模的渗透也会产生一定的负面影响，具体与接入 DG 的位置与容量息息相关。大多数传统的辐射状配电网仅含单个电源，当大量 DG 随机连接或退出配电网时，会加大系统负荷预测及调度运行的难度，给配电网规划带来不同水平的影响。配电网规划属于多维、动态规划问题，其本身节点众多，大量 DG 涌入后，使得电网节点选址方案的寻优过程更加困难。电力工作人员必须重新调整配电网规划，评估 DG 所带来的影响，充分发挥其特点和优势，在保证大电网安全、可靠和经济运行的同时，要尽可能地利用可再生清洁能源，促进环境和能源的全面协调可持续发展。

对于含 DG 的配电网规划，很多学者已从不同角度进行了研究，通常包含两大类型：单一的 DG 规划和 DG 与配电网综合的协调规划。单一规划指在配电网变电站与系统馈线不变的前提下，只规划 DG 接入的类型、位置与容量，又称为 DG 的布点规划；DG 与配电网综合的协调规划是在部分配电网变电站或馈线等设备已经规划的基础上，为了满足负荷增长和新增负荷节点，增设变压器、馈线、DG，属于配电系统的全局优化。无论是 DG 的布点规划还是配电系统的全局优化，含 DG 的配电网规划是典型的非确定多项式优化问题，其解法可分为三类：启发式算法、数学优化算法和智能优化算法。启发式算法通过启发式的过程实现，该算法操作简单、计算速度快，不必求出最佳值，得到的解可能只是局部最优解或者是达不到最靠近最优解的解；数学优化算法是通过数学模型描述，理论上它可使所得达到最佳性。常用的数学优化算法有：线性、非线性规划，分支定界法与 Bender 分解技术等。该算法用于求解配电网规划问题时，由于系统规模的加大，算法陷入局部最优的概率也会随之增加。前两种算法的优点在于原理简单，思路直接，而缺点在于不能有效解决高维的配电网规划问题。此外，智能优化算法通过人工智能或者机器智能解决优化问题，包含遗传算法（GA）、模拟退火算法（SA）、蚁群优化算法（ACO）、粒子群算法（PSO）、人工鱼群算法（AFSA）、禁忌搜索算法（TS）、人工神经网络（ANN）、进化算法（EA）等，这些算法适用于求解组合优化及非线性优化问题。在基本优化算法的基础上，国内外学者提出了各种改进算法，尽可能使优化过程更快、更准确。

在已有配电网的网架结构下对 DG 进行选址定容规划，通过确切评价 DG 对所在电力系统的各种影响，以电源规划为出发点，规划出 DG 的最优安装位置与容量，使 DG 的接入能提高系统运行的稳定性、可靠性和经济性。

含有 DG 的配电网综合扩展规划问题，是以配电网规划为出发点，在符合负荷增长需求的条件下，规划出一个包括新建变电站选址定容、电网新建线路投建与已有线路升级、分布式电源的最佳安装位置和容量的方案。李娜、曹琳洁等人基于全周期寿命成本理论建模，选用 Voronoi 图理论自动划分各变电站的供电半径，利用改进的量子遗传算法（QGA）来求解含 DG 的配电网变电站选址与定容问题。曹立平提出了基于 PSO 原理改进的算术交叉遗传算法（ACGA），采用 Prufer 编码配电网构造，建立了恒功率与变功率的 DG 协同混合接入配电网后的选址与定容优化模型。

6.2.2 DG 技术及对电力系统的影响

电力系统接入 DG 的同时，会给系统带来许多的变化。尽管这些变化在各个地方不会同时发生，但对大部分国家的电力系统还是会造成不同程度的影响。这些已经、正在或将要发生的主要变化包括：

（1）可再生新能源发电取代化石能源发电。

（2）连接配电网的小规模发电单元将取代传统风机。

（3）垂直一体化的电力系统包括输电、发电、配电由同一运营商管理被拆分，这种拆分在不同国家有不同形式，但是典型的拆分都是基于发电、输电和配电，例如供电市场开放竞争机制，而输电网与配电网受到某个监督管理机构的垄断经营。

（4）发电设备不再为某个或某几个拥有者所拥有，而是由许多经营者引入电力市场。这样，便允许家庭用户利用房顶光伏电池板或者地下室的热电联供房顶装置发电。投资者不总是盈利的，但其风险却由用电消费者所承担。开放电力市场在许多国家还存在着法律和管理上的壁垒，但他们正逐渐被打破。

将大量 DG 并入电网是极具挑战性的，这与分布式发电的当地情况、能源特性、并网类型等因素密切相关。未来在配电网中可能带来的负面影响如下：

（1）用电量低谷时会有大量多余发电量，将出现馈线和变压器过载现象。

（2）用于发电的配电馈线位于边远地区，使过电压风险增加。理论上在发电量超过用电量时，这种情况就已经发生了。在某些情况下，还会出现电压跌落的情况。

（3）由于 DG 的引入，下降的电能质量可能会超过用户的预期。

相比常规大型发电装置，DG 更加接近用电消费者，电力传输距离更小，损耗也更小，且从电网向负载传输的潮流也将减少，降低了高压电网过载风险。因此分布式发电在过载和损耗方面均具有优势。尽管在某些特定区域对于过载的影响可使用发电设备的安装容量和最大、最小负荷的一般知识来进行评估，但对于损耗的影响则需要一段时间内发电和负荷的详细信息。

由于 DG 容量的逐步增加，反向潮流造成的损耗将成为主要损耗。当分布式发电发出的电能是其消耗的 2 倍以上时，接入分布式发电产生的损耗将大于没有接入分布式发电时的损耗。这是关于分布式发电的一个重要数据，但即使在这种情况下，损耗的增加也是绿色电能的一部分。尽管 DG 会增加损耗，但却不会成为阻碍 DG 新发展的原因。因为分布式发电的重要性在于使用可再生能源替代常规化石能源，这些损耗相比被替代的化石能源根本无足轻重。

DG 对于过载风险产生的影响更加直接，并且可接入 DG 的数量限制是一个硬性指标。一旦一个设备的承载负荷容量超出，过载保护就使得这个设备脱离电网，否则，这台设备就会损坏导致短路。在任何一种情况下，都会造成一个或多个用户的用电中断。当最大发电量比最大和最小用电量之和大时，过载风险将增加，这时馈线将过载。

在设计分布式电网时，防止较大的电压跌落是一个需要认真对待的问题。它对最大馈线长度做出限制，不同情况下对应不同的方法，用来消除或减小电压跌落。若在中压馈线的首端将电压设置在允许电压范围的上限，则在末端用户设备发生过电压的可能性就会小很多。

分布式发电的引入却让这种可能性变得更为复杂，过电压问题也将凸显出来。尤其对于地理位置远离主变电站的地区，电压上升成为将分布式发电接入的主要限制。由于注入有功功率导致的电压幅值上升与 DG 接入点的电源阻抗中的电阻型分量有关，对于远距离的情况，电压上升很明显。此外，电压上升将会限制最大发电量。当发电机工作于单位功率因数时，电压抬升得越高，末端用户设备的过电压问题越严重；当发电机比如异步发电机消耗无功功率时，电压幅值抬升较少。

当配电网中引入了新的发电单位时，系统的电能质量可能会受到很多方面的影响。如果接入发电量较少将主要造成局部影响，而接入大量的发电量将会造成全局影响，而下列是引入 DG 相关的发展给系统的电能质量方面带来的影响：

（1）发电机将会带来更大的干扰，主要是在谐波、电压波动、不平衡度及发电机开关切换引起的干扰等方面。

（2）大型的或多台小型的单相发电机会增强电压平衡性。

（3）配电网日益增强的稳固性将会限制干扰范围的扩大，这种影响对于不同接口和不同类型的干扰是不同的。同步发电机相比其他类型接口更加有优势。这种影响对于谐波来说将变得更加复杂，这是由于频率和电源阻抗有很大关系。

（4）将发电量从输电网移到配电网将会降低输电网的坚强度。将发电量从输电网移到配电网将造成输电网中干扰传播更广，或者干扰从配电网传输到输电网中。这可能是电压水平波动、不平衡度、大型设备产生的谐波或由于输电网故障产生的电压跌落。

（5）还有一些分布式发电类型与电容或电容组相关。在输电网和次级输电网中长电线将造成与电网相连的额外电容值，这会增加在谐波频率处发生谐振的风险，同时会将已有谐振点向更低频率移动。在配电网中，电容的影响表现为限制在新地点的谐振引入，以及将谐振移到更低频率处。

所有上述影响，即使是正面的影响，也不应该发生。但仍然有可能通过采用合理地分布式发电来增强电能质量。

（1）DG 对于特定的干扰水平有正面的作用。特定的干扰水平主要指电压水平跌落、产生谐波、电压水平波动等。电压源的存在使得配电网系统更加强健，并对上述干扰提供了阻尼控制。选择发电机的位置可以改进电压质量，从而可以减少配电网在保证电压质量方面的投资。

（2）发电机的机端电压可通过灵活按照发电机与电网之间的无功功率交换来实现。当采用同步发电机或有电力电子接口的发电机时，这将成为可能。电力电子接口的发电机具有最为灵活和最快速的控制能力。通过采用灵活控制，还能减弱电压波动，减缓电压跌落。

（3）可通过电力电子变换器提供的高级控制策略来减轻谐波畸变率。变换器可以无须检测下游负荷而补偿下游的谐波干扰。变换器也可为谐波频率提供阻尼效应，并且通过送种方式限制谐振频率下的电压畸变。

DG 通过多种方式对配电网的保护分别产生不同影响，其中一些影响是由于发电机并网增加的故障电流，还有一些影响是因为一台发电机造成的故障电流太小，其中广泛讨论的一个影响是无法控制的孤岛运行。DG 对配电网保护的影响程度与故障电流大小及并入电网接口的大小和类型有关。同步发电机将造成连续的短路电流，异步发电机在对称故障时将造成一个或两个周期的短路电流，在不对称故障时将造成更长时间的短路电流。采用电力电子接口的 DG 基本上不会产生故障电流。

DG 对配电网的继电保护大致上有如下几个方面的具体影响：

（1）造成保护装置的误动作，配电网接入 DG 后相邻馈线的故障很有可能使得无故障的馈线跳闸，从而失电。

（2）造成保护装置的拒动，DG 产生的故障电流拉低了所在馈线保护装置的检测电流值，使得对应的保护由于未达到设定的动作值便无法启动。

（3）在传统的电力系统保护设备中，例如自动重合闸、熔断器等本来就没有方向性，然而采用具有方向性的敏感元件来代替电力系统中所有的保护装置，考虑其经济性却是不可行的。

（4）保护装置的误动是大量接入 DG 的另一个潜在后果。这可能导致发电运行失败或者出现不可行的。

6.3　多目标优化决策

DG 作为新能源的最佳利用方式，在缓解能源紧张、环境污染等问题上都有无法比拟的优势。电力专家认为 DG 与传统的集中式大电网相结合能有效地解决一些集中式发电一些无法避免而又重要的问题。DG 并网对配电网的影响程度与好坏主要由 DG 的安装位置及容量所决定，合理的 DG 配置在降低网络损耗、提高负荷率、改善电压水平上都能起到很好的作用。若 DG 配置不合理，不但无法起到积极作用，甚至有可能会破坏电网安全稳定的运行。因此，为满足配电网运行对经济、安全、稳定方面的基本要求，同时最大可能地发挥 DG 并网的积极作用，DG 并网时需要进行合理的规划。目前对 DG 优化配置问题研究仍存在很多问题，要么在优化目标上考虑得比较单一，要么在处理多目标问题时，为求解方便简单地通过先验法将其转化为单目标。这样简单的处理往往无法正确处理各个目标间的内在的信息量和价值量，在最终决策时也会面临缺少可选择和分析方案的情况。因此，针对分布式电源 DG 选址定容问题，应从多目标综合优化模型、求解算法以及最终决策多个方面进行研究。

6.3.1　多目标优化配置数学模型

配电系统合格运行需要具备的基本条件是能够持续可靠地供电、电能质量符合负荷要求和系统运行的经济性良好。从上述角度出发，本章以 DG 的并网位置和容量为控制变量，建立以降低有功功率损耗、减小电压偏差和提高电压稳定性为目标的优化模型。有功功率损耗在很大程度上能够衡量电力系统的经济性；电压偏差是电能质量的重要组成成分，一定程度上可表征电能质量；电压稳定性是描述系统安全性等级的重要因素，电压稳定性关乎着系统是否能够可靠持续供电。配电系统运行的经济性关乎电力企业和社会的经济效益，网损是衡量其运行经济性的一项重要指标，从经济效益上考虑减少系统有功功率损耗具有重大意义和必要性。另外，网损的降低有利于保护线路、减小电压降、提高电压水平等。然而，不合理的 DG 并网配置，可能不能降低网损，反而会增加网损。所以，网损是优化 DG 并网配置时无法忽视的一个重要指标。基于上述原因，考虑将最小化系统有功功率损耗作为 DG 多目标优化模型第一个目标函数，系统有功功率网损可用数学表达式表示为

$$P_{\text{loss}} = \sum_{k=1}^{B} G_k [V_i^2 + V_j^2 - 2V_i V_j \cos(\theta_i - \theta_j)] \tag{6-2}$$

式中　B——系统支路总数；

　　　G_k——连接节点 i 和 j 的支路 k 的电导；

　　　V——节点电压幅值；

　　　θ——节点电压相位。

DG 接入配电网前后馈线节点电压幅值的变化尤为明显，一般来说，DG 的接入对节点电压能起到抬升作用，有利于减小节点的电压偏差，从而提高系统的电压水平，但如果 DG 配置不合理，一些节点的电压有可能会超出电压的额定值，造成负面影响。另外，科技快速发展的今天，一些用电负荷对电压质量的要求也在不断提高。因此，在进行 DG 并网规划时，电压偏差合乎要求是 DG 并网方案可行的前提条件，更希望系统电压偏差尽可能小。社会经济飞速的发展和人民生活水平不断地提高，促使配电网负荷量急速增长，使配电网的运行向它的极限状态不断地靠近，系统的电压稳定性自然因此降低。当系统电压稳定水平降低到一定程度时，系统遭受一些小扰动就会使母线的电压大幅度的下跌，负荷得不到正常的电能供给，最终系统会出现电压的崩溃现象。系统的电压稳定性是评估电网运行可靠性与安全性的重要指标之一，合理的 DG 接入可以有效地改善电压稳定水平，保证系统更加稳定的运行，所以将电压稳定性作为 DG 优化模型的一个目标函数。运行人员主要通过系统当前运行状态到电压稳定极限的距离来判断电压的稳定性。静态电压稳定指标（voltage stability index，VSI）能够有效地量化当前运行状态到电压稳定极限的距离，所以用它来表征系统的电压稳定性。

6.3.2　数学模型求解流程

对于优化问题，多目标与单目标最大的不同处在于，单目标的最优解具有单一性，而多目标由于各目标函数相互独立，往往难以用量化的方法进行描述，其解在理论上不会像单目标一样只有一个，而是由多个最优解组成的集合。目前，

在多目标优化上，Pareto 最优概念受到了广大研究学者的认可和使用，即多目标优化的求解要得到的不是某一个最优解，而是提供一组称为 Pareto 前沿解集，Pareto 前端解集是运行人员进行决策的基础。DG 优化配置问题中的变量分为决策变量和状态变量：决策变量为 DG 并网位置和容量；状态变量主要为节点电压和功率。状态变量取决于决策变量，知道决策变量后经潮流计算就可以知道状态变量。此外，还可以使用改进的 DEMO 算法求解本文目标优化模型问题。该算法的具体求解流程如下：

（1）读取系统参数。系统参数指配电网系统线路参数和负荷数据，设置总群数 NP、最大迭代次数 T、交叉因子 CR、变异因子 F 等参数。

（2）初始群体的产生。初始群体的产生指使用随机初始化法生成 NP 个个体，个体

向量的组成成分为 DG 并网的位置和容量。DG 并网位置为离散变量,生成方法为:通过可行节点范围中随机选择一个代表节点位置的整数;DG 并网容量为连续变量,生成方法为:在确定 DG 并网节点对应的范围内随机选择。个体的各个分量都应满足相应的约束条件。

(3)快速非支配排序。快速非支配排序指根据优化模型进行潮流计算,可以得到每一时步种群所有个体的目标函数值(有功功率损耗、电压偏差、静态电压稳定性指标),进而可以确定个体的支配关系,实现种群分层和拥挤距离计算,将所有个体从优到劣排序,并赋予种群中所有个体与它排序位置相对应的排名值。

(4)生成子种群。基于个体排名随机选择个体进行变异,交叉操作以生成子种群,在变异交叉过程中根据其选取个体的排名自适应地调节变异因子 F 和交叉因子 CR 的值。其次根据个体的支配关系,对父代与子代种群进行选择操作,生成下一代新种群。再对新种群所有个体赋予优劣等级,对需要删除个体的等级层面进行拥挤距离计算,采用逐步淘汰拥挤距离最小个体策略,裁剪新种群。

(5)重复步骤(3)~(5),直至迭代次数达到预设的停止迭代次数 T 时停止迭代,并输出相应的结果。

由上述的改进 DEMO 算法可以得到当前时步的 pareto 最优解集,作为 DG 安装的可行预备方案。由于 pareto 最优解集包含多个 DG 安装方案,配电网公司需对各待选 DG 安装方案进行决策评价,选取最终的安装方案,即进行多属性决策。多属性决策是指对以多指标体系描述的对象集作出富含全面性、整体性的评价。其实质是结合需求对有限个候选方案进行评价,来比较各方案的相对优劣,选取相对最优的方案。

6.4 考虑 DG 接入的配电网设计规范

6.4.1 范围

本标准规定了新建、改建和扩建的分布式电源接入 35kV 及以下电压等级用户配电网设计应遵循的一般原则和技术要求。本标准适用于国家电网公司经营区域内接入 35kV 及以下电压等级用户配电网的新建、改建和扩建的分布式电源。接入公共电网、发电量全部上网的发电项目、小水电执行国家电网公司常规电源相关规定。接入 35kV 及以下电压等级电网的其他小型电源也可以参照执行。

6.4.2 规范性引用文件

对于本文件的应用来说,下列文件是必不可少的。凡是注日期的引用文件,仅注日期的版本适用于本文件。凡是不注日期的引用文件,其最新版本(包括所有的修改单)适用于本文件。

GB 2894　安全标志及其使用导则

GB/T 6451　油浸式电力变压器技术参数和要求

GB/T 12325　电能质量供电电压偏差

GB/T 12326　电能质量电压波动和闪变

GB/T 14285　继电保护和安全自动装置技术规程

GB/T 15543　电能质量三相电压不平衡

GB/T 14549　电能质量公用电网谐波

GB/T 17468　电力变压器选用导则

GB/T 19862　电能质量监测设备通用要求

GB/Z 19964　光伏发电站接入电力系统技术规定

GB/T 22239　信息安全技术-信息系统安全等级保护基本要求

GB/T 24337　电能质量公用电网间谐波

GB 24790　电力变压器能效限定值及能效等级标准

GB/T 29319　光伏发电系统接入配电网技术规定

GB 50052　供配电系统设计规范

GB 50053　10kV 及以下变电所设计规范

GB 50054　低压配电设计规范

GB 50057　建筑物防雷设计规范

GB 50060　3～110kV 高压配电装置设计规范

GB/T 50065　交流电气装置的接地设计规范

DL/T 448　电能计量装置技术管理规程

DL/T 584　3～110kV 电网继电保护装置运行整定规程

DL/T 599　城市中低压配电网改造技术导则

DL/T 634.5101　远动设备及系统　第 5-101 部分：传输规约基本远动任务配套标准

DL/T 634.5104　远动设备及系统　第 5-104 部分：传输规约采用标准 IEC 60870-5-101
网络访问

DL 645　多功能电能表通信协议

DL/T 5002　地区电网调度自动化设计技术规程

DL/T 5202　电能量计量系统设计技术规程

Q/GDW 212　电力系统无功补偿配置技术原则

Q/GDW 370　城市配电网技术导则

Q/GDW 480　分布式电源接入电网技术规定

Q/GDW 594　国家电网公司信息化"SG186"工程安全防护总体方案

Q/GDW 617　光伏电站接入电网技术规定

Q/GDW 738　配电网规划设计技术导则

Q/GDW 1354—2013　智能电能表功能规范

Q/GDW 1364—2013　单相智能电能表技术规范

Q/GDW 1827—2013　三相智能电能表技术规范

6.4.3 术语和定义

（1）分布式电源 distributed generation。

本标准针对分布式电源，主要用来服务用户端，多数建设在用户所在场地或附近、运行方式以用户端自发自用为主、多余电量上网，且在配电网系统平衡调节为特征的发电设施或有电力输出的能量综合梯级利用多联供设施。常见的新能源式分布式电源类型包括太阳能、天然气、生物质能、风能、地热能、海洋能、资源综合利用发电（含煤矿瓦斯发电）等，以同步发电机、感应发电机、变流器等形式接入电网。

（2）公共连接点 point of common coupling（PCC）。

用户系统（发电或用电）接入公用电网的连接处。

（3）并网点 point of interconnection。

对于有升压站的分布式电源，并网点为分布式电源升压站高压侧母线或节点；对于无升压站的分布式电源，并网点为分布式电源的输出汇总点。

（4）接入点 joint of distributed generation。

电源接入电网的连接处，该电网既可能是公共电网，也可能是用户电网。

（5）专线接入 joint of special lin。

分布式电源的接入点处设置了分布式电源专用的开断设备（间隔），如分布式电源通过专用线路直接接入变电站、开关站、配电室母线或环网单元等方式。

（6）"T"接 joint of T line。

指分布式电源的接入点处未设置专用的开断设备（间隔），分布式电源通过 T 接接入架空线路或电缆分支箱的方式。

（7）变流器 converter。

用于将电能转换成适合于电网使用的一种或多种形式电能的电气设备（Q/GDW 480—2010《分布式电源接入电网技术规定》），通常所称的"逆变器"是变流器的一种类型。

注1：具备控制、保护和滤波功能，用于电源和电网之间接口的静态功率变电流，有时被称为功率调节子系统、功率变换系统、静态变换器，或者功率调节单元。

注2：由于其整体化的属性，在维修或维护时才要求变流器与电网完全断开。在其他所有的时间里，无论变流器是否在向电网输送电力，控制电路应保持与电网的连接，以检测电网状态。"停止向电网线路送电"的说法在本规定中普遍使用。应该认识到在发生跳闸时，例如过电压跳闸，变流器不会与电网完全断开。变流器维护时可以通过一个电网交流断路开关实现与电网完全断开。

（8）变流器类型分布式电源 converter-type power supply。

采用变流器连接到电网的分布式电源。

（9）同步发电机类型分布式电源 synchronous-machine-type power supply。

通过同步发电机发电并直接连接到电网的分布式电源。

（10）感应发电机类型分布式电源 asynchronous-machine-type power supply。

通过感应发电机发电并直接连接到电网的分布式电源。

（11）孤岛 islanding。

公共电网失压时，电源仍保持对用户电网中的某一部分线路继续供电的状态。孤岛现象可分为非计划性孤岛现象和计划性孤岛现象。

6.4.4　基本规定

分布式电源接入 35kV 及以下电压等级用户配电网设计应遵循以下基本原则：

（1）接入配电网的分布式电源按照类型主要包括变流器型分布式电源、感应发电机型分布式电源及同步发电机型分布式电源。

（2）分布式电源接入配电网，其电能质量、有功功率及其变化率、无功功率及电压、在电网电压/频率发生异常时的响应，均应满足现行国家、行业标准的有关规定。

（3）分布式电源接入配电网设计应遵循资源节约、环境友好、新技术、新材料、新工艺的原则。

6.4.5　一次系统设计

当 DG 接入用户配电网系统一次设计时应符合 GB 50052《供配电系统设计规范》、GB 50053《10kV 及以下变电所设计规范》、GB 50054《低压配电设计规范》、GB 50060《3～110kV 高压配电装置设计规范》、DL/T 599《城市中低压配电网改造技术导则》、Q/GDW 370《城市配电网技术导则》、Q/GDW 738《配电网规划设计技术导则》的要求，防雷接地应符合 GB 50057《建筑物防雷设计规范》的规定，安全标志应符合 GB 2894《安全标志及其使用导则》规定。

对于单个并网点而言，接入的电压等级应按照安全性、灵活性、经济性的原则，根据分布式电源容量、发电特性、导线载流量、上级变压器及线路可接纳能力、用户所在地区配电网情况，经过综合比选后确定，具体可参考见表 6-2。

表 6-2　　　　　　　　　　分布式电源接入电压等级推荐表

单个并网点容量	并网电压等级
8kW 以下	220V
400kW 以下 380V	380V
400kW～6MW	10kV
6MW～20MW	35kV

注　最终并网电压等级应根据电网条件，通过技术经济比选论证确定。若高低两级电压均具备接入条件，优先采用低电压等级接入。

分布式电源接入点的选择应根据其电压等级及周边电网情况确定，具体见表 6-3。

表 6-3　　　　　　　　　　分布式电源接入电压等级推荐表

电压等级	接入点
35kV	用户开关站、配电室或箱变母线

电压等级	接入点
10kV	用户开关站、配电室或箱变母线、环网单元
380V/220V	用户配电室、箱变低压母线或用户计量配电箱

潮流计算

分布式电源接入系统潮流计算应遵循以下原则：

（1）潮流计算不需要对分布式电源送出线路进行"$N-1$"校核。

（2）分布式电源接入配电网设计时，应对设计水平年有代表性的电源出力和不同负荷组合的运行方式，检修运行方式，以及事故运行方式进行分析，必要时进行潮流计算以校核该地区潮流分布情况及上级电源通道输送能力。

（3）必要时应考虑本项目投运后2~3年相关地区预计投运的其他分布式电源项目，并纳入潮流计算。相关地区指本项目公共连接点上级变电站所有低压侧出线覆盖地区。

短路电流计算

分布式电源接入系统短路计算应遵循以下原则：

（1）在分布式电源最大运行方式下，对分布式电源并网点及相关节点进行三相短路电流计算。必要时宜增加计算单相短路电流。短路电流计算为现有保护装置的整定和更换，以及设备选型提供依据，当已有设备短路电流开断能力不满足短路计算结果时，应提出限流措施或解决方案。

（2）分布式变流器型发电系统提供的短路电流按 1.5 倍额定电流计算；分布式同步发电机及感应发电机型发电系统提供的短路电流按式（6-3）计算，即

$$I_G = \frac{U_n}{\sqrt{3}X_d^n} \tag{6-3}$$

式中　U_n——同步发电机及感应发电机型发电系统出口基准电压；

　　　X_d^n——同步发电机或感应发电机的直轴次暂态阻抗。

同步发电机类型的分布式电源接入 35/10kV 配电网时应进行稳定计算。其他类型的发电系统及接入 380/220V 系统的分布式电源，可省略稳定计算。

6.4.6 设备选择

（1）一般原则。分布式电源接入用户配电网工程设备选择应遵循以下原则：

1）分布式电源接入系统工程应选用参数、性能满足电网及分布式电源安全可靠运行的设备。

2）分布式发电系统接地设计应满足 GB/T 50065《交流电气装置的接地设计规范》的要求。分布式电源接地方式应与配电网侧接地方式一致，并应满足人身设备安全和保护配合的要求。采用 10kV 及以上电压等级直接并网的同步发电机中性点应经避雷器接地。

3）变流器类型分布式电源接入容量超过本台区配变额定容量 25%时，配变低压铡刀熔总开关应改造为低压总开关，并在配变低压母线处装设反孤岛装置；低压总开关应

与反孤岛装置间具备操作闭锁功能，母线间有联络时，联络开关也应与反孤岛装置间具备操作闭锁功能。

（2）主接线选择。分布式电源升压站或输出汇总点的电气主接线方式，应根据分布式电源规划容量、分期建设情况、供电范围、当地负荷情况、接入电压等级和出线回路数等条件，通过技术经济分析比较后确定，可采用如下主接线方式：

1）220V：采用单元或单母线接线。

2）380V：采用单元或单母线接线。

3）10kV：采用线变组或单母线接线。

4）35kV：采用线变组或单母线接线。

5）接有分布式电源的配电台区，不得与其他台区建立低压联络（配电室、箱式变低压母线间联络除外）。

（3）电气设备参数。用于分布式电源接入配电网工程的电气设备参数应符合下列要求：

1）分布式电源升压变压器。参数应包括台数、额定电压、容量、阻抗、调压方式、调压范围、连接组别、分接头以及中性点接地方式，应符合 GB 24790《电力变压器能效限定值及能效等级标准》、GB/T 6451《油浸式电力变压器技术参数和要求》、GB/T 17468《电力变压器选用导则》的有关规定。变压器容量可根据实际情况选择。

2）分布式电源送出线路。分布式电源送出线路导线截面选择应遵循以下原则：

a．分布式电源送出线路导线截面选择应根据所需送出的容量、并网电压等级选取，并考虑分布式电源发电效率等因素。

b．当接入公共电网时，应结合本地配电网规划与建设情况选择适合的导线。

3）断路器。分布式电源接入系统工程断路器选择应遵循以下原则：

a．380V/220V：分布式电源并网点应安装易操作、具有明显开断指示、具备开断故障电流能力的断路器。断路器可选用微型、塑壳式或万能断路器，根据短路电流水平选择设备开断能力，并应留有一定裕度，应具备电源端与负荷端反接能力。其中，变流器类型分布式电源并网点应安装低压并网专用开关，专用开关应具备失压跳闸及低电压闭锁合闸功能，失压跳闸定值宜整定为 $20\%U_N$、10 秒，检有压定值宜整定为大于 $85\%U_N$。

b．35kV/10kV：分布式电源并网点应安装易操作、可闭锁、具有明显开断点、具备接地条件、可开断故障电流的开断设备。

当分布式电源并网公共连接点为负荷开关时，宜改造为断路器；并根据短路电流水平选择设备开断能力，留有一定裕度。

6.4.7　无功配置

（1）一般原则。分布式电源接入系统工程设计的无功配置应满足以下要求：

1）分布式电源的无功功率和电压调节能力应满足 Q/GDW 212《电力系统无功补偿配置技术原则》、GB/T 29319《光伏发电系统接入配电网技术规定》的有关规定，应通过技术经济比较，提出合理的无功补偿措施，包括无功补偿装置的容量、类型和安装位置。

2）分布式电源系统无功补偿容量的计算应依据变流器功率因数、汇集线路、变压器和送出线路的无功损耗等因素。

3）对于同步发电机类型分布式发电系统，可省略无功计算。

4）分布式发电系统配置的无功补偿装置类型、容量及安装位置应结合分布式发电系统实际接入情况确定，必要时安装动态无功补偿装。

（2）并网功率因数。分布式电源接入系统工程设计的并网点功率因数应满足以下要求：

1）380V 电压等级。通过 380V 电压等级并网的分布式发电系统应保证并网点处功率因数在 0.95 以上。

2）35/10kV 电压等级。

a．接入用户系统、自发自用（含余量上网）的分布式光伏发电系统功率因数应在 0.95 以上。

b．采用同步发电机并网的分布式电源，功率因数应在 0.95 以上。

c．采用感应发电机及除光伏外变流器并网的分布式电源，功率因数应在 0.95～1 之间。

6.4.8 电能质量

分布式电源向当地交流负载提供电能和向电网送出电能的质量，在谐波、电压偏差、三相电压不平衡、电压波动和闪变等方面，应满足 GB/T 14549《电能质量公用电网谐波》、GB/T 24337《电能质量公用电网间谐波》、GB/T 12325《电能质量供电电压偏差》、GB/T 12326《电能质量电压波动和闪变》、GB/T 15543《电能质量三相电压不平衡》的有关规定。

分布式电源向配电网送出的电能质量应该满足以下性能指标：

（1）电压波动：输出为正弦波，电压波形失真度不超过 5%。

（2）电压值：35kV 电压值偏差小于额定电压的 10%，10kV/380V 电压值偏差小于额定电压的 7%，220V 电压值偏差小于额定电压的-7%～10%。

（3）频率：输出电流频率为 50 Hz±0.5Hz。

（4）谐波：分布式电源接入配电网后，公共连接点的谐波电压应满足 GB/T 14549 的规定。

（5）直流分量：向公共连接点注入的直流电流分量不超过其交流额定值的 0.5%。

（6）三相平衡度：以 220V 接入配电网时，应尽量保证三相平衡。

6.4.9 二次系统设置

（1）一般原则。分布式电源的继电保护应以保证公共电网的可靠性为原则，兼顾分布式电源的运行方式，采取有效的保护方案，其技术条件应符合 GB 50054《低压配电设计规范》、GB/T 14285《继电保护和安全自动装置技术规程》和 DL/T 584《3～110kV 电网继电保护装置运行整定规程》的要求。

（2）线路保护。

1）380V/220V 电压等级接入。分布式电源以 380V/220V 电压等级接入公共电网时，并网点和公共连接点的断路器应具备短路速断、延时保护功能和分励脱扣、失压跳闸及低压闭锁合闸等功能，同时应配置剩余电流保护。

2）35kV/10kV 电压等级接入。分布式电源接入 35kV/10kV 电压等级系统保护参考以下原则配置：

a．送出线路继电保护配置。

（a）采用专线接入配电网。分布式电源采用专用线路接入用户变电站或开关站母线等时，宜配置（方向）过流保护；接入配电网的分布式电源容量较大且可能导致电流保护不满足保护"四性"要求时，可配置距离保护；当上述两种保护无法整定或配合困难时，可增配纵联电流差动保护。

（b）采用"T"接方式接入配电网。分布式电源采用"T"接线路接入用户配电网时，为了保证用户其他负荷的供电可靠性，宜在分布式电源站侧配置电流速断保护反映内部故障。

b．系统侧相关保护校验及改造完善。

（a）分布式电源接入配电网后，应对分布式电源送出线路相邻线路现有保护进行校验，当不满足要求时，应调整保护配置。

（b）分布式电源接入配电网后，应校验相邻线路的开关和电流互感器是否满足要求（最大短路电流）。

（c）分布式电源接入配电网后，必要时按双侧电源线路完善保护配置。

（3）母线保护。分布式电源接入系统母线保护宜按照以下原则配置：

1）分布式电源系统设有母线时，可不设专用母线保护，发生故障时可由母线有源连接元件的后备保护切除故障。如后备保护时限不能满足稳定要求，可相应配置保护装置，快速切除母线故障。

2）应对系统侧变电站或开关站侧的母线保护进行校验，若不能满足要求时，则变电站或开关站侧应配置保护装置，快速切除母线故障。

（4）防孤岛保护。分布式电源接入系统防孤岛保护应满足：

1）变流器必须具备快速检测孤岛且检测到孤岛后立即断开与电网连接的能力，其防孤岛保护方案应与继电保护配置、频率电压异常紧急控制装置配置和低电压穿越等相配合。

2）接入 35kV/10kV 系统的变流器类型分布式电源应同时配置防孤岛保护装置，同步发电机、感应发电机类型分布式电源，无须专门设置防孤岛保护，分布式电源切除时间应与线路保护、重合闸、备自投等配合，以避免非同期合闸。

（5）安全自动装置。分布式电源接入 35kV/10kV 电压等级系统安全自动装置满足：

1）分布式电源接入配电网的安全自动装置应实现频率电压异常紧急控制功能，按照整定值跳开并网点断路器。

2）分布式电源 35kV/10kV 电压等级接入配电网时，应在并网点设置安全自动装置；若 35kV/10kV 线路保护具备失压跳闸及低压闭锁功能，可以按 UN 实现解列，也可不配置具备该功能的自动装置。

3）380V/220V 电压等级接入时，不独立配置安全自动装置。

4）分布式电源本体应具备故障和异常工作状态报警和保护的功能。

第7章

含微电网的配电网规划

7.1 微电网特点与运行方式

微电网是指由分布式电源、储能装置、能量转换装置、相关负荷和监控、保护装置汇集而成的小型低压发配电系统，是一个能够实现自我控制、保护和管理的自治运行系统。微电网是以分布式能源技术为主要电源，其能源组成以分布式电源和用户端小型供能系统为主，结合能源阶梯利用技术和用户终端电能质量管理形成的小型集成化、分散式的供能网络。微电网是智能电网的一个重要组成部分，能实现内部电源和负荷的一体化协调运行，并可通过与大电网的协调互动控制，接入大电网或独立自治运行，充分满足用户对电能质量、供电可靠性和安全性的要求。微电网可看作是分布式电源、负荷、储能和控制装置构成的系统，它对于主电网表现为一个单一可控单元，可以对中心控制信号进行响应。微电网的各项技术及经济性尚处研究试验阶段，是智能电网和未来电力系统研究的一个重要内容。

微电网的优点及其运行方式主要表现在以下几个方面。

（1）促进电网接纳多样性分布式电源。我国幅员辽阔，东西部地理环境、气候、经济差别很大，除了在广大西部地区可以大规模开发风能、太阳能等清洁能源，统一集中对外供电外，大部分可再生能源只能以分布式供能出现。由于大多数分布式电源具有明显的随机性、间歇性的特征，同时大量分布式电源接入大电网并网运行，其渗透率不断提高，将给电力系统的规划和安全稳定运行带来不同程度的影响。例如，接入了分布式电源的配电网，将会改变原有的网络拓扑结构，从而影响线路上电压的分布；同时，由于大量分布式电源都含有电力电子设备，将会引起电网的严重电能质量问题，如谐波、电压波动与闪变、电压偏移和频率偏移等一系列问题。这些不利因素又都在不同程度上影响甚至制约分布式电源的大量接入，影响到新能源的使用和推广。为了解决上述问题，提出了微电网这一概念，微电网将原来分散的分布式电源进行优化配置整合，集中接入在同一个物理网络中，一般与大电网只有一个公共并网点，并利用储能装置、无功补偿装置实时调节和补偿以平滑系统的功率波动和电压波动，利用控制系统和能量管理系统维持微电网内部的发电和用电的动态平衡，维持微电网频率与电压的稳定。微电网对外表现出是一个单一可控的单元：当微电网接入大电网时，它作为一个灵活可调度的优质负荷，可以迅速响应大电网的需求，提供必要的无功和有功功率，有效提高电力系统安全性和稳定性；当微电网独立运行时，微电网内部配置的不同分布式电源、储能装置、负荷等通过控制保护与能量管理系统保持稳定高效运行，提供可靠与优质的电力。总之，微电网系统能够有效克服不同分布式电源的随机性和间歇性的缺点，可以显著增强电网接纳多样性分布式电源的能力。

（2）推进智能电网的快速发展。近年来，全球范围内迅速开展了智能电网的研究与推广计划。美国为了优化与改进日益老化的电网而提出了一种解决方案，即智能电网的概念。最早的智能电网概念是通过优化与升级原有大电网系统的发电、输电、变电、配电和用电五大环节，实现更加环保、高效、互动的现代化电力系统。智能电网的主要特征是自愈、互动、优化、兼容和集成。2009 年，我国明确提出了建设"坚强智能电网"的发展目标，即"加快建设以特高压电网为骨干网架，各级电网协调发展，具有信息化、自动化、互动化特征的统一坚强智能电网。"

微电网与智能电网的关系是密不可分的。

第一，智能电网包括发电、输电、变电、配电和用电等环节，而微电网作为大电网的有效补充主要体现在配电和用电方面，是智能电网目标实现的重要技术和物质支撑。

第二，智能电网发展的一个核心目标就是允许接入大量不同类型绿色清洁的分布式发电，而微电网本身就是含有分布式电源和分布式储能的集合体，并配置控制系统和能量管理系统，有效接纳分布式电源和实现系统内部的能量存储和转化，有助于智能电网建设目标的实现。

第三，智能电网的一个重要特征就是"自愈"，不论在何种情况下，均可以通过控制系统和所连接的设备支持保证电力系统的安全和可靠运行。微电网系统是一个集成了发电、用电、储能、保护和控制、能量管理等多系统的智能化供能系统，其最大的特点就是能够实现智能自治运行，有较高的安全性和可靠性。

第四，智能电网支持并将最终实现终端用户与电网进行友好互动，以实现资源的优化合理配置。微电网作为一个相对独立的供能网络，需要实时掌握发电量和负荷需求等动态信息，鼓励用户参与互动，实现实时功率和电量的供需平衡与资源优化配置。

第五，智能电网具有安全防御和抵御自然灾害的功能。同样，配置储能系统和具备"黑启动"能力的微电网不仅能够作为电源对电网提供有效的能量支持，还能在遭受极端灾害条件下有效提高整个电网的抗灾能力和灾后应急能力，有助于智能电网作为"能源生命线"功能的实现。

第六，智能电网应具备提供未来电力用户所需求的高电能质量的优质用能服务，微电网的布局是靠近负荷侧，可以有效对负荷进行分级，并对不同级别的负荷实现个性化供电，能够对重要用户提供优质可靠的电力服务，有助于智能电网目标的实现。

综上，智能电网和微电网，无论从出发点、目标以及技术等方面均有很强的共同性，随着电网中各个环节智能化的发展，作为智能电网有机组成部分的微电网也将发挥更大的作用，有效促进智能电网目标的实现，而智能电网的发展也必将为微电网的发展提供更为广阔的空间。

（3）推进农村电气化进程和实现边远和无电地区供电。"建设社会主义新农村"是我国社会主义现代化进程中的一个重大历史任务。多年以来，为了从根本上解决制约农村电气化发展的问题，国家全面启动了改革农村体制、建设与改造农村电网和实现城乡用电同网同价工作，使我国农村电气化事业取得了实质性飞跃。党的十六届五中全会以来，国家电网公司根据新的形势和要求，制定了"新农村、新电力、新服务"的农电发展战略，实施了"户户通电工程""新农村电气化百千万工程"等措施，收获显著。但总体来说，我国目前农村电气化还处于比较低的水平，"十一五"期间我国农村用电量不到全国总用电量的五分之一，中、西部农村及偏远地区用电量则更低；因此，因地制宜使用分布式新能源，推进微电网的建设，对于推进我国农村电气化进程和实现边远地区供电有着重要的现实意义。

随着我国经济快速发展、西部大开发的持续和城乡差别进一步缩小，农村用电量必然出现快速的增长趋势，我国的能源形势必然增加更多的压力，继续全部依靠常规能源发电解决农村用电增加的问题，是不现实也是不经济的。因此，在我国农村大力倡导和发展可再生能源是行之有效的出路。根据我国的《可再生能源中长期发展规划》，预计到 2020 年，广大无电地区约 1000 万人口的基本用电问题和约 1 亿户农村居民的生活用能条件的改善，将通过利用可再生能源累计解决。在新的形势下，采用微电网的组网形式，可以更有效、更合理地利用多样性的可再生能源，是一种比较经济可行的方法。在我国广大农村和偏远地区，可以因地制宜构建不同规模的微电网，例如在风能资源充足的地区，通过建设中小型风电场，推广使用户用小型风电或小规模集中风电；在太阳光照充足的地区，通过高效的光电和光热转换系统，推广使用户用型光伏发电系统或建设小型光伏电站，同时推进光电光热和建筑一体化，提高能量综合利用率；在水利资源丰富的地区，应大力开发小水电工程，以小水电作为微电网的主供电源，实现能量的灵活调节。总之，通过因地制宜地使用各种分布式能源，进而组建智能化的微电网，可以更为高效接纳与使用分布式能源，经济可靠地解决农村无电和缺电人口的供电问题，满足广大农村和偏远地区用户的用电用能需求，有力推进我国社会主义新农村的电气化进程。

（4）提高供电可靠性，满足多用户电能质量需求。随着社会的发展，对能源和电力需求日益增加的同时，对电力系统的安全可靠性与电能质量也提出了越来越高的要求，以"大机组、大电网、高电压"为主要特征的传统集中式主网单一供电系统虽然有效地实现了资源的跨区域优化配置，但长远来看，已不可能完全满足用户不断提出的高质量的要求。微电网具备实时在线监控的预警能力，除了集成多种分布式电源、储能装置还配套了控制和保护以及能量管理系统，不仅能够提高对内部负荷供电的可靠性，还通过对并网点状态的监测和并网装置的控制，与大电网的运行进行有效互动，有接收电网信息并接受相应调度的能力。当大电网发生频率和电压等异常情况，微电网可以做出准确判断，并在协调控制和能量管理系统的配合下，既可以从并网点解列进入"孤岛"运行，保证其内部负荷的供电不受大电网的影响，也能够在调度的统一协调下对大电网提供支撑。为了满足用户对供电质量的不同需求，可以将负荷进行必要的分类，如重要负荷、可中断负荷和可调节负荷。对于重要负荷，微电网将通过能量管理和控制系统，利用多电源和储能配置，实现向其稳定供电；对于可中断负荷和可调节负荷，微电网可根据运行的具体情况作出科学的判断和处理。微电网能够满足不同用户的电能质量需求。电能质量指标包括电压偏移、频率偏移、三相不平衡、谐波、闪变、电压骤降和飙升等。随着信息化时代的到来，设备数字化程度越来越高，对电能质量也越来越敏感。位于政府、医院、能源、通信、广播电视、交通枢纽的重要负荷，其电能质量问题可能导致关键设备故障甚至系统瘫痪，可能造成重大财产损失甚至人员伤亡。而当微电网遭受异常情况时，其有效的智能控制系统和能量管理系统，可以保障重要负荷的不间断供电，微电网可通过切除连接可中断负荷的馈线来维持自身的正常运行。因此，微电网可以对重要用户提供优质的电力服务，满足不同用户的电能质量需求。

（5）我国《关于加强电力系统抗灾能力建设的若干意见》中明确指出：电源建设要与区域电力需求相适应，分散布局，就近供电，分级接入电网。国家鼓励大力开发清洁高效能源，因地制宜、有序开发建设小型水力、风力、太阳能、生物质能等电站，适当加强分布式电站规划建设，提高就地供电能力。通过与大电网相配合，微电网可以大大提高供电的可靠性，在电网崩溃或意外灾害（例如发生地震、暴风雪、洪水、飓风等意外灾害情况）情况下，微电网主动与大电网断开来维持重要用户的供电。2008年，我国南方地区遭受罕见的冰雪灾害天气，大量的输电基础设施瘫痪，发电设施也因过于依赖煤炭而频频告急，导致部分区域完全停电，以至于随后发生了更多规模的停电事故。这一切与我国集中式发电形式密切相关，由于缺乏必要的微电网建设，造成了巨大的财产损失。反之，一些拥有分布式发电系统及微电网的地区，能在这关键时刻，脱离大电网形成局部"电力孤岛"自行供电，保证了正常生产生活的基本需要。实践证明，发展微电网接入配电网有助于保证区域社会的安全稳定。

微电网作为一种新型的多分布式能源供电系统，能够有效提高电网整体抗灾能力和灾后应急供电能力，提供了一条解决问题的新思路。在自然灾害突发地区，通过分布式能源和备用电源等组建不同形式和规模的微电网以及多微电网联网，可以迅速就地恢复对重要负荷的供电，具有很高的实用价值。微电网由于其自身特点，具有"黑启动"的能力，虽然目前给电网提供"黑启动"服务的微电网的运行能力还不是很可靠，但随着微电网技术的提升，微电网稳定供电的美好愿景将变成现实。随着微电网及分布式电源的渗透能力的增加，具备"黑启动"必将是微电网的一个重要的基本功能。

（6）促进节能降耗与节能减排。我国在能源的建设与利用方面取得了举世瞩目的巨大进步。近几十年来，大幅度提高了能源利用效率：从20世纪80年代初到"十一五"期间，中国能源消费以年均5.6%的增长支撑了国民经济年均9.8%的增长，并且万元国内生产总值能源消耗由3.39t标准煤下降到1.21t，年均节能率3.9%。近年来，取得了相当大的环境效益：装备脱硫设施的火电机组占火电总装机的比例已提高到30%，单位电量烟尘排放减少了90%。但是，我国目前的能源利用率依然严重偏低，长期存在能源结构不合理等问题，环境污染继续恶化的状况也未得到根本扭转。

在实现节能降耗与节能减排的过程中，可再生能源的巨大优越性逐渐体现。新能源和可再生能源发展作为我国"十二五"规划的重点发展战略之一，如何经济、高效的利用可再生能源实现减排是我们面临的一个重要课题。我国大部分农村地区的日常生活所用能源仍然是煤炭、薪柴等，不仅利用效率低，而且大量消耗能源、森林，还给生态环境造成严重的污染。如果在农村地区因地制宜的组建不同形式和规模的微电网，不仅能够促进能源的梯级利用，还能实现生态环境的友好发展。

微电网的大规模发展可以有效促进节能降耗与节能减排。第一，多种分布式新能源通过微电网集中在同一网络中，可以充分实现各种能源的优劣互补，也可以通过统一的能量转换环节的优化，实现一次能源到二次能源的高效转化，有效提高能源的利用效率；第二，目前大多数分布式能源的转换效率较低，还无法与大型的集中电站相比，但微电网作为一个整体供能系统，在满足用户供电需要的同时，还可以有效满足供热、制冷等多种需求，实现能源综合利用效率的提高；第三，微电网中的能量存储系统，可以有效参与对大电网及系统内部的能量进行调节控制，实现"削峰填谷"、平滑负荷、提高电力设备运行效率等功能，实现能量高效与经济合理的利用，促进节能降耗与节能减排。

7.2　含微电网的配电网负荷预测

7.2.1　负荷预测的理论基础和研究思路

电力负荷预测是电网规划的重要组成部分之一，预测的合理、准确对电网规划的质量具有根本性影响。电力系统负荷预测是指从已知的电力需求情况以及经济、社会发展具体情况出发，同时分析和研究历史数据，探索其内在联系和发展变化规律，配合并依据对未来年份经济、社会发展情况的推断，对电力需求做出预先的估计并对其体量做出预先的建设。电力系统负荷预测按预测对象可分为电力负荷总量预测和空间电力负荷预测，根据实际规划需求，负荷预测的内容包括总电量、总负荷、分类电量、分类负荷、空间负荷分布等。

电力系统负荷预测是配电网规划的重要基础，配电网规划要求负荷预测同时提供预测负荷的量和负荷增长位置信息。微电网接入后，配电网发生了根本性的改变，使得传统的负荷预测方法已经无法满足要求，主要表现在以下两个方面：

（1）对于电网规划来讲，传统配电网的规划一般都是中长期，也就是 5 年以上，在此年限中一般假定负荷是持续增长的，若在电网工程改造期间有微电网接入，对于配电网来说，有一部分负荷由分布式电源供电而不再需要考虑在配电网规划中。这样很可能会打乱以前的配电网规划结果，更可能会造成资源的严重浪费。由于分布式电源的类型和容量与地理位置关系密切，因此需要研究配电网中可能接入微电网、分布式电源以及储能的类型和容量，以保证在规划中能够考虑到未来微电网接入的影响。为避免分布式电源投资商与供电公司之间的利益冲突，避免产生搁浅成本和增加备用成本等，供电公司应尽可能多的准确掌握未来规划年内微电网、分布式电源以及储能投资建设的确定信息。

（2）对于电网运行来讲，微电网本身就是一个负荷，但是又不同于传统的负荷，由于两方面原因导致微电网的负荷是很难预测的。首先，负荷自身的变化性就很大，负荷量和增长位置的变化受到很多自然因素的影响，譬如，季节、气候、地理位置、昼夜等。不仅如此，负荷的变化还和人们的生活方式、国民经济增长等多种因素有一定的关系，因此，负荷的变化曲线是一条具有随机性又有一定规律的曲线。其次，微电网内部的分布式电源很大一部分都是随机性电源，发电量不稳定。例如，太阳能和风能发电的发电量受环境影响较大，很难准确预测。同时，微电网内部配置的储能性能和容量的多样性以及不确定性，也是微电网负荷预测难度增加的一个重要原因。因此，在一定时间和空间范围内，很难预测微电网的负荷量。

因为微电网负荷量和发电量的不可预测性，短期负荷预测是电力系统经济调度的一项重要内容，是能量管理系统的一个重要模块。对于发电公司，短期负荷预测是用于安排发电计划和日开停机计划的重要依据；对于输电公司，短期负荷预测是制定发电计划及安全、可靠、经济运行的基础；对于供电公司，短期负荷预测是供电方制定购电计划的重要依据。结合分布式电源的特性及含微电网的配电网的规划和运行实际（运行调度和能量管理高度结合），短期负荷预测显得愈发重要。

同时，中长期负荷预测结果对未来规划期内电力系统的发展起着一定的决定性作用。当电力市场由卖方市场逐步转向买方市场，过去的以产定销变为以销定产，生产计划及基建计划的安排均对中长期负荷预测提出了更高的要求。对于微电网及智能电网这一新生事物来说，由于我国的经济和科学技术正处于高速发展期而分布式能源及微电网等相关政策也在探索完善过程中，变化较大，不确定因素也较多，规律性不强，且难以把握，所以造成时间序列趋势模型和相关分析模型拟合历史数据进行预测的结果并不令人满意。

综上所述，研究含微电网的配电网负荷预测方法是十分必要的，它是智能配电网规划的基础。与经济预测或需求预测相比，甚至与一般的电力负荷预测相比，含微电网的智能配电网负荷预测有以下特点：

（1）既要做短期预测，也要做中期和长期预测。

（2）既要做电力预测，也要做电量预测，且准确度要求高。

（3）既要有主网（配电网侧）的负荷预测，也要有微电网内的负荷预测。

（4）微电网负荷预测是"完全被动型"预测。

（5）微电网负荷预测受不确定性的因素影响较大。

重点研究内容应包括以下几个方面：①针对不同类型微电网的运行规律和特点进行研究，构建相应的微电网"负荷"模型；②针对含微电网的配电网负荷变化具有随机性的特点，研究含大量随机"负荷"的配电网负荷预测的基本方法。

7.2.2 负荷预测的研究方法

含微电网的配电网负荷预测工作的关键在于收集大量的、有效的微电网运行数据，合理分析与归纳数据，建立可靠的负荷预测模型，并建立有效的算法，以大量可靠数据为出发点，以大量的科学研究为基础，优化模型，修正模型和算法，以有效客观地反映含微电网的配电网负荷变化规律。

在负荷预测的研究中，影响负荷预测精度的关键因素是预测模型和预测算法，一般分为负荷总量预测与空间负荷预测。负荷总量预测属于战略预测，是将整个规划地区的电量和负荷作为预测对象，其结果决定了未来供电地区对电力的需求量和未来供电区域的供电容量。总量预测的方法较多，按照变量间是否具有明确的对应关系主要分为确定性预测方法与不确定性预测方法。其中确定性预测方法主要有：适用于短期负荷预测的自身外推法、时间序列法，适用于中长期负荷预测的相关分析法、指数平滑法、回归分析法；不确定性预测方法主要有：小波分析法、模糊预测法、神经网络预测法、混合预测法、优选组合预测法、专家系统法等。空间负荷预测的方法主要有解析法、非解析法。

在含微电网智能配电网的实际预测应用中，应该结合具体微电网以及配电网运行实际，并不一定严格按照以上步骤进行按部就班的预测，可以根据预测时的实际情况灵活地进行处理。

含微电网的配电网负荷预测是微电网规划中的基本工作，是满足微电网及相关配电网建设的重要依据，其精度的高低直接影响到电网规划质量的优劣和投资的合理与否。因此，应该根据含微电网的智能配电网实际情况，尽可能采用先进的、便于操作的和相对准确的预测方法。在数据处理分析和预测模型建立的过程中，应充分考虑外界因素，如经济、政策、法律等的变化，以及未来相关不确定性因素对短期、中长期电力系统负荷预测结果的影响；并计及预测模型中的参数因环境或相关因素发生改变而产生的趋势适应问题。

7.3　含微电网的配电网电源规划

7.3.1　电源规划的理论基础和研究思路

电源规划的任务是确定在何时、何地兴建何种类型、何种规模的电源，在满足负荷需求并达到各种技术经济指标的条件下，使规划期内电力系统能够安全运行并且投资经济合理。配电网的电源规划主要是根据负荷的增长和地理环境等因素进行的。传统的配电网中，电源一般都是可控的、稳定的。

随着微电网的接入，由于微电网中可能存在大量的不可控的分布式电源，因此对于常规电源的规划产生了很大的影响，需要从以下三个方面考虑：

（1）对微电网的电源特性的研究。对于配电网来讲，微电网并不同于那些传统的负荷，它既可以作为正负荷，从配电网吸收电能，也可以作为负负荷（电源），向配电网输送电能。因此，我们需要研究微电网中的各种分布式电源的特性，进而研究整个微电网所呈现的电源特性。微电网中具有随机性的分布式电源（如太阳能、风能）和传统发电厂相比其输出具有间歇性和波动性，且这种波动受气候等自然条件的影响，进行有效的调节难度较大，分布式能源输出能量随机特性明显。如果配电网含有大量的随机性分布式电源，若其有大的波动，势必也会对配电网造成很大的危害。因而需要对这些带有随机性波动的分布式能源进行研究，进行分布式能源结构优化。

（2）对常规能源和分布式能源协调规划的研究。传统的大电网电源规划就是根据预测的负荷水平和分布情况进行布点和容量选择，以满足电力平衡。在以往的规划中，往往留了备用容量，以满足近期负荷的增长需要。然而当微电网接入后，不再是仅仅常规电源向负荷供电，而是常规能源和分布式电源一起为负荷提供电能。微电网在常运行状况下，其内部负荷所需电能一般都是由分布式电源提供，但是，当大多数分布式电源发电量发生随机波动时，微电网自身电量无法平衡时，需要从大电网吸收电能来保证供电的可靠性，因此大电网的电源在考虑微电网时应该合理规划：大电网中的电源容量过大，势必会造成能源的浪费；电源装机容量过低，又无法满足供电可靠性的要求。因此，在含微电网的大电网电源规划中，需要考虑分布式电源的因素，应与分布式电源进行配合规划，在常规发电能力与分布式发电能力间存在优化协调的问题。

（3）对微电网的接入位置和准入容量的研究。如果微电网中仅有那些随机性分布式电源为其提供电能，那么当那些分布式电源的输出功率产生了很大波动时，势必会对大电网产生更大的波动。以风力发电为例，微电网中的微电源全是风力发电，则当气候发生变化时，所有的负荷可能都没有电源为其提供电能，则需要从大电网中吸收大量的电能，这会对含高渗透性微电网的大电网产生很大的波动，降低了大电网的可靠性。如果微电网单靠风力发电产生的随机性电能运转肯定不能满足配电网可靠性要求，需要有可控性分布式电源或者储能系统来协调提供能，例如小水电、燃料电池、化学电池、电磁储能等。因而，随机性电能接入电力系统的发电功率、容量一定要与可控的发电功率、容量叠加后满足随机变化的负荷需求，各自所占的比例不光要从可靠性方面出发，还要考虑其经济性。

微电网的接入会影响配电网的电压分布情况，其影响的大小与分布式电源的接入位置及注入容量有很大关系。首先研究了放射状链式配电网络在并入一定容量微电网反馈线上电压幅值的变化。传统的配电网络呈辐射形，稳态运行时，电压沿着馈线潮流方向不断降低。随着微电网的接入，配电网由单电源变为多电源结构，电网潮流方向及潮流值大小均可能发生极大改变从而导致配电网稳态电压发生改变，而电压偏差的幅度与微电网的接入位置和电源总容量息息相关。同时，微电网不同于分布式电源，比分布式电源更加复杂，它既可能输出无功又可能吸收无功。分布式电源以微电网的形式接入系统虽然较分布式电源直接接入的影响较小，但是也带来了一系列新的问题。

分布式电源接入微电网大多通过电力电子功率变换器，会在微电网中产生谐波，更严重的是会向大电网注入谐波，会降低大电网电气设备的效率和寿命，甚至会导致继电保护装置拒动或误动、造成元件的过热甚至烧毁。

配电网中的保护装置已经大量存在，在分布式发电的初期阶段，如何在保持现有继电保护协调性的前提下接入最大容量的微电网是面临的首要问题。微电网的接入，使配电网中短路电流的流向及分布都发生了变化，从而影响到原有继电保护的配置，会引起继电保护误动或者由于灵敏度降低而拒动。不论重合闸前加速方式或重合闸后加速方式，为了确保继电保护的正确动作，微电网提供的短路电流应加以限制，以速断保护或定时限过流保护整定值为约束条件来计算微电网的最大接入容量。

综上所述，微电网的接入位置和容量的研究是设计一个含微电网的配电网规划的重要前提，依据目前已有的发电方式，基于负荷增长及电源发展情况，合理确定未来网络结构，保证分布式电源占发电电源的比例，在保证安全、可靠的前提下获得经济上的优化。因此，可根据客户所需容量及其所处地理环境位置，综合衡量各项指标，进而确定所采用的发电方式。微电网的接入位置及准入容量不仅仅要考虑其自身布局的合理性、改善电力系统可靠性、经济性、灵活性及节能降耗，还应考虑天气及周边环境、周边能源、交通运输等因素，尽可能统筹优化。含微电网的配电网电源规划与微电网的负荷预测、电力电量平衡、位置选择、分布式能源（电源）类型和规模、储能类型和容量，以及系统运行、网络规划和各项技术经济指标的选择等一系列问题有关，其决策过程必须与多个部门配合，因此是一项烦琐而艰巨的工作。由于电源规划对微电网组成和性能的影响巨大，对微电网的经济性评价也有着举足轻重的影响，因此在制定含微电网的配电网电源规划方案时，必须遵循一定的原则：

（1）参与经济计算和比较的各个电源规划方案必须具有可比性。

（2）必须确定合理的经济计算年限，比较方案的计算年限要一致（采用年费用最小法时可不一致）。

（3）确定合理的经济比较标准，如各方案的投入相同时，应以比较方案的收益最大为标准；如各方案的收益相同时，应以比较方案的费用最小为标准。

（4）在投资决策中，各项费用和收益，如建设期的投资、运营期的年费用和效益，都要考虑资金的时间因素，并以同一时间作为基础。

（5）决策过程中必须统筹兼顾国民经济的整体利益，与相关部门密切配合。

含微电网的配电网电源规划，应包含以下两点：首先，根据当地可再生能源资源的开发利用情况确定可利用分布式电源的类型、数目及初步可行的位置；其次，在上述结论中考虑各分布式电源的特性以及当地负荷特性等限定条件，采用相应的算法对一种或几种分布式电源的最优数目和最优位置进行规划。微电网中的电源类型分为：可再生能源，如风力发电、太阳能发电；不可再生能源，如燃料电池、燃气轮机、柴油发电机；储能装置。

进入 21 世纪以来，环境保护、和谐可持续发展的呼声越来越高，在进行电源规划时，还必须充分优先考虑对环境的保护，分析各种分布式电源以及储能系统，建立追求方案总费用现值最小、二氧化碳排放量最小、有毒有害物质排放量最小等多目标的含微电网的配电网电源规划模型。

目前，基于可再生能源分布式发电的微电网拓扑结构、微电网并网运行控制、微电网的能量管理及调度策略、微电网远程实时监控、微电网并网对大电网的影响、微电网的电能质量控制及经济运行等问题的研究在国内还很薄弱，处于起步阶段。解决可再生能源分布式发电与微电网运行相关的基础理论问题，对促进可再生能源的大规模高效集成利用、推动我国多能源战略目标的实现，意义重大。国际上，一般认为分布式的微电网系统的装机容量在几十千瓦到 20MW 之间，甚至还可以大些。

电源规划问题与系统规划密切相关，在确定电源规划采用的具体模型与方法时，需要充分考虑电力系统本身的特点，以减少计算规模，提高计算速度和精度。电源规划问题的求解方法主要有传统及非传统两大类，其中传统优化方法主要分为线性规划与非线性规划。线性规划方法主要有：混合整数规划、分解协调技术和动态规划；非线性规划方法主要有：变尺度法、微分法、牛顿法、梯度法等。上述传统优化方法在电源规划的应用中存在不同程度的简化，只能求得局部最优解，计算精度不高，且求解过程极为复杂，牺牲大量的计算时间。此外，虽然传统优化方法较多，但没有普遍有效的优化方法，给选择算法带来了困难。随着计算机技术的发展，出现了大量的非传统优化方法，如模糊集合论方法、专家系统方法、模糊进化方法等人工智能算法，使得电源规划的求解更加方便灵活。

含微电网的配电网电源规划就是在一定的规划时间内，在满足负荷增长的需求和各种约束条件及技术指标的情况下，寻求一种各规划水平年投资最小或总投资最经济的方案，合理解决电站或电源建设的时间、地点、接入容量、能源类型的问题。含微电网配电网规划的电源规划，主要针对两个问题：首先，确定分布式电源的类型、数目、容量及初步可行的位置，主要依据是当地负荷特性和分布式能源资源的开发利用情况；然后，采用相应的算法对一种或多种分布式电源的最优数量、最优容量和最优位置进行规划，主要依据是各分布式电源的特性、负荷特性以及相关技术指标等限定条件。

直接安装或就近安装在用户侧的微电网和分布式能源，在当地就可以实现能源的梯级利用，降低了中间输送环节损耗，资源利用效率高。微电网可以将能源利用效率发挥到最大状态，微电网的一次能源以可再生能源（也包含天然气等清洁能源）为主，其他能源为辅，可以有效接受调度和使用一切可以利用的资源；微电网的二次能源以分布在用户侧的电、热、冷联产为主，其他能源为辅，将储能系统与电力、制热、制冷结合，在直接满足用户多种需求的同时，实现能源的梯级利用，并与公共电网或其他大能源供应系统互相支持和补充。同时，微电网与分布式电源装置一般配置于用户侧，缩短了输电距离，输配电损耗很低甚至接近没有，无须建设变电站与配电站，可避免或延缓增加输配电成本。

微电网和分布式电源由于是分散供能发电，单机功率较小，比起大电厂的单机甚至单厂功率，发电效率偏低。依据可靠的效率分析，动力设备一般容量越大，效率越高。大型燃气轮机为主的联合循环装置效率比小型回热燃气轮机的效率要高一倍左右。同时，从系统造价和维护成本来看，小机组单位功率的售价较大机组要高得多，相差近几倍，大机组集中运行，配备专门高级技工运行维护，安全性、工作寿命都应该更有保证。所以，要对纯发电成本和单位功率初投资做比较，微电网的经费投入肯定要大大高于现在的大电力系统。

另外，微电网分布式电源使用技术要求相对比接入大电网供电技术要求高，需要培训配置一定的管理与技术人员，并营造适合的管理与文化等外部环境与氛围。因此，微电网作为未来智能电网中电源的组成部分之一，发展遇到的挑战主要体现在以下五个方面：

（1）技术因素。首先，由于微电网内发电设备单机容量小，系统惯性较小，采用发电方式也多样，因此协调控制的技术要求很高。解决发电设备可靠运行，提高其运行的稳定性，是微电网给传统电力系统带来的挑战之一。其次，我国大部分配电网主保护系统采用的是速断或限时速断保护形式，这种保护配合应用在辐射型配电网上，能够有效保护线路。但如果在配电网中接入微电网后，原有的保护配合就较难可靠地保护整条线路，造成一定的安全隐患。再次，出现较大负荷波动时，传统方式是调节变电所的有载调压变压器抽头或无功补偿器投入容量，使配电线路的负荷电压保持在允许波动范围内，但当电网接入微电网和分布式电源后，这种调节手段有效性就大大降低，进而影响供电可靠性和电能质量。

（2）经济因素。微电网发展的主要推动力，表现在环境保护、噪声降低、用地减少、节约能源等方面，对经济效益的影响是间接的，其具体的成本效益无法有单一经济效益评价。如果缺乏相关法律和政策等多方面的扶持，在今后相当长的一段时间内，微电网的投资较高且经济回报较慢且有限，投资吸引力差，很难有大规模的发展。

（3）市场因素。大量分布式能源和微电网接入大电网后，为电力市场引入了更多的竞争因素和市场主体，既繁荣了电力市场，又增加了电力市场交易的复杂性。具体表现在确定分布式能源系统的接网费、大电网为其提供备用的费用以及其向大电网出售富余电量的价格，上述问题成为世界各国在发展分布式能源系统讨论的焦点。

（4）管理因素。目前微电网能源系统发电机组一般很难接受电网调度，在某种程度上其运行和控制存在一定的无序性和盲目性的情况，影响了电力系统运行的安全性和可靠性。微电网能源系统发电会给电力系统的有功潮流确定、无功补偿、电压控制等带来不利或不可测的影响，增加了电网系统的管理难度。

（5）能源因素。我国新能源的研究与大规模推广应用，关键的着眼点还是能源的安全供应，这需要综合评估能源的来源，主要包括化石能源能否保持稳定供应，新能源的推广使用对现有能源结构的影响程度，以及分布式能源系统对大电网供电的影响程度。

7.3.2　电源规划的研究方法

电力负荷预测是电力系统整体规划的一个重要组成部分，也是电力系统经济运行的基础，从功能上来看，电力负荷预测是电力系统规划和运行的一个关键基础。近几年，随着我国电力供需矛盾的突出及电力工业市场化营运机制的进一步推行，对电力负荷预测的准确度要求进一步提高；然而，宏观上由于社会发展速度的不断加快和信息量的迅速膨胀，使准确的负荷预测变得愈加困难；同时，随着分布式能源和储能系统以及微电网的发展，其间歇性、不确定等特性决定了含微电网的配电网负荷预测的难度进一步增加。

含微电网的智能配电网负荷预测主要包括：短期电力负荷预测、中期电力负荷预测和长期的电力负荷预测。电力系统的任务是给广大用户不间断地提供优质电能，满足各类负荷的需求。精确可靠的负荷预测可以为满足和保证系统平衡提前做好准备，进行经济、可靠的负荷调整和管理。短期负荷预测工作是制订发供电计划和做好电网供需平衡的依据，是保证电网安全、经济运行的必要条件，也是电力市场运行的基础。微电网接入配电网后，由于分布式电源和储能的发电计划的不确定性和微电网内负荷量的不确定性，增加了短期负荷预测的难度。

中长期负荷预测具有研究时间跨度长，影响预测的物理因素复杂且不确定性较大等特点，因此负荷变化具有很大的随机性，导致了负荷预测相当困难。微电网接入配电网后，改变了原先配电网的运行状况，更加增大了中长期负荷预测的难度。

现有比较常用的负荷预测方法是 20 世纪 80 年代初美国人提出的空间负荷预测法。其定义为在未来电力企业的供电范围内，根据城市电网电压水平的不同，将城市用地按照一定的原则划分为相应大小的规则网格状或不规则（变电站、馈线供电区域）的小区，然后预测每个小区中电力用户负荷的数量和产生的时间，即能够提供未来负荷的空间分布信息。和其他方法相比，这种方法不仅在时间上预测未来负荷的增量，而且还预测了负荷增长的位置信息，即未来负荷的空间分布。

目前，从随机性的角度，微电网接入后，随机性因素已由以前的单一因素变为多因素，负荷预测更加困难，现有的负荷预测方法难以满足含微电网的配电网规划要求；同时，随着智能配电网的进一步发展，负荷预测的要求和精度必然进一步增高。

基于以上需求，含微电网的配电网电源规划应包含以下两点：首先，根据当地可再生能源资源的开发利用情况确定可利用分布式电源的类型、数目及初步可行的位置；其次，在上述结论中考虑各分布式电源的特性以及当地负荷特性等限定条件，采用相应的算法对一种或几种分布式电源的最优数目和最优位置进行规划。微电网中的电源类型分为：可再生能源，如风力发电、太阳能发电；不可再生能源，如燃料电池、燃气轮机、柴油发电机；储能装置。对这些微电源的优化规划是本文讨论的重点。微电网电源规划的一般模型是在保证一定可靠性的前提下，使规划期内投资总额最小。在进行电源规划时，还必须充分优先考虑对环境的保护，分析各种分布式电源以及储能系统，建立追求方案总费用现值最小、二氧化碳排放量最小、有毒有害物质排放量最小等多目标的含微电网的配电网电源规划模型。

含微电网的配电网电源规划工作的关键在于研究并评价分布式电源的配置计划，其中，短期的电源规划主要考虑未来年的发展情况，具体内容包括：①制订微电网和发电设备的维修计划；②分析推迟或提前微电网与分布式电源的投产计划的效益；③分析与相邻电力系统互联的消息及互连方案；④确定智能配电网中储能的需求及购买与配置等计划。长期的电源规划应考虑年以上的发展情况，应解决以下问题：①何时、何地增加新的微电网或分布式电源；②扩建什么类型及多大容量的分布式发电系统；③现有微电网或分布式电源的退役及更新计划；④储能的需求量及储能配置策略的优化；⑤采用更先进的能源系统；⑥采用负荷管理对系统电力、电量平衡的影响；⑦与相邻电力系统进行电力交换的能力和程度。

7.4 含微电网的智能配电网网架规划

7.4.1 网架规划的理论基础和研究思路

配电网规划是供电企业的一项重要工作，为了获取最大的经济效益，配电网规划既要保证配电网安全可靠，又要保证配电网经济运行，所以配电网规划的主要任务是在可行的技术条件下，为满足负荷发展的需求，制定可行的电网发展方案。

网架规划是一项复杂的系统工程，在满足电力系统安全、稳定等多方面的要求的前提下，在规划期间的负荷增长和电源规划方案的基础上，提供相应的最优电网结构，有力保证可靠、经济、高效送电。传统的配电网扩展规划的决策主要以工作经验为定性分析依据，造成了资源不能充分利用，投资浪费，运行费用高等弊端。考虑智能电网以及分布式能源大规模接入后，分布式电源所展示的明显的经济性为配电网经济运行提供了保障。含分布式电源的微电网接入后，可以满足配电网的负荷增长导致的增容需求，也同时延缓或避免了因配电网网络升级时，输电网络改造带来的规划成本投资的提高。因此，以经济性为规划着力点，规划目标为经济成本最低，在满足负荷增长需要的基础上，制定未来系统增容的方案，在综合考虑分布式电源和微电网的基础上，规划内容主要包括电网升级、增建线路和变电所等。现有电网的设计是按照满足常规能源发出的电力由高压电网逐级传输和配电网分配供给，当接入微电网后现有的配电网不仅具有配电的作用还具有输电的作用，因此在新的配电网中，网架的规划更加复杂。大电网向微电网输送电能还是从微电网吸收电能，输送多少或吸收多少，这些都是随机变化的。在含微电网的大电网网架规划中，我们经分析认为，需要重点面对以下三个问题：

（1）传统配电网网架规划的遗留问题：我国配电网的网架结构薄弱，城市配电网技术较为落后，网络自动化水平低；线路损耗较高、电压合格率较低；绝缘水平低；供电可靠性低；自动化水平低等。而微电网的接入对配电网网架要求比较高，现有的配电网网架能不能满足微电网接入配电网可靠性的要求。另外大电网网架规划设计时一般考虑5～20年，因此需要考虑在此年限里有微电网接入的情况。现阶段大电网的网架规划设计，有必要将有利于微电网接入大电网这一指标列入其中。

（2）微电网的接入改变了配电网的输电特性，而且带来了线路传输电力容量的随机性的问题：在正常运行情况下，微电网中的负荷绝大部分都是由其自身电源供电。但是当由于环境或其他因素的变化，导致微电源很大程度上减少了出力，为了供电可靠性，势必由大电网为其提供大量的电能。还有更复杂的情况，那就是微电网向大电网输送大量的电能，为了满足这种随机功率的传输，需要研究现有的配电网能够承载多大随机功率，若不能满足要求，则考虑何种改造措施。若线路导线的容量选择过大，则有可能造成资源的浪费，但是容量选择过低又不满足含微电网的配电网可靠性的要求，因此需要进行深入的研究。

（3）传统的潮流计算方法可靠性的问题：在配电网中接入微电网后，由于大部分分布式能源输出受天气与环境的影响较大，具有明显的随机性，因而以下三种负荷分布情况可能会在配电网中交替出现，使配电系统中的潮流随机变化，传统的潮流计算方法在校验网架可靠性上将不再适用。网络的负荷分布及线路潮流变化主要可分为三种情况：①所有微电网中的负荷量全部大于分布式电源发出的电量。这种情况下，微电网的引入并未改变系统潮流方向，但配电网中所有的线路损耗减小。②至少有一个微电网中的负荷量小于分布式电源发出的电量，但所有微电网的总负荷量大于所有分布式电源发出的电量。此时，网络中总体线路损耗有可能降低，但会使线路潮流产生逆流，有可能导致配电网中部分线路损耗增加。③微电网的总负荷量小于所有分布式电源发出的电量。此时，如果分布式电源发出的总电量大于两倍的负荷总量，配电网的线路损耗必然增加，如果总电量小于两倍，分布式发电的影响与第二种情况相同。总之，分布式发电和微电网的引入可能会改变配电网中线路潮流的大小与方向，增加或降低系统损耗，这与分布式发电的位置、网络的拓扑结构、负荷量的相对大小等因素相关。

重点研究内容应包括以下几个方面：①研究含微电网的配电网网络潮流、网损计算方法；②建立有利于微电网接入的配电网网架结构；③提出含微电网的配电网网架经济性评价方法；④考虑有微电源支撑的新的供电可靠性评价方法。

电源布局和负荷分布从两个方面决定了电网结构，需要开展对配电网网架规划的研究。合理的电网结构是维持电力系统安全稳定运行的重要基础，电力系统的稳定问题主要由电网结构的强弱决定，电网结构合理则稳定性强，电网结构紊乱则稳定性弱，要形成合理的电网结构，做好电网的规划工作是重要前提。因此，对电网的发展要有统筹全局、高瞻远瞩的系统规划和设计。最近几年以及可预计未来的一段时间，分布式电源的渗透率大幅提高，分布式电源一般在偏远或特殊的地区作为独立的供电电源，而大部分分布式电源是作为电网备用电源、电网的补充电源和电网供电同时运行，或把电网作为备用电源以提高供电的可靠性和灵活性。为了提高电力系统的可靠性和安全性，希望可以对微电网输出功率进行远方调度（微电网也具备接受远方调度的能力）。电力系统设计和运行的政策、经济及市场环境的变化，使配电网络规划必须考虑与微电网和分布式能源有效的配合。当微电网和分布式电源大量出现在配电网规划方案中时，大量的随机变化使得系统的复杂性大幅度增加。同时，我们注意到，配电网网架尤其是我国目前配电网网架整体结构比较薄弱，因此，对含微电网的配电网网络规划提出了更高的要求。

7.4.2 网架规划的研究方法

1. 分布式电源与微电网在电力系统内的布点规划

微电网的发展与接入是智能电网建设的重要内容之一，合理地对分布式电源进行选址和定容是解决分布式电源合理规划的关键。随着电力市场改革的推进，厂网分开的实现，供电可靠性和电能质量已经成为电网企业对用户的必要承诺，而这些因素必将与供电公司效益直接相关。但通过分析已有的研究和规划发现：确定分布式电源位置主要是给定分布式电源候选节点或对全网节点进行优化；建模也主要从供配电公司或发电企业单方面考虑；模型中大多未直接反映供电可靠性和电压质量的问题。随着科学技术的发展，分布式电源技术成本的下降以及国家的大力支持，法规、政策的逐步完善，会有越来越多的投资主体参与进来，如何协调各投资主体之间的利益，实现配电网网架的优化已成为亟待解决的问题。

在已有电网的基础上进行分布式电源的布点规划，我们认为主要步骤包括：

（1）充分考虑可行性：依据国家的法律及能源政策规划，根据自然资源的分布情况，考虑安装微电网及分布式电源的可行位置和类型。

（2）充分考虑现实性：结合微电网接入的实际电网，在第一步的结论范围内重新进行一种或多种最优数目和位置的规划。

考虑到在电力市场环境下随着发电侧电力市场竞争的加剧，将会有越来越多的发电设备进入电力市场，因此在规划时要考虑各种分布式电源的电气特性和经济性，对分布式电源的布点进行经济分析和工程分析，主要包括电网的电能损耗最小，电压分布及三相短路电流在允许的范围内，由于分布式电源所导致的系统管理和运行费用的增加等。此外还要考虑分布式电源的并网方式、整体方案的分步实施以及国家对一些可再生能源发电的政策倾斜和资金补贴等方面。具体的评价和规划框架如图 7-1 所示，整个规划过程主要由经济分析、工程分析、财政分析三个大的方面组成，其中还涉及政府或相应的管理部门以及电力公司的政策去向。

一般型的分布式电源会采用这种规划方案，像大型的风电厂等。另外还有一种情况就是在独立系统中进行微电网和分式电源的布点规划的研究，通常是以一种或几种分布式电源相配合向一个独立的电力系统供电，如采用光伏发电和风力发电为基础，安装有一定数量的蓄电池，并以柴油发电机组或公共电网为备用电源这样一种供电系统中，如何利用各种电源之间的组合、分布来获得最有效的供电方式。

微电网是分布式电源接入的高级形式，将在未来电力系统中发挥越来越重要的作用，对其进行合理布局可带来巨大的社会和经济效益有效避免对多目标进行加权求解的盲目性，协调了目标之间的冲突，可以得出优化的结果，为确定分布式电源的接入位置和容量提供了参考依据。在传统的集中供电模式，电源点与负荷的距离很远，输电系统在输送电能时所引起的电能损耗一般占总发电量的 5%～10%，中低压配电网中的电能损耗更大；而微电网及分布式能源节能高效的一个重要特点就是靠近负荷侧、靠近用户，可以显著减少输电线上的损耗。

同时，当微电网接入到单电源辐射状结构的配电网后，将改变其潮流和拓扑结构，从而改变配电网的损耗；使馈线上流动的潮流减少，致使馈线电压损耗减少，所以各负荷点的电压都会有所提高。所以微电网接入配电网后使得原来整个配电网出现不适应，并反映在损耗、电压等指标的影响上。相应优化建模的方法有很多种，而且相应的仿真技术也越来越完善。

2. 考虑微电网的配电网扩展规划

我国长期以来配电网的建设并没有得到应有的重视，配电网相对大电网缺乏合理的规划和建设，发展状况相对落后。为了合理改变这种状况，结合微电网以及分布式能源发展的有利时机，应该从战略的、整体的眼光出发，在科学合理的规划政策和规划方法的指导下对配电系统进行全面重新规划改造，配电网扩展规划是配电网规划的重要组成部分，而考虑微电网以及分布式供电的配电网扩展规划，更加具有重要意义。我们认为，配电网扩展规划应根据系统的负荷增长情况，在系统达到其容量限制时，有机结合微电网和分布式能源的接入。在此基础上，我们提出在经济成本最小的目标下，规划出可以满足负荷增长需要的系统最优增容方案，即明确配电网升级、扩建线路和变电站所组成的最优智能配电网扩展方案。

图 7-1 显示了含微电网的配电网扩展规划详细过程。在微电网的选择分析具体流程中，我们设定第一步是比较扩展计划的边际成本与最经济的微电网的建设成本相比较，若微电网具备经济效益则通过并进入第二步筛选。在高级执行中要从相关政策和成本预测等方面分析，内容包括需要配置微电网的地区对分布式电源的类型和数量的限制，并考虑负荷侧管理以及其他的调节因素。在工程分析中，综合考虑微电网各项技术使用寿命以及其他需要进一步分析的工程问题。最后，我们研究关注的是微电网的选址、分布以及可靠性的要求，如果必要还应包括微电网的并网问题及其对系统保护的影响。通过筛选后，就可以提出相应的微电网的建设方案以取代输配电网的扩展计划，否则仍需进行相应的输配电网的扩展。

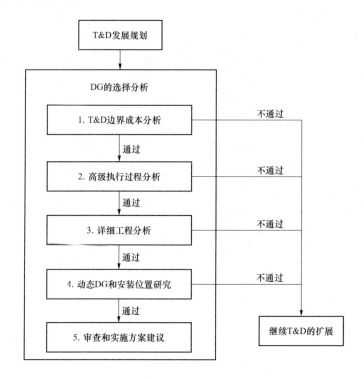

图 7-1　包含微电网的电源扩展的详细流程

所有需要增容的地方经过以上的步骤后，我们将会得到一个传统电网和配置微电网所组成的最优配电网扩展方案。随着微电网及分布式电源和储能成本的进一步降低，有一些用户也需要进行以上的步骤。目前微电网通常在以下四种情形会获得最好的效果：

（1）在发达的大城市地区，电力系统负荷可能接近饱和，满足新增负荷的需求所需投入成本过高，采用分布式能源供电及微电网的成本比升级电网系统的成本低。

（2）在边远或偏僻的地区，建设通往这些地区的长距离输配电线路固定成本的初始投资使得系统提供的电能昂贵，微电网就地运行，初始投资和持续运行成本较低。

（3）在高电价的地区，由于各种因素造成当地电网供电价格过高，微电网可以提供成本相对较低的供电。

（4）在需要高水平的电能质量和高可靠性地区，微电网可以有效满足定制电力用户的需求。

我国电力体制改革后，厂网分开，电网规划中要考虑的因素较过去有了大幅度增加，市场运营方式、输配电定价方法、投资方式和监管方式等对电网规划都有很大的影响，同时分布式电源的发展和负荷的不确定性的增加，进一步增加了电网规划工作的难度。对于短期规划，影响电网规划的不确定性因素主要在于未来的电源规划情况和负荷预测情况。对于这种情况，采用场景技术和常规电网规划方法相结合的方式，形成相适应的规划方法拓展电网规划。

（1）对规划水平年的负荷水平及电源建设情况应根据经济发展、市场和能源状况等信息，做出多种预测，形成多个场景。

（2）针对每个场景，可以先采用常规电网规划方法形成方案，再通过技术和经济比较，选出一个最优方案。

（3）结合规划人员和专家的经验，评价各个场景下的规划方案，选择技术和经济性较好，且能适应未来多种可能情况的方案。

进行配电网的中长期规划，则不仅需要考虑分布式电源和负荷的不确定性，还需要重点考虑到未来法律政策以及电力市场发展状况的不确定性。一般认为，其主要规划步骤和规划方法近似，但在选择不确定性因素并形成场景时，需要增加未来能源政策评估、经济发展电力和市场发展状况预测。含微电网的智能配电网的网架规划问题并不是完全独立的，在上述规划研究中大部分是共通的。如含微电网的配电网负荷预测、微电网电源的输出特性研究、微电网对电网系统可靠性、微电网无功优化研究的影响等都需要在研究中逐步地加以解决。

由于传统配电网多辐射、弱环网的结构特点，导致网络运行的可靠性对元件故障比较敏感，因此提高配电系统可靠性，改善供电质量有着十分重要的意义。但是，当供电可靠性达到一定水平后，为进一步改善供电可靠性而增加的费用将急剧增加，甚至超过可靠性提高所带来的经济效益，所以，综合考虑各相关因素，寻求总体费用最小点，是配电网网架规划问题研究的关键。网架规划是系统优化问题，其目的在于基于投资及运行等费用最小原则，确定扩建线路类型、地点、时间，保证配电环节运行的可靠性及出入线与沿途环境的可接受程度。本书研究的智能配电网的网架规划问题具有如下特点：

（1）离散性：规划决策的取值必须是按整数的回路架设的线路数。

（2）动态性：规划需要考虑电网今后发展以及今后网络性能指标的实现问题。

（3）非线性：系统电气参数与线路传输功率及网损等费用的关系是非线性的。

（4）多目标性：从应用层面需要综合考虑技术、经济、环境上的因素，从高层面要统筹考虑社会、政治等因素，多层面不同因素往往带来方向性的不一致，其结果也常常相互冲突甚至是相互矛盾。不确定性。规划要综合考虑负荷预测、电源设备与配置、环境条件等不确定的条件。

从数学角度看，含微电网的配电网网架规划是一个动态非线性多目标不确定性混合整数问题。进行复杂问题处理时，需要一些技术上的假设及简化。由于其处理方法与手段的不同，逐渐形成了众多行之有效的规划方法。规划方法的分类主要依据对规划期间处理的不同，主要包括单阶段规划和多阶段规划两种方法：单阶段规划是根据规划期开始的数据寻求规划末年（即水平年）的最优网络结构方案；多阶段规划则考虑前一段的规划结果对后一阶段有明显影响。

含微电网的配电网规划的主要特点是宏观性和微观性问题的结合，配电系统面广且点多，设备数量庞大但单一容量较小，用户侧直接与设施场所接触等。网架规划一定以负荷预测和电源规划为基础，最终结果取决于原始资料的准确性和规划方法的正确性。任何优秀的电网规划必须以优秀的前期工作为基础，全面搜集与整理系统的电力负荷资料、电源布局和输电线路、当地的环境与社会经济发展状况等多方面的资料。没有充足和可靠的原始资料，任何优秀的网架规划也不可能取得切合实际的规划方案。总之，规划方法的正确与否对规划结果的影响也是十分明显的。

含微电网的配电网网架规划的期限一般较短，一方面它与用户的实际分布有关，另一方面配电规划的实施期也较短。一般以年的中、短期规划为主。同时，为了保证电力系统安全可靠地运行，必须对电网发展方案进行安全性检查（即方案校验）。通过计算求得设计水平年的运行电压、电流和功率等（系统的各种运行方式），检查取值是否在安全范围内，从而判断方案的可行性，并为下一步改进方案、选择优化的网架结构、采用其他安全措施提供依据。

综上，总结得出含微电网的配电网网架结构规划的主要步骤是：①确定或预计网络内的负荷水平和电源安排；②进行电力与电量的平衡以及安全可靠的研究；③核定与明确供电范围；④拟定配电网的网架方案；⑤必要的电气计算；⑥技术经济比较；⑦综合分析，提出最优推荐方案。

7.5　含微电网的配电网无功功率优化

7.5.1　无功功率优化的理论基础和研究思路

电力系统的无功功率平衡和无功补偿调节，是保证系统电压质量的基本条件，对保证电力系统的安全稳定与经济运行起着重要作用。为此，要求对电网作无功功率电源规划，合理地安排无功功率电源，用优化方法选择合适的目标函数和控制手段，制定无功功率补偿方案。

电力系统无功优化研究的目的在于通过优化计算确定未来某一时段内系统中无功功率设备状态以保证电网经济、安全运行。按优化时间的长短，无功优化分为静态优化和动态优化两种方法，静态优化只考虑某个时间断面的负荷情况，动态优化则考虑了负荷的动态变化过程，一般计及无功补偿装置投切次数的限制。传统无功优化模型中，主要的控制手段有：变压器分接头的调整、无功补偿装置的投切、发电机无功出力的调节等。其中，发电机无功出力是连续量，变压器分接头及无功补偿装置是离散量。因而，无功优化是一个非常复杂的非线性混合整数规划问题。相对于传统的配电网无功优化，含微电网的配电网无功优化有着不同的特点，主要表现在两个方面：

一些分布式电源的有功出力具有随机性，如光伏发电输出功率随太阳光照强度变化，风电机组输出功率随风速随机变化等，它们给微电网的无功优化带来了更多的不确定因素，微电网可能向配电网输送无功，也可能从配电网吸收无功来保证自身的电压稳定。因此含微电网的配电网无功优化比传统的配电网要复杂得多。

微电网的开发商主要有三个，即配电网公司、大用户、独立发电商，如果微电网的所有者为配电网公司，其发出的无功功率根据系统需要决定，但对大用户及独立发电商而言，他们一般不愿让管辖的微电网发出无功功率，因为这对微电源发出有功功率不利，因而这种情况下的微电源在无功功率优化中一般不作为调节手段。但随着电力市场的开展以及无功功率定价机制的不断完善，部分大用户或独立发电商也会主动向电网卖出无功功率作为无功调节手段，因此，在无功功率优化模型中应分情况对待各种微电源。

无功功率优化也是含微电网的智能配电网规划的一个要内容。配电网作为电网配置容量的末端环节，其覆盖面积广大，与用户直接相关，各种线路和负荷密集，运行经济性与电能质量不仅直接关系到广大用户和电力企业的经济效益，也是社会效益和能损情况的重要体现。电力系统无功功率优化是影响电力系统稳定与经济运行的关键，合理确定无功功率电源补偿方案，对提高电压运行质量、降低网络损耗具有重要意义，是电力系统必须解决的问题之一。随着新能源的发展、微电网的接入，配电网无功功率补偿与无功功率平衡变得更加复杂。目前配电网无功功率优化研究主要基于分布式电源接入的配电系统，从微电网的角度，微电网既可能输出无功功率，也可能吸收无功功率；传统的无功功率补偿统一由配电网进行优化，由于微电网投资主体的不同，导致微电网的无功功率优化存在差异，应区别对待各种类型的微电网。本文针对含微电网的配电网系统，研究相应的微电网无功功率优化方法，以实现含微电网的系统优化无功补偿，降低系统的线路损耗和运行费用，提高微电网以及用户的电压质量。

无功功率补偿优化是电力系统安全经济运行研究的一个重要组成，通过对电力系统无功功率电源的合理配置和对无功负荷的最优补偿，不仅可以维持系统无功功率电压水平和提高系统的安全稳定性，而且可以降低有功功率损失，使电力系统能够高可靠性运行。目前，现代计算工具已给无功功率补偿优化工作提供了一定的软、硬件基础。

传统电力系统的无功功率补偿和调压手段，包括改变变压器的分接头调压、安装固定和可变电容器补偿无功等方法，但传统方法的响应速度慢、调节离散、电压负特性等特点，难以满足微电网以及分布式新能源的间歇性和随机性变化造成的电压动态无序变化的需求，进而严重影响到电网系统的稳定运行。但如果简单地通过限制微电网以及分布式新能源的接入来控制或降低其对电网的电能质量以及电压波动的影响，则不仅将降低新能源接入对配电网的功率输入和能量供应，而且也将必然降低开发新能源所带来的经济效益、环境效益和社会效益。

为了最大限度地保证分布式新能源对系统的能量输入，促进节能减排和可持续发展，同时有效克服配电网的电压波动，针对含分布式电源与微电网的配电网，本文提出一种配电网中无功功率优化方法，即安装核心的静止无功补偿器（作为补偿装置的同时，利用传统发电技术的柴油发电机作为辅助的系统调压手段并进行最优化配置的方法，实现配电网系统的无功功率优化。

7.5.2 无功优化的研究方法

为了实现电网电压的最优控制，要求电网中装适当数量的补偿电容及有载调压变压器。然而，若装置过量的电容器则投资增加造成浪费，若装置偏少则不能达到预定的控制目标。同样的装置容量、安装地点不同，其效果也不同。所以，补偿电容装设容量、地点及有载调压变压器的增设，必须通过一定的补偿原则或者优化计算得出最优的方案才能达到最大的经济效益。

电网无功功率优化补偿应尽量克服传统无功功率优化方法的不足，从全网出发，在分层、分区、就地平衡的基础上生成最优无功功率优化方案，利用技术手段加强电网经济运行意识及无功功率电压管理水平。无功功率优化在保证系统各节点电压合格率的基础上，取地区电网网络损耗最小为目标函数，通过调节有载调压变压器挡位、控制变电所无功补偿设备投切，以达到全网无功功率就地平衡，全面改善和提高电网电压质量，减低电网损耗的目的。地区电网无功功率优化以地区调度自动化系统中采集到的母线电压、负荷信息数据为基础，通过潮流计算模块及无功优化计算模块得出无功功率优化方案，将优化方案信息经综合处理模块做出判断以控制无功功率补偿装置的投切及有载调压变压器挡位的调整，而后，配调中心又将该动作方案信息作为调度采集信息传至潮流、无功功率优化计算模块，这样往复循环。

无功功率补偿最优化配置规划，是根据各规划年的负荷水平，通过优化计算求出电网逐年补偿电容量及有载调压变压器的最优配置方案。最优配置方案的目标一般为：

（1）经济目标：系统的有功功率损耗最小，补偿电容量最小，补偿效果好；

（2）电压质量：各节点电压幅值偏离期望值差最小；

（3）电压稳定：考虑系统的电压稳定性，提高系统的电压稳定裕度。

在电网运行时，为了保证供电质量、确保设备安全，应保证各母线运行电压在规定的范围内，即母线运行电压不得低于规定的下限，亦不得高于规定的上限。同样，必须保证变压器及线路的电流不能超过规定的上限。同时，变压器与线路的电流也应保证不超过其规定值。将母线电压、变压器及线路电流取为运行变量，设置变量变动上下限，称为运行约束条件，相应数据表达式即为运行变量的约束方程。

最优无功配置规划从数学意义上讲，就是在满足约束方程的条件下，求出目标函数的极值。常用的极值求解算法主要有基于灵敏度分析的无功功率优化潮流、无功功率综合优化的线性规划内点法、带惩罚项的无功功率优化潮流和内点法等线性算法。针对线性算法的不足提出的混合整数规划、约束多面体法和非线性原对偶算法等非线性算法。为了提高收敛性和非线性的对于无功功率优化的离散变量的处理，提出的遗传算法、搜索法、启发式算法、改进的遗传算法、分布计算的遗传算法和模拟退火算法等人工智能算法。人工智能算法通过模仿生物行为在限定范围内搜索目标函数最优解，能在较快的时间内搜索到相对准确的局部最优解，在该类非线性复杂无功功率优化问题的求解上具有较好的应用效果，近年来被广泛使用。

　　无功功率优化问题主要包括无功功率规划及在线无功功率优化两个方面，无功功率规划指在规划过程中计算出无功功率补偿设备的最优安装位置、类型及容量，减小投资费用；在线无功功率优化是指在已知无功功率补偿设备配置的基础上，根据实际负荷变化情况，在保证电压质量要求的前提下，以网损、能耗或运行费用最小为目标，确定无功功率补偿设备的投切方案和有载调压变压器的抽头位置。在电网补偿中，提倡分区、分层补偿，以保证系统达到最好的调压降损效果。分区即为按照电网把电力系统分成若干区域，确定各区域内的无功功率补偿方式；分层为按电压等级分层，分别找到高压、中压、低压使用的补偿方式。电力系统是相互联系、相互影响的整体，任一电压等级电网的无功功率优化工作均会影响其他电压等级的电网。针对传统无功功率优化中存在的问题及国内外相关研究现状分析，电力系统无功功率优化应从全网角度出发，采用科学合理的无功功率优化方法，以确定电网无功功率补偿方式、最优补偿容量及补偿地点，发挥有限资金的最大效益。

第8章

未来城市电网规划的展望

本书根据风险管理理论对城市电网规划方案进行了风险识别、风险评价理论和风险规避方法理论进行研究。城市电网规划风险主要通过统计调查及解释结构模型进行识别，从全寿命周期及风险因素特性等多角度进行城市电网规划风险识别，并对关键风险源电力负荷风险进行细化的风险源识别，在风险源识别的基础上建立了城市电网规划方案的风险评价指标体系。

基于城市电网规划的风险评价指标体系，对城市电网规划方案各典型风险，如负荷不确定性风险、电价不确定性风险、电网工程造价风险、电网可靠性风险等进行分析及风险概率分布拟合，建立了各典型风险源的风险评价模型。基于物元和可拓理论，建立了城市电网规划方案风险分类的综合评价模型，同时，基于全寿命周期风险利润分析建立了城市电网规划方案风险综一合评价模型，并结合算例分析，论证了模型的可行性。

从城市电网规划方案优化的角度，对城市电网规划的风险规避方法进行研究，以保证城市电网规划的科学性与适用性。城市电网规划负荷不确定性风险的规避研究主要是对常规负荷预测方法进行改进，以减少负荷不确定性带来的规划风险。改进方法从总量负荷预测精度改进与负荷空间分布预测精度改进方法的研究。负荷总量预测精度的改进是基于风险分析与弹性分析理论来建立城市电网负荷预测模型。

城市电网项目成本风险规避主要从造价、运行成本和停运成本三方面进行风险规避策略研究。造价风险规避策略是从电网企业内部控制和寻求政府政策支持两方面寻找应对电网工程造价风险的措施；运行成本风险主要从降低线损，加强管理来规避风险；停运成本风险规避主要是提高供电可靠性，主要对设备故障与人为故障、自然灾害、恐怖袭击和电源不足四个方面进行了规避方法和策略的研究。变电站选址风险规避，基于风险分析的变电站选址优化，在满足靠近负荷中心，以及地质地形、占地面积、出线走廊、电磁环境影响等基本条件的前提下，考虑变电站选址的各种不确定风险因素，包括负荷不确定性的风险、征地费用的不确定风险，以及居民阻挠变电站选址的社会风险等，从变电站建设风险成本和风险收益两个方面，以风险利润最大化为目标建立优化模型。

1. 未来配电网重要的发展趋势特点

（1）可再生能源将成为电网中的主要一次能源来源。目前，可再生能源已经成为全球第二大电力来源。国际可再生能源署（IRENA）在 2050 年全球能源转型路线图（GET2050）报告中指出，预计 2025 年可再生能源将占全球发电量的 85%。

（2）配电网的结构和运行模式将发生重大变化。未来电网的结构将呈现大电网和微电网并存的格局。因为电力资源和负荷资源的地理分布不匹配，所以发展一个规模适当的大电网非常必要，比如西部风电打捆送到东部负荷中心是非常必要的。此外就地利用资源的分布式发电和面向终端用户的微型电网也会大量出现，以多层次的环状结构网络为主。还可以通过相邻层次间和同层次不同区域环形电网间的互联构造一个多层次网状结构的网络。

直流电网模式或交直流混合电网模式将会共存。未来直流负荷将占相当高的比重且分布式电源（如光伏发电或储能）也将以直流为运行模式。分层分区运行、总体协调互动的模式将是一个主导性的模式，以充分实现广域范围内各种资源的优化互补利用和区域电网间互为备用和支撑。因为现在"大一统"的管理模式要变，如果不变，不仅仅是技术上有很多问题，安全性上也有很大问题。所以未来电网的结构改变将会带来大量科技创新的机遇。

（3）高度融合的物理电网和信息系统 CPS。当前的电网，不仅在物理层是不完善的，而且其信息系统的建设与未来需求有很大的差距。切忌认为将信息技术用于电网就是未来电网发展的全部。

在现有电气设备的基础上，仅仅依靠提升电网的信息化程度，远远解决不了未来电网所面临的问题。改变电网的结构和运行模式，提升电气设备的性能和采用新型功能的电气设备，是解决未来电网更为根本性的方法。发展具有自适应功能的电力设备和保护设备，就可以显著降低电网对于传感、通信和数据处理的技术要求，这对于提高电网的安全可靠性和综合效益是非常有益的。

（4）新型的电力市场、商业模式。未来配电网的发展趋势将是能源互联网。成千上万的电源点与用户连在一起，都会在需求与价格规则的双向约束下，实现全系统出力与负荷的平衡，实现发电和用电实时平衡，电力市场和商业模式非常重要。

（5）新材料新技术将在未来配电网中得到广泛的应用。高压大功率电力电子器件（如宽禁带半导体器件等）和装备：双向逆变器、发储用能控制一体化装置、无功补偿、动态电压调节装置等。新型高性能的电极、储能、电介质、高强度、质子交换膜和储氢材料等的发明和使用，将简化电网的结构和控制，优化电网的运行，并能对电源波动和电网故障作出响应。美国能源部甚至将超导技术视为"21 世纪电力工业唯一的高技术储备"。能源革命的核心价值首先是绿色低碳，其次是节能高效，最终要达到能源节约型社会的目标，从能源供给方面是多元供给、多轮驱动。未来电网企业要成为以智能电网、互联网、电动汽车、云计算、大数据为摩登符号代表的朝气蓬勃的创业企业，转变为投资+运营管理+信息服务企业。信息就是价值，电网企业提供信息服务将是一个很大的转变。从电网体系来讲，我们要以市场为导向，从弱信息化转变为服务化型，单向传输转为分布式和集中式相结合，静态的转为动态的，封闭式的转为开放式的。为解决电力系统所面临的这些问题，能源互联网的应用应运而生。有眼光、有勇气的先行者已经开始在探索能源互联网的创新技术和商业模式。

2. 建议

（1）结合国情，明确方向。不要盲目照搬国外经验，国内外经济发展阶段不同，电力负荷增长的速度也截然不同，如西欧和北美的负荷长非常缓慢，而中国已进入负荷快速增长的趋势。我们应该针对本国的现状研究相应的策略。要解决刚才所说技术的瓶颈，不仅仅在于技术，关键还是观念。

建立一种新的考核激励机制，把社会总体效益和企业效益结合起来，成为一个有机整体。关于分布式发展能源要立足技术创新和提升核心竞争力，不应鼓励高成本，高补贴的发展模式。

处理好新能源集中式开发和分散开发的关系。要超前引导分布式能源的发展规模和布局。英国制定每一个政策之前要做很多调研，要兼顾各方利益相关者，然后再做顶层设计路线图或架构，这是有必要的。

（2）在现有电气设备的基础上，仅依靠提升电网的自动化和信息化程度，尚解决不了未来电网所面临的问题。

（3）改变电网的结构和运行模式，提升电气设备的性能和采用新型功能结合起来，系统和设备革新同时进行，缺一不可。

（4）能够从创新材料入手发展具有自适应功能的电力设备和保护设备，就可以显著降低电网对于传感、通信和数据处理的技术要求，这对于提高电网的安全可靠性和综合效益是非常有益的。

（5）切忌认为将信息技术用于电网就是未来电网发展的全部。

3. 未来配电系统的目标

支持高渗透率的分布式可再生能源，全面实现配电系统智能化运行和一体化信息管理，使配电系统成为电源集成的能源流、信息流、业务流融合的能源互联网，为用户提供实时交易和自由选择，实现能源供需模式的科学平衡。建立横向协调、纵向贯通、目标统一、能安全高效协调分布式可再生能源和柔性负荷的物理电网与信息网络高度融合的现代配电系统。配电领域迎来了发展的黄金期，希望年轻的科技工作者努力为配电事业作出贡献。

参 考 文 献

[1] 金华征,程浩忠. 电力市场下的电网灵活规划方法综述 [J]. 电力系统及其自动化学报,2006,18 (2):10-17.

[2] 程浩忠,范宏,翟海保. 输电网柔性规划研究综述 [J]. 电力系统及其自动化学报,2007,19 (1): 21-27.

[3] 牛辉,程浩忠,张焰. 电网扩展规划的可靠性和经济性研究综述 [J]. 电力系统自动化,2000,(1): 51-56.

[4] Farghal S A,Kandil M S,Elmitwally A. Quantifying electric power quality via fuzzy modeling and analytic hierarchy processing [J]. IEEE Proceedings Generation,Transmission and Distribution,2002, 149 (1):44-49.

[5] 赵霞,赵成勇,贾秀芳,李庚银. 基于可变权重的电能质量模糊综合评价 [J]. 电网技术,2005, 29 (6):11-16.

[6] Sugihara K,Ishii H,Tanaka H. Fuzzy AHP with incomplete information [C],IFSA World Congress and 20th NAFIPS International Conference,Joint 9th,2001,5:2730–2733.

[7] Chian S Y,Chien K L,A group decision making fuzzy AHP model and its application to a plant location selection problem [C],IFSA World Congress and 20th NAFIPS International Conference,Joint 9th, 2001,1:76–80.

[8] 胡安泰,肖峻,罗凤章. 经济评估在电网规划中的应用,供用电,2005,22 (3):9-11.

[9] Jovan N,Dragoslav P. Distribution System Performance Evaluation Accounting for Data Uncertainty [J]. IEEE Transactions on Power Delivery,2003,18 (3):694-700.

[10] 唐会智,彭建春. 基于模糊理论的电能质量综合量化指标研究 [J]. 电网技术,2003,27 (12): 85-88.

[11] 谢莹华,王成山. 基于馈线分区的中压配电系统可靠性评估 [J]. 中国电机工程学报,2004,24 (5):35-39.

[12] 吴开贵,王韶,张安邦,等. 基于 RBF 神经网络的电网可靠性评估模型研究 [J]. 中国电机工程学报,2000,20 (6):9-12.

[13] 刘伟,郭志忠. 配电网安全性指标的研究 [J]. 中国电机工程学报,2003,23 (8):85-90.

[14] 胡安泰,肖峻,罗凤章. 经济评估在电网规划中的应用,供用电,2005,22 (3):9-11.

[15] 周任军,万天林,杨宇,等. 基于 AHP 的电网公司综合评价体系的研究 [J]. 中国电力,2002, 35 (9):39-43.

[16] Fronius R,Gratton M. Rural electrication planning software (LAPER)[C],16th International Conference and Exhibition on Electricity Distribution. Amsterdam,Netherlands,2001,(5):8-11.

[17] 张景超,鄢安河,张承学,等. 电力系统负荷模型研究综述 [J]. 继电器,2007,35 (6):83-88.

[18] 张榕林,黄道姗,林韩. 电力系统运行状态综合评估系统研究 [J]. 福建电力与电工,2004,24

（3）：13-15.

[19] 王吉权，赵玉林. 电网规划的研究方法及特点 [J]. 农村电气化，2006，（2）：20-22.

[20] 陈根军，王磊，唐国庆. 基于蚁群最优的输电网络扩展规划 [J]. 电网技术，2001，25（6）：21-24.

[21] 胡安泰. 经济评估在电网规划中的应用 [J]. 供用电，2005，22（3）：9-11.

[22] 王非，徐渝，宋悦林. 基于网络优化模型的变电站选址决策研究 [J]. 运筹与管理，2007，16（2）：10-13.

[23] 李金超，李庚银，牛东晓，等. 基于改进 BP 神经网络的配电变电站选址研究 [J]. 华东电力，2007，35（3）：10-12.

[24] 李伟伟，罗滇生，姚建刚，等. 基于受约束区优先处理的城市配网规划变电站选址方法 [J]. 广东电力，2007，20（2）：14-19.

[25] 刘自发，张建华. 基于改进多组织粒子群体优化算法的配电网络变电站选址定容 [J]. 中国电机工程学报，2007，27（1）：105-111.

[26] Alstone P，Gershenson D，Kammen D M. Decentralized energy systems for clean electricity access [J]. Nature Climate Change，2015，5：305-314.

[27] Saldarriaga C A，Hincapie R A，Salazar H. A holistic approach for planning natural gas and electricity distribution networks [J]. IEEE Transactions on Power Systems，2013，28（4）：4052-4063.

[28] 贾宏杰，王丹，徐宪东，等. 区域综合能源系统若干问题研究 [J]. 电力系统自动化，2015，39（7）：198-207.

[29] 戴毅茹，王坚. 集成能源、物料、排放的能源系统建模与优化 [J]. 同济大学学报：自然科学版，2015，43（2）：265-272.

[30] 尤石，林今，胡俊杰，等. 从基于服务的灵活性交易到跨行业能源系统的集成设计、规划和运行：丹麦的能源互联网理念 [J]. 中国电机工程学报，2015，35（14）：3470-3481.

[31] 李欣然. 基于最优化原理的高压配电网建设规模评估 [J]. 电力系统自动化，2007，31（4）：46-50.

[32] 王赛一，王成山. 基于多目标模型的城市中压配电网络规划 [J]. 中国电力，2006，39（11）：46-50.

[33] 谢敏. 基于改进单纯形法的输电网规划项目经济评估 [J]. 电力系统自动化，2006，30（7）：10-15.

[34] 王娜，杨涛，王维. 农网状态评估方法研究与系统设计 [J]. 东北电力技术，2006，27（2）：48-50.

[35] Geidl M，Andersson G. Optimal power flow of multiple energy carriers [J]. IEEE Transactions on Power Systems，2007，22（1）：145-155.

[36] 杨方，白翠粉，张义斌. 能源互联网的价值与实现架构研究 [J]. 中国电机工程学报，2015，35（14）：3495-3502.

[37] Mancarella P，Chicco G. Real-time demand response from energy shifting in distributed multi-generation [J]. IEEE Transactions on Smart Grid，2013，4（4）：1928-1938.

[38] 顾泽鹏，康重庆，陈新宇，等. 考虑热网约束的电热能源集成系统运行优化及其风电消纳效益分析 [J]. 中国电机工程学报，2015，35（14）：3596-3604.

[39] 徐青，吴捷. 模糊综合评判在变电站选址中的应用 [J]. 电力建设，2004，25（7）：24-26.

[40] 王成山，魏海洋，肖峻，等. 变电站选址定容两阶段优化规划方法 [J]. 电力系统自动化，2005，29（4）：62-66.

［41］沈阳武，彭晓涛，施通勤，等．基于最优组合权重的电能质量灰色综合评价方法［J］．电力系统自动化，2012，36（10）：67-73．

［42］石山，刘树，梅红明，等．STATCOM 在电弧炉电能质量治理上的应用［J］．电力电容器与无功补偿，2015，36（06）：63-68．

［43］游小杰，李永东，Victor Valouch 等．并联型有源电力滤波器在非理想电源电压下的控制［J］．中国电机工程学报，2004（02）：56-61．

［44］叶新坤．电压的闪变检测算法的研究与实现［D］．电子科技大学，2015．

［45］史三省，周勇，秦晓军，等．基于 FFT 的电压波动与闪变测量算法［J］．电力系统及其自动化学报，2010，22（06）：109-112+129．

［46］张金．非线性负荷接入对电网的影响分析及应对措施研究［D］．华北电力大学，2017．

［47］杨正凡．电能质量扰动检测与分类方法研究［D］．安徽理工大学，2019．

［48］林海雪．电能质量指标的完善化及其展望［J］．中国电机工程学报，2014，34（29）：5073-5079．

［49］Ejlali A，Arab Khaburi D．Power quality improvement using nonlinear-load compensation capability of variable speed DFIG based on DPC-SVM method［C］．Power Electronics，Drive System & Technologies Conference．2014：280-284．

［50］M. S. Witherden，R Rayudu，R. Rigo-Mariani．The influence of nonlinear loads on the power quality of the New Zealand low voltage electricity power distribution network［C］．University Power Engineering Conference，2010：1-6．

［51］Li Y，Saha T K，Krause O，et al．An inductively active filtering methord for power-quality improvement of distribution networks with nonlinear loads［J］．IEEE Transactions on Power Delivery，2013，28（4）：2465-2473．

［52］Zhou H，Yang H G．Application of weighted principle component analysis in comprehensive evaluation for power quality［J］．Power Engineering and Automation Conference，2011：369-372．

［53］Carpinelli,M.Di Manno,P.Verde,etc．AC and DC arc furnaces：A comparison on some power quality aspects［C］．Proceeding of IEEE Power Engineering Society Summer Meeting，Edmonton，Alta.Canada，1999，1：499-506．

［54］Wolf Albrecht，Thamodharan Manoharan．Reactive power reduction in three-phase electric arc furnace.IEEE transactions on Industrial Electronics 47，IEEE 2000（4）：729-733．

［55］Muller Heinz G.DC Eleetrie Arc Furnace for Economical Malting Proeesses［J］，Metallurgical Plant and Technology International，Decl993，16（6）：44．

［56］徐祥征．基于磁控电抗及混合滤波的电铁综合电能质量控制［D］．武汉大学，2010．

［57］肖湘宁．电能质量分析与控制［M］．北京：中国电力出版社，2010．

［58］伍伟慧．广东山区变电站选址难点分析及思考［J］．机电信息，2017（18）：124-125．

［59］汤杰雄．浅谈变电站选址选线所需注意的问题［J］．建材与装饰，2016（28）：245．

［60］陈汇．辽源永清 220kV 变电站站址选择研究［D］．华北电力大学，2015．

［61］路佳．鄂尔多斯达拉特西 220kV 变电站站址选择研究［D］．华北电力大学，2015．

［62］王卫江，史玥婷，刘箭言，等．基于神经网络的电参数反演载荷算法［J］．北京理工大学学报，

2015, 35（07）：706-710.

[63] 罗冠姗，卢惠辉，苏成悦，等. 一种基于小波包变换的电力谐波检测方法［J］. 电力建设，2015，36（03）：71-76.

[64] 陈国志. 电力谐波和间谐波参数估计算法研究［D］. 浙江大学，2010.

[65] 裴超. 城市电网输变电设备运行风险评估关键技术研究［D］. 华中科技大学，2017.

[66] 徐鹏，杨胜春，李峰，等. 基于层次分析和变权重机制的电网安全指标计算及展示方法［J］. 电力系统自动化，2015，39（08）：133-140.

[67] 薛飞，雷宪章，Ettore BOMPARD. 电网的结构性安全分析［J］. 电力系统自动化，2011，35（19）：1-5.

[68] 王一枫，汤伟，刘路登，等. 电网运行风险评估与定级体系的构建及应用［J］. 电力系统自动化，2015，39（08）：141-148.

[69] 郭磊，郭创新，曹一家，等. 考虑断路器在线状态的电网风险评估方法［J］. 电力系统自动化，2012，36（16）：20-24+30.

[70] 邓彬. 电网运行风险评估及管控研究［D］. 浙江大学，2014.

[71] 陈小青. 基于蒙特卡洛模拟的电网调度运行风险评估研究［D］. 湖南大学，2013.

[72] 李聪. 城市电网风险评估的研究［D］. 华北电力大学（河北），2010.

[73] 翟明玉，王瑾，吴庆曦，等. 电网调度广域分布式实时数据库系统体系架构和关键技术［J］. 电力系统自动化，2013，37（02）：67-71.

[74] 吴小刚，刘宗歧，田立亭，等. 基于改进多目标粒子群算法的配电网储能选址定容［J］. 电网技术，2014，38（12）：3405-3411.

[75] 孙霞，杨丽徙，王铮. 城市电网规划中矛盾问题的可拓分析与转换［J］. 电测与仪表，2015，52（08）：23-29.

[76] 张建华，曾博，张玉莹，等. 主动配电网规划关键问题与研究展望［J］. 电工技术学报，2014，29（02）：13-23.

[77] 李小文. 电网运行风险评价指标体系的构建及应用［D］. 南昌大学，2015.

[78] 李宏达. 配电网网架坚强度评估研究［D］. 西南交通大学，2013.

[79] 董军，陈小良，肖霖，等. 基于云理论的输电投资项目实物期权评价研究［J］. 华东电力，2009，37（02）：217-221.